システム制御工学シリーズ編集委員会

編集委員長　池田　雅夫（大阪大学・工学博士）
編 集 委 員　足立　修一（慶應義塾大学・工学博士）
（五十音順）　　梶原　宏之（九州大学・工学博士）
　　　　　　　　杉江　俊治（京都大学・工学博士）
　　　　　　　　藤田　政之（東京工業大学・工学博士）

（2007年1月現在）

刊行のことば

　わが国において，制御工学が学問として形を現してから，50年近くが経過した．その間，産業界でその有用性が証明されるとともに，学界においてはつねに新たな理論の開発がなされてきた．その意味で，すでに成熟期に入っているとともに，まだ発展期でもある．

　これまで，制御工学は，すべての製造業において，製品の精度の改善や高性能化，製造プロセスにおける生産性の向上などのために大きな貢献をしてきた．また，航空機，自動車，列車，船舶などの高速化と安全性の向上および省エネルギーのためにも不可欠であった．最近は，高層ビルや巨大橋梁（きょうりょう）の建設にも大きな役割を果たしている．将来は，地球温暖化の防止や有害物質の排出規制などの環境問題の解決にも，制御工学はなくてはならないものになるであろう．今後，制御工学は工学のより多くの分野に，いっそう浸透していくと予想される．

　このような時代背景から，制御工学はその専門の技術者だけでなく，専門を問わず多くの技術者が習得すべき学問・技術へと広がりつつある．制御工学，特にその中心をなすシステム制御理論は難解であるという声をよく耳にするが，制御工学が広まるためには，非専門のひとにとっても理解しやすく書かれた教科書が必要である．この考えに基づき企画されたのが，本「システム制御工学シリーズ」である．

　本シリーズは，レベル0（第1巻），レベル1（第2～7巻），レベル2（第8巻以降）の三つのレベルで構成されている．読者対象としては，大学の場合，レベル0は1，2年生程度，レベル1は2，3年生程度，レベル2は制御工学を専門の一つとする学科では3年生から大学院生，制御工学を主要な専門としない学科では4年生から大学院生を想定している．レベル0は，特別な予備知識なしに，制御工学とはなにかが理解できることを意図している．レベル1は，少

し数学的予備知識を必要とし，システム制御理論の基礎の習熟を意図している。レベル2は少し高度な制御理論や各種の制御対象に応じた制御法を述べるもので，専門書的色彩も含んでいるが，平易な説明に努めている。

　1990年代におけるコンピュータ環境の大きな変化，すなわちハードウェアの高速化とソフトウェアの使いやすさは，制御工学の世界にも大きな影響を与えた。だれもが容易に高度な理論を実際に用いることができるようになった。そして，数学の解析的な側面が強かったシステム制御理論が，最近は数値計算を強く意識するようになり，性格を変えつつある。本シリーズは，そのような傾向も反映するように，現在，第一線で活躍されており，今後も発展が期待される方々に執筆を依頼した。その方々の新しい感性で書かれた教科書が制御工学へのニーズに応え，制御工学のよりいっそうの社会的貢献に寄与できれば，幸いである。

　1998年12月

編集委員長　池　田　雅　夫

　　　　　　　　ま　え　が　き

　最適制御問題とは，制御対象であるダイナミカルシステムに対して，与えられた評価関数を最小にするような制御入力を求める問題である。さまざまなシステムに対して評価関数さえ与えれば望ましい制御入力が求められるという問題設定は一般的な制御系設計論として魅力的であり，1960年代以降活発に研究された。しかし，限られた問題設定を除くと実際に解を計算するのが難しく，計算機が未発達だったこともあって，線形システムの場合や一部の分野を除いて徐々に廃れていった。また，有限時間の最適化という問題設定が継続的なフィードバック制御には向かないという点も実用上の障害であった。有限時間の最適化によって継続的なフィードバック制御を実現するモデル予測制御のもととなるアイデアも最適制御と同じくらい古くまでさかのぼることができるが，過大な計算量により実現困難なアイデアに長く留まっていた。

　ところが，近年，計算機と数値解法の進歩により，非線形システムに対して実時間で最適制御問題を解いてモデル予測制御などのフィードバック制御を実現することがいよいよ可能になりつつある。制御対象を限定する代わりに厳密な解析的結果を積み重ねてきた制御理論とは異なるアプローチであるが，制御対象を限定せず数値計算によって制御系を設計する手法にも価値があると考えられる。特に，非線形システムに対しては一般的な制御系設計手法が存在しないので，評価関数最小の意味で合理的な制御系を決定することが現時点で取りうるアプローチの一つであることは確かである。さらに実時間での最適化手法が発展すれば，制御系設計の枠組みが変わっていくほか，制御以外のさまざまな分野への応用も期待できる。

　このような背景を踏まえて，本書は，最適制御およびモデル予測制御について興味を持った大学生・大学院生や技術者・研究者を対象として，最適化の基

礎から数値解法に関する最近の話題までを自己完結的かつ平易に解説することを目的とする．予備知識として，ベクトルと行列，多変数の微積分，そして常微分方程式の基礎程度を想定している．おもに扱うのが有限時間の最適制御問題であるため，必ずしも古典制御や現代制御のフィードバック制御理論を詳しく学んでいる必要はない．ただし，例題として線形システムも取り上げるので，状態空間表現に基づく線形制御理論を学んだ読者は，線形制御理論を別の観点から眺めることができるだろう．

本書の構成とスタイルは，最適制御やモデル予測制御の論文に現れる基本用語が一通りわかるようになることを念頭に置いて設定した．重要な概念や用語は一通り網羅するように努め，かつ，あまり厳密性にこだわらないものの，概念の意味や定理とアルゴリズムの導出過程についてはなるべく省略せず述べるようにした．ただし，本筋を見失わないよう，細部の式導出と証明や容易な拡張については演習問題へ回した．本書を足がかりとして読者諸氏に最先端の研究へ踏み出していただけたら幸甚である．

最後に，本書執筆に際してお世話になった方々への謝辞を記したい．恩師である藤井裕矩先生には，本書の内容を含む制御工学の分野へ著者を導いていただいた．池田雅夫先生はじめ本シリーズ編集委員各位には，浅学非才の著者に執筆の機会を与えていただき，構成や表現について助言をいただいた．図版作成は留田直子さんに協力していただき，LaTeX 入力の一部は片山聡君に協力していただいた．橋本智昭先生と河野佑君からは草稿に対して貴重なコメントをいただいた．研究室の学生諸君には校正を手伝っていただいた．コロナ社には脱稿を待っていただくとともに，さまざまな面でお世話になった．ここに厚くお礼申し上げたい．そして何より，家族の励ましと支えがなければ本書は出来上がらなかっただろう．心からの感謝と共に本書を捧げたい．

2010 年 12 月

大塚敏之

目　次

1. 序　論

- 1.1 　最 適 化 と は ………………………………………………… *1*
- 1.2 　制 御 と 最 適 化 …………………………………………… *8*
- 1.3 　数 学 的 表 記 ……………………………………………… *11*

2. 非線形計画問題

- 2.1 　問題設定と用語 …………………………………………… *16*
- 2.2 　拘束条件なしの場合 ……………………………………… *20*
- 2.3 　拘束条件付きの場合 ……………………………………… *23*
  - 2.3.1 　等式拘束条件の場合 ………………………………… *23*
  - 2.3.2 　不等式拘束条件の場合 ……………………………… *26*
  - 2.3.3 　カルーシュ・キューン・タッカー条件 …………… *27*
  - 2.3.4 　拘束条件に関する諸注意 …………………………… *30*
- 2.4 　拘束条件なし最適化問題の数値解法 …………………… *36*
  - 2.4.1 　勾　配　法 …………………………………………… *36*
  - 2.4.2 　ニュートン法 ………………………………………… *43*
  - 2.4.3 　準ニュートン法 ……………………………………… *45*
- 2.5 　拘束条件付き最適化問題の数値解法 …………………… *47*
  - 2.5.1 　ペナルティ法 ………………………………………… *48*
  - 2.5.2 　バ リ ア 法 …………………………………………… *50*
  - 2.5.3 　乗　数　法 …………………………………………… *52*
  - 2.5.4 　逐次2次計画法 ……………………………………… *52*
- 2.6 　直　線　探　索 …………………………………………… *54*

2.6.1	精密な直線探索	55
2.6.2	粗い直線探索	57
演習問題		59

3. 離散時間システムの最適制御

3.1	基本的な問題設定と停留条件	61
3.2	離散時間 LQ 制御問題	65
3.3	動的計画法	70
3.3.1	ベルマン方程式	70
3.3.2	ベルマン方程式からのオイラー・ラグランジュ方程式導出	75
3.4	数値解法	77
3.4.1	基本的な問題設定の場合	77
3.4.2	他の問題設定	79
演習問題		80

4. 変分法

4.1	汎関数の停留条件	82
4.2	拘束条件付き変分問題	90
4.3	第 2 変分	94
4.4	ガトー微分とフレシェ微分	97
演習問題		100

5. 連続時間システムの最適制御

5.1	基本的な問題設定と停留条件	102
5.2	局所最適性の十分条件	107
5.3	最適解の摂動	111

5.4	一般的な問題設定	*114*
演 習 問 題		*119*

6. 動的計画法と最小原理

6.1	ハミルトン・ヤコビ・ベルマン方程式	*121*
6.2	最 小 原 理	*129*
6.3	特異最適制御問題	*133*
演 習 問 題		*134*

7. 最適制御問題の数値解法

7.1	数値解法の考え方	*136*
7.2	勾 配 法	*138*
7.3	シューティング法	*142*
7.4	入力関数のニュートン法	*147*
7.5	他 の 問 題 設 定	*150*
7.6	動 的 計 画 法	*152*
演 習 問 題		*154*

8. モデル予測制御

8.1	問題設定と停留条件	*155*
8.1.1	モデル予測制御の問題設定	*155*
8.1.2	モデル予測制御の課題	*158*
8.1.3	停 留 条 件	*159*
8.2	数 値 解 法	*161*
8.2.1	最適解の実時間方向への変化	*161*

	8.2.2	随伴変数を追跡する数値解法	165
	8.2.3	実時間オイラー・ラグランジュ方程式	168
	8.2.4	制御入力系列を追跡する数値解法	172
	8.2.5	数値解法の実際	176
8.3		閉ループシステムの安定性	181
	8.3.1	想定する問題	181
	8.3.2	終端拘束条件による安定性	183
	8.3.3	終端コストによる安定性	186
演習問題			188

引用・参考文献 ……………………………………………… 189

演習問題の解答 ……………………………………………… 191

索　　　引 ………………………………………………… 218

1 序　論

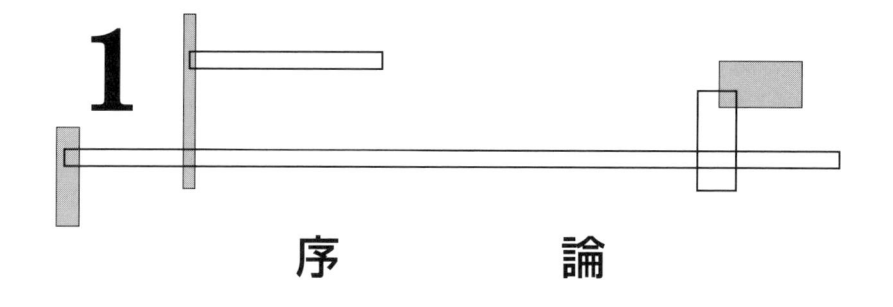

　本章では，本書で扱う最適化問題を概観する。特に，ダイナミカルシステムの制御における最適化の役割について，新しい動向を含めて述べるとともに，実際に制御問題へ最適化を適用する際に注意すべき点についても整理しておく。併せて，本書を通じて用いる数学的表記をまとめる。

1.1　最適化とは

　何らかの自由変数を含む工学的問題では，最も望ましい結果を達成するように自由変数を決めることがしばしば重要になる。特に，結果の望ましさが自由変数の関数として実数値で表される場合，その関数を**評価関数**（performance index）と呼び，自由変数を決定する問題は評価関数を最小化ないし最大化する自由変数を求める問題に帰着される。このような問題を**最適化問題**（optimization problem）といい，その解を**最適解**（optimal solution）という。現実的な最適化問題において自由変数を選ぶ範囲は制限されることが多い。自由変数が最低限満たさなければならない条件を**拘束条件**（constraint）という[†]。評価関数の符号を適宜付け替えることによって，評価関数はつねに最小化するものとしても一般性を失わない。そこで，本書ではつねに最小化を考えることにする。以

[†] 評価関数を**目的関数**（objective function）や**コスト関数**（cost function），拘束条件を**制約条件**と呼ぶこともある。

下では，典型的な最適化問題がどのようなものか例を通じて説明する。

例 1.1 （数理計画問題） なるべく少ない量のプラスチックを使って与えられた容積のコップを作る問題を考える。簡単のため形状は**図 1.1** のような円筒とする。コップの厚さは一定で十分薄いとすると，プラスチックの量はコップの表面積で決まる。したがって，コップの半径を r，高さを h とすると，評価関数は

$$f(r, h) = 2\pi r h + \pi r^2$$

となる。第1項は側面積，第2項は底面積を表す。一方，与えられた容積を V とすると，拘束条件は

$$\pi r^2 h = V$$

となる。この拘束条件を満たし評価関数 $f(r, h)$ を最小にするように自由変数 r, h を決定することで，所望のコップが設計できる。

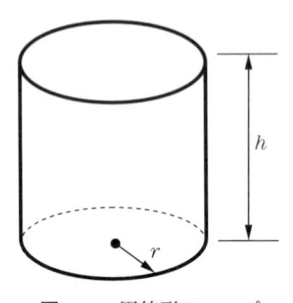

図 1.1 円筒形のコップ

この例題のように自由変数が有限個の変数である最適化問題を**数理計画問題** (mathematical programming problem) と呼ぶ。特に，評価関数と拘束条件が1次式の場合は**線形計画問題** (linear programming problem)，2次式の場合は**2次計画問題** (quadratic programming problem) とそれぞれ呼ぶ。線形計画以外の問題を総称して**非線形計画問題** (nonlinear programming problem) と

呼ぶ。前述の**例 1.1** は手計算でも最適解が求められそうなくらい単純だが，より実際的な工業製品の設計と生産を最適化しようとすれば，たくさんの部品の仕様，価格，納期に加えて完成した製品の保管や輸送のコストも考慮して，利益を最大化したり汚染物質の生成を最小化したりすることになる。したがって，はるかに複雑な問題になって，解を求めるには計算機を使わざるを得ないだろうことは想像に難くない。

一般には，有限個の自由変数ではなく関数を決定したい場合も考えられる。このとき，評価関数は，関数に対応して結果の望ましさを実数値として与えるので，いわば関数の関数になる。関数の関数を**汎関数** (functional) と呼び，汎関数を最大化ないし最小化する問題を**変分問題** (variational problem) と呼ぶ。**変分** (variation) とは，関数の微分を汎関数に拡張した演算である。また，汎関数の変数に相当する関数を変関数という。通常の変数と区別するため，汎関数の変関数は [ ] で囲む。

例 1.2 （変分問題） 図 **1.2** のように x 軸上の与えられた 2 点 $(x_0, 0)$, $(x_f, 0)$ を通り弧長一定の曲線 $(x, y(x))$ と x 軸とが囲む面積を最大にする問題を考える。この場合の評価関数は，関数 $y(x)$ を変関数とする以下の汎関数である。

$$J[y] = \int_{x_0}^{x_f} y(x) dx$$

また，曲線の弧長を l とすると，拘束条件は

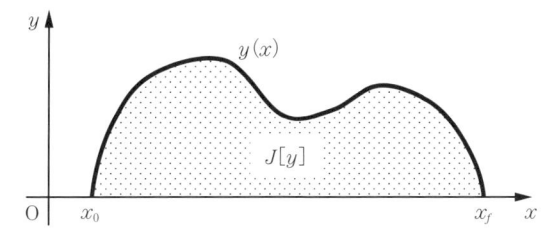

図 **1.2** 汎関数の例

$$y(x_0) = 0, \quad y(x_f) = 0, \quad \int_{x_0}^{x_f} \sqrt{1 + (y'(x))^2} dx = l$$

となる。

　上記以外に，例えば空気抵抗が最小になるように飛翔体の形状を決める問題も変分問題の例である．軸対称な形状を仮定すれば，飛翔体の形状は 1 変数関数で記述でき，空気抵抗はその関数に依存して決まる汎関数と見なせる．そして，飛翔体の体積や寸法に対する制約が拘束条件を与える．また，多変数関数の変分問題も考えることができ，例えば鉄道車両や飛行機の場合は軸対称な形状に限定できないので，その形状は曲面を表す 2 変数関数によって記述される．したがって，それらの空気抵抗を最小にする形状を求める問題は，2 変数関数の変分問題になる．これら工学的問題のほか，自然現象の記述においても変分問題は重要な役割を果たす．例えば，物体の運動や光の経路および弾性体の変形がそれぞれある汎関数を最小にするという**変分原理**（variational principle）が知られている．

　さて，さまざまな制御の問題も，制御目的を評価関数の最小化として表すことができれば最適化問題になる．例えば，何らかのフィードバック制御を想定し，そのフィードバックゲインなどを自由変数と見なせば，制御系設計は数理計画問題に帰着される．他方，制御対象のシステムに対する制御入力を変関数，評価関数を汎関数と見なせば，制御問題は変分問題に帰着され，これを**最適制御問題**（optimal control problem）という．また，最適制御問題において制御入力を最適化する時間の範囲を**評価区間**（horizon）といい，評価関数を最小にする制御入力を**最適制御**（optimal control）という．

例 1.3　（**最適制御問題**）　単位質量を持つ質点の位置を $x(t)$，制御入力として質点に加わる外力を $u(t)$ として，質点の運動方程式 $\ddot{x}(t) = u(t)$ を考える．そして，時刻 $t = 0$ で位置が x_0，速度が v_0 である質点を最短時間で原点 O に到達かつ静止させる制御入力 $u(t)$ を求める問題を考える（図

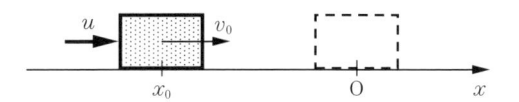

図 1.3 質点を最短時間で移動させる最適制御問題

1.3)。ただし，制御入力 $u(t)$ には大きさの制限があり，その絶対値が 1 以下であるとする。この場合，制御対象である質点の状態方程式は

$$\frac{d}{dt}\begin{bmatrix} x(t) \\ \dot{x}(t) \end{bmatrix} = \begin{bmatrix} \dot{x}(t) \\ u(t) \end{bmatrix}$$

であり，初期条件が $x(0) = x_0$, $\dot{x}(0) = v_0$ で，終端条件が $x(t_f) = 0$, $\dot{x}(t_f) = 0$ で，それぞれ与えられる。そして，評価関数は $J = t_f$ であり，制御入力 $u(t)$ ($0 \leqq t \leqq t_f$) を変関数とする汎関数である。このように評価区間の長さ自体が評価関数になる場合もある。拘束条件は，状態方程式のほか，初期条件，終端条件，そして，$|u(t)| \leqq 1$ である。

例えば，地球から月へロケットを飛ばす場合，地球上の発射地点で静止している初期状態から月面の着陸地点で静止する終端状態へ最短時間で到達する最適制御問題が考えられる。その際，推力の大きさや方向に拘束条件が課せられることになる。もちろん，ロケットを支配する運動方程式も拘束条件である。また，移動の時間を最小にする以外にも，燃料の消費量を最小にする問題なども考えられる。拘束条件や評価関数に応じてどのような時間パターンで推力の大きさと向きを与えればよいかは決して自明ではないし，到達時間や燃料消費量を最小化することは月面到達の実現可能性やコストにとって重要であることも明らかである。

例 1.3 のように，最適制御問題は有限な評価区間における制御入力を時刻の関数として決める問題であることが多い。その場合，最適制御はフィードフォワード制御として求められることになる。理想的な軌道をあらかじめ計画するなどの用途にはフィードフォワード制御であっても有用であるが，現実のシステムを制御する際には，モデルの誤差や外乱による悪影響を抑制するためにフィー

ドバック制御が用いられることが多い。そして，通常のフィードバック制御では，制御を行う時刻の範囲があらかじめ指定されることはなく，また，時刻ではなく状態の関数としてフィードバック制御則を決める。6 章で論じるように，ある種の偏微分方程式が解ければ最適制御が状態の関数として求められフィードバック制御則を決定できるが，一般には解くのが非常に困難である。したがって，線形システムに対する特殊な問題を除いて最適制御問題はフィードバック制御にあまり適さない。

そこで，制御入力を時刻の関数として求めながらもフィードバック制御を行う問題設定が考えられている。それが**モデル予測制御**（model predictive control）である[†]。この問題では，つねに現在の時刻を最適制御問題の初期時刻として有限時間未来までの最適制御を求め，そしてその初期値のみを実際の制御入力として用いる。評価区間の長さを T として，各時刻 t で最小化すべきモデル予測制御の評価関数を一般的な式で表せば

$$J = \varphi(x(t+T)) + \int_t^{t+T} L(x(\tau), u(\tau), \tau) d\tau$$

となる。ここで，φ と L が制御の目的を表す関数である。評価区間は t から $t+T$ までなので，時刻 t とともに後退（recede）していくことになる。そのため，モデル予測制御は **receding horizon 制御**（receding horizon control）[††]ないし moving horizon 制御とも呼ばれる。上の評価関数を最小にする最適制御を t から $t+T$ までの時間関数として求め，その初期値のみを実際の制御入力として制御対象に加える，という処理を各時刻 t ごとに行えば，結果的に状態フィードバック制御が行える。なぜなら，評価区間における初期状態である $x(t)$ に依存して最適制御が決まるからである。

モデル予測制御において，各時刻で有限時間未来までの最適制御を求めてその初期値のみを用いるという処理は，例えば自動車の運転との類似を考えるとわかりやすい。人間による自動車の運転も，時々刻々周りの状況に応じて運転

[†] 英語の頭文字を取って **MPC** という略称もよく用いられる。
[††] 英語の頭文字を取って **RH 制御** または **RHC** という略称もしばしば用いられる。

操作を行っているという意味で一種のフィードバック制御になっている．その際，人間はある程度未来までの自動車の運動を想像しながら現在の操作を決めている．そして，そのときに，ある時刻までしか予測せずその後のことは考えない人や，無限の未来まで予測する人はいないはずである．つまり，運転者が予測する時間の範囲は，時間の経過に従って未来へと動いていくことになる．したがって，人間による自動車の運転は一種のモデル予測制御だといえる．モデル予測制御は必ずしも人間に似た処理を行うことが目的ではなく，工学的な必要性や有用性がその動機であるが，上記のような類似に何らかの意義がある可能性もある．

さらに，本書では詳しく扱わないが，制御問題に限らず推定問題も最適制御問題に帰着できる．入力 $u(t)$ と出力 $y(t)$ のみが既知で状態 $x(t)$ は未知であるようなダイナミカルシステムのモデルを

$$\dot{x}(t) = f(x(t), u(t), w(t), t)$$

$$y(t) = h(x(t), u(t), v(t), t)$$

とする．ここで，$w(t)$ と $v(t)$ はそれぞれ外乱と観測雑音とも考えられるが，一般にはモデルに含まれる不確かなパラメータであり，それらが0の場合をノミナルモデルとする．状態推定とは，既知の入力 $u(t)$ に対するモデルからの出力が既知の出力 $y(t)$ と整合するように未知量 $x(t), w(t), v(t)$ を決定する問題と見なせる．そして，その際，ノミナルモデルからのずれに相当する $w(t)$ と $v(t)$ をなるべく小さくする，ということが評価関数として考えられる．すなわち

$$J = \int_{t_0}^{t_f} L(v(t), w(t), t) dt$$

という形の汎関数をモデルの拘束条件の下で最小化する $x(t), w(t), v(t)$ を求める問題に帰着できる．

上の最適推定問題では推定が有限時刻 t_f で終わってしまうため，つねに現在の状態を推定しつづけるフィルタリングの用途には向かない．そこで，各時刻で有限時間過去から現在までの観測データを用いて最適推定を行い，その結果得

られた状態推定値の終端値のみを現在の時刻の状態推定値とする，という問題が考えられる。これを **moving horizon 推定**（moving horizon estimation）という[†]。評価関数を式で表すと

$$J = \int_{t-T}^{t} L(v(\tau), w(\tau), \tau) d\tau$$

となり，モデル予測制御の評価区間が時刻 t に関して反転された形になっている。この場合，評価区間は現在時刻の方向へ向かってきており後退しているとはいいづらいので，receding horizon 推定と呼ばれることはあまりない。計算方法は基本的にモデル予測制御と同様の手法が使える。最適解が満たすべき条件もやはり変分法によって導くことができる。したがって，最適化問題さえ解ければ幅広いシステムに対して非線形状態推定が適用できることになる。

1.2 制御と最適化

以上，さまざまな問題が最適化問題として定式化できることを見てきた。実際に制御の問題を最適化によって解くには，以下のステップが重要である。

1) 制御対象のモデルを作成する。
2) 目的に合った評価関数と拘束条件を設定する。
3) 最適解が満たすべき条件を得る。
4) 数値計算等によって最適解を見つける。
5) 上記 2)〜4) を繰り返して，望ましい応答が得られるように評価関数を調整する。

まず，制御の問題では，評価関数を設定するための前提として制御対象のモデル（状態方程式）が必要であるが，そもそもモデルを作成するのが困難なことも多い。特に非線形システムの場合，物理法則などから詳細なモデルを作成すると非常に複雑なものになってしまうことがしばしば起こる。適当なパラメータを含む関数でモデルを表し，実測データと合うようにパラメータを決定する

[†] 英語の頭文字を取って **MHE** という略称も用いられる。

としても，どのような関数を用いるか，どのようにパラメータを決定するか，という問題が生じる．いずれにせよ，望ましい制御を実現するには，実際のシステムの応答を十分な精度で予測するモデルが必要不可欠である．モデルが不正確だと，得られた最適解は実現されない無意味なものになってしまう．

さらに，制御における評価関数を決定するのもしばしば難しい．目標状態に到達するまでの時間のように一つの量だけで制御目的が与えられる問題であればよいが，漠然と「よい応答」が求められることも多い．その場合，何が適切な評価関数か，という問題が生じる．評価関数を一つに決める客観的な指標がない場合，数値シミュレーションを繰り返して応答を見ながら評価関数に含まれるパラメータを調整することになる．結局，制御入力の関数を決める問題が評価関数という別の関数を決める問題に置き換えられたことになる．ただ，評価関数は間接的とはいえ制御目的を反映しているために，制御入力そのものよりも評価関数のほうがまだしも調整しやすいのである．

一方，拘束条件は制御対象の物理的制限によって与えられることが多く，評価関数と比べて試行錯誤は少ない．また，最適解が満たすべき条件は一般的な最適化問題に対してわかっており，それを個々の問題に適用すればよい．

しかし，現実的な最適化問題において，最適解の満たすべき条件から解が陽に求められることはほとんどなく，条件を満たすように解の候補を繰り返し修正していく．この繰り返しは多くの計算を要し，最適制御問題を実際に応用する際の障害になっている．とくに，モデル予測制御のようにオンラインで最適解を求めてフィードバック制御を行うことは長らく不可能とされ，制御を行う前にオフラインで最適解を計算しておくのが従来一般的だった．ところが，計算機と数値解法の進歩により，センサ情報を取得してただちに最適解を計算してフィードバック制御に用いる**実時間最適化**（real-time optimization）が現実味を帯びてきている．

例えば，図 **1.4** のホバークラフト模型は横方向に推力を発生することができず，かつ推力が前進と後進のオン・オフであるため，その位置を制御するのは非常に困難であるが，8 章で述べる実時間最適化アルゴリズムを用いれば非線

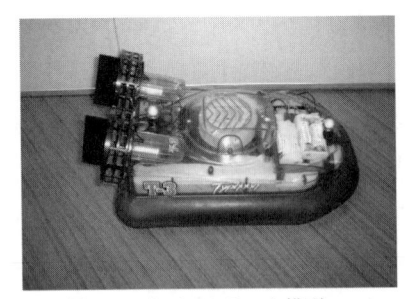

図 1.4 ホバークラフト模型

図 1.5 海底ケーブル敷設船（写真提供：川崎重工業株式会社）

形モデル予測制御を 120Hz のサンプリング周波数で実装することができる。そして，実時間最適化により巧みな自動操縦の実現に成功している[1]。また，図 1.5 は非線形モデル予測制御が実装された海底ケーブル敷設船である[2]。この船には運動自由度に対して冗長なアクチュエータが装備されており，作業状況に応じて一部のアクチュエータを停止させる場合がある。しかし，使用するアクチュエータの組合せが変わっても即座に所望の推力を発生させなければならない。そして，海底ケーブルの埋設機を指定ルートに沿って正確に曳航するための高度な経路追従制御が要求される。そこで，この船の自動操船システムにおいては推力配分と経路追従制御のそれぞれを非線形モデル予測制御問題として定式化し，実時間で解いて実装している。その結果，従来よりも作業の精度と効率を向上させることに成功している。

　以上のような動向を踏まえて，実時間最適化が発展した場合の制御系設計について考えてみよう。従来は実用的な規模の最適化を実時間で行うことが不可能だったため，図 1.6 のようにオフラインでの制御系設計に最適化を用いるほかなかった。例えば，線形システムの制御系設計においては，リッカチ代数方程式や半正定値計画といった問題をオフラインで解いて最適なフィードバックゲイン行列を求めておき，実時間のフィードバック制御においては比較的簡単な演算のみを行うことが想定される。このように制御則をオフラインで求める必要があるのは，実時間での計算量が大きくできないためである。そして，非線形システムの場合，たとえオフラインであっても現実的な計算量と記憶量で

図 1.6 オフライン計算による制御系設計

図 1.7 実時間最適化による制御

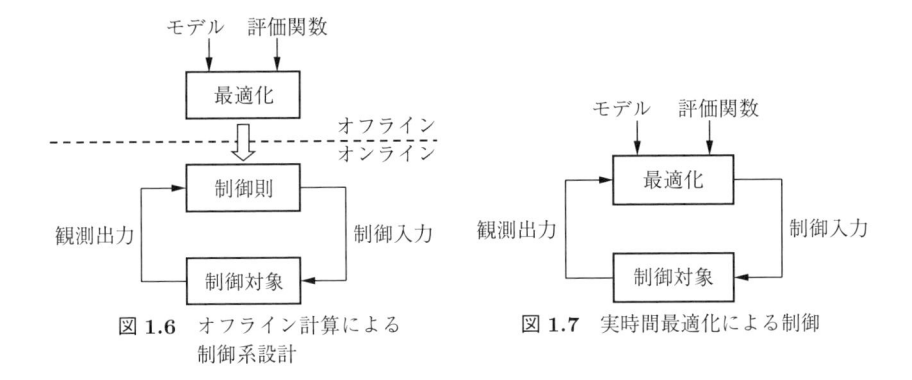

制御則を求められないことが大きな障害であった。

しかし，計算機の能力と数値解法は進歩し続けており，従来の常識を越えた複雑な計算が実現可能となってきている[†]。もしも実時間での計算量が問題とならないならば，オフラインとオンラインの計算を区別せず，**図 1.7** のように実時間最適化で直接制御入力を決定することも考えられる。この場合，制御則をあらかじめ求めておく必要がないので，線形システムに限らずさまざまな制御対象を扱うことができる。また，制御対象からの出力のみならずモデルと評価関数もオンラインで与えられる情報として同等に扱うことができる。したがって，制御に限らず推定，適応や学習をも実時間最適化という統一的な枠組みで扱う方向に最適制御が発展していく可能性は高いといえる。

1.3 数学的表記

本書で用いる数学的表記と用語についてまとめておく。まず，実数全体の集合を $\mathbb{R}$ と表し，整数全体の集合を $\mathbb{Z}$ で表す。非負の整数全体の集合は $\mathbb{Z}_{\geq 0}$ で表す。二つの実数 a, b に対して，a 以上かつ b 以下である実数全体の集合を閉区間といい，$[a, b]$ で表す。また，a より大きくかつ b より小さい実数全体

[†] 線形システムの状態空間表現に基づく多変数制御も，実時間での計算量が現実的でないとされた時代があった。

の集合を開区間といって (a,b) で表す。$a<b$ のとき,両端の値 a と b を閉区間 $[a,b]$ は含むが開区間 (a,b) は含まないことに注意しよう。さらに,a 以上かつ b より小さい実数全体の集合を右半開区間といって $[a,b)$ で表し,左半開区間 $(a,b]$ も同様に定義する。右半開区間と左半開区間を合わせて単に半開区間という。$a>b$ のときは,上記いずれの区間も空集合になる。

つぎに,n 次元実数ベクトル全体の集合を $\mathbb{R}^n$,$n\times m$ 実数行列全体の集合を $\mathbb{R}^{n\times m}$ とそれぞれ表す。実数 $x_1,\ldots,x_n$ を要素に持つ n 次元ベクトル x,および実数 $a_{11},\ldots,a_{nm}$ を要素に持つ $n\times m$ 行列 A を,それぞれつぎのように表す。

$$x = \begin{bmatrix} x_1 \\ \vdots \\ x_n \end{bmatrix}, \quad A = \begin{bmatrix} a_{11} & \cdots & a_{1m} \\ \vdots & & \vdots \\ a_{n1} & \cdots & a_{nm} \end{bmatrix}$$

ベクトルや行列のサイズが重要でないときは,それぞれ $x=[x_i]$,$A=[a_{ij}]$ と略記する。要素がすべて 0 のベクトルや行列をサイズによらず 0 と書き,単位行列もサイズによらず I と書く。ベクトルや行列の転置を上添え字 $^\mathrm{T}$ で表す。例えば,$x=[x_1 \cdots x_n]^\mathrm{T}$ である。ベクトルのノルム (norm) を $\|x\| := \sqrt{x^\mathrm{T} x}$ で定義する[†]。表記を簡潔にするため,x が横ベクトルの場合も $\|x^\mathrm{T}\|$ の代わりに $\|x\|$ で x のノルムを表す。また,行列 A が $A=A^\mathrm{T}$ を満たすとき,A を**対称** (symmetric) という。$n\times n$ 対称行列 A と n 次元ベクトル x に対して $x^\mathrm{T} A x$ はスカラーになり,**2 次形式** (quadratic form) と呼ばれる。任意の x に対して $x^\mathrm{T} A x \geq 0$ のとき A を**準正定** (positive semidefinite) といい,$A\geq 0$ と表す。特に,任意の $x\neq 0$ に対して $x^\mathrm{T} A x > 0$ のとき A を**正定** (positive definite) といい,$A>0$ と表す。$-A$ が準正定または正定の場合,それぞれ A を**準負定** (negative semidefinite),**負定** (negative definite) といい,記号はそれぞれ $A\leq 0$,$A<0$ とする[††]。たとえ A が対称行列で

[†] 方程式の等号と区別するため,定義を意味する等号を := で表すことがある。例えば,$A:=B$ と $B=:A$ は,いずれも A を B で定義することを意味する。
[††] 準正定と準負定をそれぞれ半正定,半負定ということもある。

なかったとしても，任意の x に対して $x^{\mathrm{T}}Ax = (x^{\mathrm{T}}Ax)^{\mathrm{T}} = x^{\mathrm{T}}A^{\mathrm{T}}x$ が成り立つので[†]，$x^{\mathrm{T}}Ax = x^{\mathrm{T}}(A+A^{\mathrm{T}})x/2$ が成り立つ。ここで，$(A+A^{\mathrm{T}})/2$ は対称行列であるから，一般性を失うことなく 2 次形式 $x^{\mathrm{T}}Ax$ の行列 A は対称行列と仮定する。行列 A が対称であるとき，その固有値はすべて実数である。また，すべての固有値が非負であることが $A \geqq 0$ の必要十分条件であり，すべての固有値が正であることが $A > 0$ の必要十分条件である[3]。したがって，正定行列は必ず正則である。正定行列 A と任意のベクトル $x \neq 0$ に対して $x^{\mathrm{T}}A^{-1}x = (A^{-1}x)^{\mathrm{T}}A(A^{-1}x) > 0$ が成り立つので，逆行列 A^{-1} も正定である。

本書で扱う関数はすべて連続かつ必要なだけ微分可能とする。スカラー x を変数とするスカラー値関数 $f(x)$ が $f(0) = 0$ を満たし，かつある整数 d に対して $\lim_{x \to 0}(f(x)/x^d) = 0$ を満たすとき，$x = 0$ において f は x^d より**高位の無限小** (infinitesimal of higher order) であるといい，$f(x) = o(x^d)$ と表す。この記号を用いると，ある点 x_0 でのテイラー展開は

$$f(x_0 + \Delta x) = f(x_0) + \frac{df}{dx}(x_0)\Delta x + o(\Delta x)$$

などと表される[††]。この場合の $o(\Delta x)$ は Δx に関して 2 次以上の項からなる。より簡潔な表現として，dx 自体を無限小と見なして $o(dx)$ を省略し

$$f(x_0 + dx) = f(x_0) + \frac{df}{dx}(x_0)dx$$

という表記も用いる。このとき，dx を x の無限小変化または微小変化と呼び

$$df(x_0) = \frac{df}{dx}(x_0)dx$$

を f の無限小変化または微小変化と呼ぶ。

ベクトル $x = [x_1 \cdots x_n]^{\mathrm{T}}$ を変数とするスカラー値関数 $f(x)$ の x による微分は

[†] スカラー $x^{\mathrm{T}}Ax$ の転置はそれ自身に等しいことに注意。
[††] 必ずしも f が x_0 でテイラー展開可能（解析的）でなくても，2 階微分可能でありさえすれば，テイラーの公式[4] により f をこのように表すことができる。本書ではテイラーの公式に基づく表現もテイラー展開と呼ぶ。

$$\frac{\partial f(x)}{\partial x} = \left[\frac{\partial f}{\partial x_1} \cdots \frac{\partial f}{\partial x_n} \right]$$

のように偏導関数を並べた横ベクトルとする．これを f の x に関する**勾配ベクトル**（gradient vector）と呼ぶ．勾配ベクトルを横ベクトルとすることで，関数の微小変化[†]を

$$df = \frac{\partial f}{\partial x_1} dx_1 + \cdots + \frac{\partial f}{\partial x_n} dx_n = \frac{\partial f(x)}{\partial x} dx$$

のように内積や転置の記号を使わずに表現できる．その代わり，物理学で用いられる勾配ベクトル ∇f のように縦ベクトルを考える場合は $\nabla f = (\partial f/\partial x)^{\mathrm{T}}$ と転置を取る必要がある．勾配ベクトルをさらに微分して

$$\frac{\partial^2 f(x)}{\partial x^2} = \begin{bmatrix} \dfrac{\partial^2 f}{\partial x_1 \partial x_1} & \cdots & \dfrac{\partial^2 f}{\partial x_1 \partial x_n} \\ \vdots & & \vdots \\ \dfrac{\partial^2 f}{\partial x_n \partial x_1} & \cdots & \dfrac{\partial^2 f}{\partial x_n \partial x_n} \end{bmatrix}$$

という $n \times n$ 行列を定義し，f の x に関する**ヘッセ行列**（Hessian matrix）と呼ぶ．$\partial^2 f/\partial x_i \partial x_j = \partial^2 f/\partial x_j \partial x_i$ が成り立つので，ヘッセ行列は対称行列である．テイラー展開は多変数の場合にも拡張できて

$$f(x_0 + \Delta x) = f(x_0) + \frac{\partial f}{\partial x}(x_0)\Delta x + o(\|\Delta x\|)$$

$$f(x_0 + \Delta x) = f(x_0) + \frac{\partial f}{\partial x}(x_0)\Delta x + \frac{1}{2}\Delta x^{\mathrm{T}} \frac{\partial^2 f}{\partial x^2}(x_0)\Delta x + o(\|\Delta x\|^2)$$

などと表すことができる．

二つのベクトル $x = [x_1 \cdots x_n]^{\mathrm{T}}$ と $y = [y_1 \cdots y_m]^{\mathrm{T}}$ を変数とするスカラー値関数 $f(x, y)$ の x と y による微分は

$$\frac{\partial^2 f(x)}{\partial x \partial y} = \begin{bmatrix} \dfrac{\partial^2 f}{\partial x_1 \partial y_1} & \cdots & \dfrac{\partial^2 f}{\partial x_1 \partial y_m} \\ \vdots & & \vdots \\ \dfrac{\partial^2 f}{\partial x_n \partial y_1} & \cdots & \dfrac{\partial^2 f}{\partial x_n \partial y_m} \end{bmatrix}$$

[†] 全微分または単に微分ともいう．

と定義する。これは $n \times m$ 行列であり，明らかに $\partial^2 f/\partial x \partial y = (\partial^2 f/\partial y \partial x)^{\mathrm{T}}$ が成り立つ。

ベクトル値関数 $f(x) = [f_1(x) \cdots f_m(x)]^{\mathrm{T}}$ のベクトル $x = [x_1 \cdots x_n]^{\mathrm{T}}$ による微分は

$$\frac{\partial f(x)}{\partial x} = \begin{bmatrix} \dfrac{\partial f_1}{\partial x_1} & \cdots & \dfrac{\partial f_1}{\partial x_n} \\ \vdots & & \vdots \\ \dfrac{\partial f_m}{\partial x_1} & \cdots & \dfrac{\partial f_m}{\partial x_n} \end{bmatrix}$$

とする。これを f の x に関する**ヤコビ行列**（Jacobian matrix）と呼ぶ[†]。

[†] ヤコビ行列を単にヤコビアン（Jacobian）ということもある。また，ヤコビ行列の行列式をヤコビアンということもある。

2 非線形計画問題

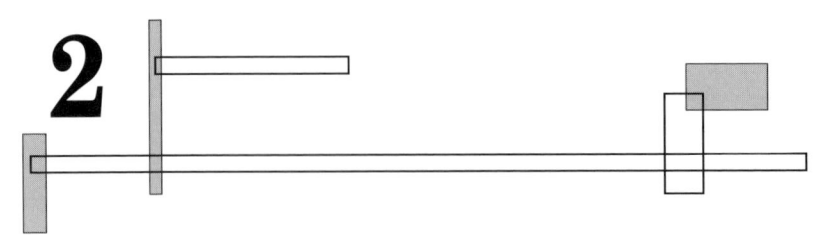

　最適化問題の解が満たす必要条件や十分条件を総称して最適性条件 (optimality condition) という。本章では，最適制御問題を学ぶ準備として非線形計画問題の最適性条件と数値解法を概説する。一般的な条件や解法であっても，1次元や2次元の単純な例を考えて意味を理解することが大切である。そうすれば，様々な問題への応用も利くし，後に述べる最適制御問題も理解しやすくなるだろう。

2.1 問題設定と用語

　n 次元ベクトル $x \in \mathbb{R}^n$ を変数とするスカラー値関数 $f(x)$, $g_i(x)$ ($i = 1, \cdots, m$), $h_j(x)$ ($j = 1, \cdots, p$) が与えられているとする。このとき，拘束条件

$$g_i(x) \leq 0 \quad (i = 1, \cdots, m) \tag{2.1}$$

$$h_j(x) = 0 \quad (j = 1, \cdots, p) \tag{2.2}$$

のもとで，評価関数 $f(x)$ を最小にする $x = x^* \in \mathbb{R}^n$ を求めよ，というのが一般的な非線形計画問題である。

　拘束条件のうち式 (2.1) を**不等式拘束条件** (inequality constraint)，式 (2.2) を**等式拘束条件** (equality constraint) という。評価関数を最小にしているかどうかと関係なく拘束条件だけは満たしている点 $x \in \mathbb{R}^n$ を**許容解** (feasible solution）といい，許容解全体の集合を**許容領域**（feasible region）という．すなわち，許容領域を S とすると

$$S = \{x \in \mathbb{R}^n : g_i(x) \leqq 0 \ (i = 1, \cdots, m), \ h_j(x) = 0 \ (j = 1, \cdots, p)\}$$

のように表される．許容領域が空集合だと最適化を考える意味がないので，以下では許容領域は空集合でないとする．

許容解 $x^* \in S$ が，任意の $x \in S$ に対して $f(x^*) \leqq f(x)$ を満たすとき，x^* を**最適解**（optimal solution）という．特に**大域的最適解**（global optimal solution）ということもある．一方，$x^* \in S$ かつ，ある $\varepsilon > 0$ が存在して，任意の $x \in S \cap B(x^*, \varepsilon)$ に対して $f(x^*) \leqq f(x)$ であるとき，x^* を**局所最適解**（local optimal solution）という．ここで，$B(x^*, \varepsilon) = \{x \in \mathbb{R}^n : \|x - x^*\| < \varepsilon\}$ は中心 x^*，半径 ε の球の内部を表し，**開球**（open ball）と呼ばれる．さらに，$x^* \in S$ かつ，ある $\varepsilon > 0$ が存在して，任意の $x \in S \cap B(x^*, \varepsilon) \setminus \{x^*\}$ に対して $f(x^*) < f(x)$ であるとき，x^* を**孤立局所最適解**（isolated local optimal solution）という[†]．

例 2.1（**最適解の存在と一意性**）　最適解が必ず存在するとは限らないし，存在しても一つとは限らないことを例で見てみよう．許容領域 S は実数全体 $\mathbb{R}$ とする．

(1) 評価関数 $f(x) = e^{-x}$ を最小にする最適解は存在しない．なぜなら，$f(x) \geqq 0$ かつ $\lim_{x \to \infty} f(x) = 0$ だが，実数の範囲で $f(x) = 0$ となることはないからである（∞ は実数ではない）．

(2) 評価関数が $f(x) = x^2(x-1)^2$ なら，最小値は 0 であり，最適解は $x = 0$ と $x = 1$ の二つある．

(3) 極端な例として，評価関数 $f(x)$ が恒等的に一定値を取るならば $\mathbb{R}$ のすべての点が最適解になる．

[†] 集合 A から集合 B の元を除いた集合（差集合）を $A \setminus B$ で表す．

2. 非線形計画問題

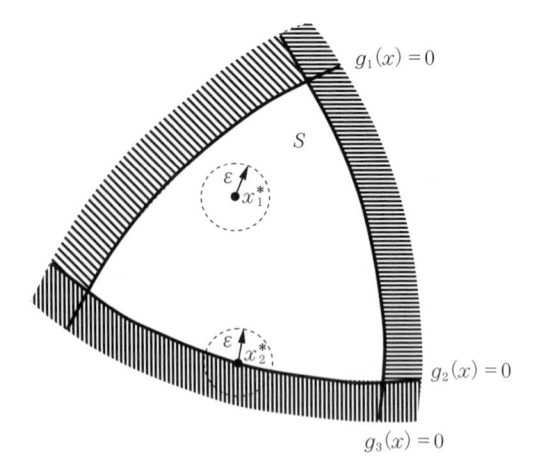

図 2.1　許容領域と局所最適解

つぎに，局所最適解と孤立局所最適解の意味を理解するために，図 2.1 のような許容領域 S の内部に含まれる点 x_1^* を考えてみよう．この場合，開球 $B(x_1^*, \varepsilon)$ は，x_1^* を中心とする半径 ε の円の内部になる．集合 $S \cap B(x_1^*, \varepsilon)$ は許容領域と円の内部が重なっている部分であり，図 2.1 では円全体が許容領域に含まれているので $B(x_1^*, \varepsilon)$ そのものと同じになっている．そして，その中で評価関数 $f(x)$ の値が $f(x_1^*)$ より小さくならないならば，x_1^* は局所最適解である．この条件は，ある半径 ε に対して成り立つなら，それより小さい半径でも必ず成り立つことに注意しよう．したがって，上の定義では「ある $\varepsilon > 0$ が存在して」といっているが，それを「十分小さい $\varepsilon > 0$ を選べば」と言い換えても同じことである．ただし，「半径 0 の円の内部」は空集合で評価関数値を比べようがないので，$\varepsilon = 0$ は除いている．開球 $B(x_1^*, \varepsilon)$ は x_1^* のどれくらい近くを見るかを表すいわば虫眼鏡のようなもので，その中だけに許容領域を制限したときの最適解が局所最適解である．さらに，孤立局所最適解の定義では，制限した領域から x_1^* 自身も除いており，x_1^* 以外の点では必ず評価関数が $f(x_1^*)$ より大きくなることを意味している．つまり，孤立局所最適解は局所最適解の特殊な場合である．

一方，図2.1において許容領域 S の境界にある点 x_2^* を中心とする開球 $B(x_2^*, \varepsilon)$ は，どんなに半径 ε を小さくしても必ず一部が許容領域の外側にはみ出る．はみ出た部分は無視して許容領域に属する部分だけを考えたとき，その中で評価関数 $f(x)$ の値が $f(x_2^*)$ より小さくならないならば，x_2^* は局所最適解である．さらに，x_2^* 以外の点では必ず評価関数が $f(x_2^*)$ より大きくなるのならば，x_2^* は孤立局所最適解である．

一般に最適解の存在を保証したり，最適解を確実に見つけたりすることは困難である．以下の議論では，少なくとも局所最適解は存在するとして，そこで成り立つ最適性条件を考えたり，局所最適解を見つける数値解法を考えたりする．したがって，大域的な最適解について詳しく考えることはしないが，基本的な定理として以下を挙げておく．

【定理 2.1】
 (1) （ワイエルシュトラスの定理）許容領域 S が有界閉集合で評価関数 f が S で連続ならば，最適解が存在する．
 (2) （凸計画問題の性質）許容領域 S が凸集合で評価関数 f が凸関数ならば，局所最適解は最適解である．

証明に関してはそれぞれ文献5) と文献6) を参照されたい．なお，集合 $S \subset \mathbb{R}^n$ が凸集合であるとは，$x, y \in S$ かつ $\alpha \in [0, 1]$ ならば $(1-\alpha)x + \alpha y \in S$ が成り立つことをいう．また，凸集合 S で定義された関数 $f : S \to \mathbb{R}$ が凸関数であるとは，$x, y \in S$ かつ $\alpha \in [0, 1]$ ならば $f((1-\alpha)x + \alpha y) \leq (1-\alpha)f(x) + \alpha f(y)$ が成り立つことをいう．そして，許容領域が凸集合で評価関数が凸関数であるような最適化問題を**凸計画問題**（convex programming problem）といい，局所最適解さえ見つければそれが大域的な最適解にもなっているという意味で応用上重要である．

2.2 拘束条件なしの場合

もっとも基本的な最適性条件として，拘束条件がない場合に局所最適解で成り立つ条件を考える。ある点 x^* を中心とする半径 ε の開球 $B(x^*, \varepsilon)$ に含まれる点 x というのは，$\|\Delta x\| < \varepsilon$ である適当なベクトル Δx を用いて $x = x^* + \Delta x$ と表すことができる。さらに，Δx の長さを $\alpha \geqq 0$ で表し，向きを単位ベクトル y で表せば，$x = x^* + \alpha y$ ($0 \leq \alpha < \varepsilon$, $\|y\| = 1$) と表すことができる。開球の半径 ε を小さくしたときは，もちろん α も小さくなる。評価関数 f の点 x^* におけるテイラー展開より

$$f(x^* + \alpha y) = f(x^*) + \alpha \frac{\partial f(x^*)}{\partial x} y + \frac{\alpha^2}{2} y^\mathrm{T} \frac{\partial^2 f(x^*)}{\partial x^2} y + o(\alpha^2) \qquad (2.3)$$

なので，これを使って，x^* から $\Delta x = \alpha y$ だけ動いたときに f が減るか増えるか，すなわち $f(x^* + \alpha y) - f(x^*)$ の符号を調べよう。どれほど α が小さくてもある y に対して f が減るのであれば x^* は局所最適解ではないし，逆に，α が十分小さい限りどのような y に対しても f が増えるのであれば x^* は孤立局所最適解だということになる。

もしも，x^* における勾配ベクトル $\partial f(x^*)/\partial x$ が 0 でないならば，y を適当に選ぶことで $(\partial f(x^*)/\partial x) y \neq 0$ とできる。特に，適宜 y の符号を付け替えることで，必ず $(\partial f(x^*)/\partial x) y < 0$ とできる。具体的には $y = -(\partial f(x^*)/\partial x)^\mathrm{T}/\|\partial f(x^*)/\partial x\|$ と選べばよい。さらに，$\alpha > 0$ を十分小さくすれば，f のテイラー展開において，α に関して 2 次以上の項は 1 次の項 $\alpha(\partial f(x^*)/\partial x) y$ に比べて小さくなり，$f(x^* + \alpha y) - f(x^*)$ の符号は $\alpha(\partial f(x^*)/\partial x) y$ の符号と同じになる。そして，いまの y の選び方ではそれが負なので，x^* は局所最適解ではありえない。したがって，局所最適解において $\partial f(x^*)/\partial x = 0$ が成り立たなくてはならない。このように勾配ベクトルが x^* で 0 になっているとき，f は x^* において停留するといい，x^* を**停留解** (stationary solution) または**停留点** (stationary point)，停留点において成り立つ条件を**停留条件** (stationary condition) という．停留条件は評価関数を最大化する場合でも最適解の必要条件になる．

停留条件 $\partial f(x^*)/\partial x = 0$ が成り立つとき，$\alpha > 0$ を十分小さくすれば，$f(x^* + \alpha y) - f(x^*)$ の符号はテイラー展開の 2 次の項 $\alpha^2 y^{\mathrm{T}}(\partial^2 f(x^*)/\partial x^2)y/2$ の符号と同じになる．したがって，$\alpha^2 y^{\mathrm{T}}(\partial^2 f(x^*)/\partial x^2)y/2$ が負なら，$f(x^* + \alpha y) - f(x^*)$ も負になってしまい，やはり x^* は局所最適解ではありえない．ここで，2 次の項の係数 α^2 は正なので，結局，局所最適解においては，任意の単位ベクトル y に対して $y^{\mathrm{T}}(\partial^2 f(x^*)/\partial x^2)y/2 \geqq 0$，すなわちヘッセ行列 $\partial^2 f(x^*)/\partial x^2$ が準正定行列でなくてはならない．逆に，$\partial f(x^*)/\partial x = 0$ かつ $\partial^2 f(x^*)/\partial x^2 > 0$ ならば，十分小さい任意の $\alpha > 0$ と任意の単位ベクトル y に対して $f(x^* + \alpha y) - f(x^*)$ は正であり，x^* は局所最適解であるのみならず，孤立局所最適解でもある．以上をまとめると最適性条件が得られる．

【定理 2.2】 拘束条件がないとき

(1) （**停留条件**）x^* が局所最適解ならば

$$\frac{\partial f}{\partial x}(x^*) = 0$$

が成り立つ．

(2) （**2 次の必要条件**）x^* が局所最適解ならば

$$\frac{\partial f}{\partial x}(x^*) = 0, \quad \frac{\partial^2 f}{\partial x^2}(x^*) \geqq 0$$

が成り立つ．

(3) （**2 次の十分条件**）

$$\frac{\partial f}{\partial x}(x^*) = 0, \quad \frac{\partial^2 f}{\partial x^2}(x^*) > 0$$

が成り立つならば，x^* は孤立局所最適解である．

2次の十分条件において，ヘッセ行列 $\partial^2 f(x^*)/\partial x^2$ が正定であることは，その固有値がすべて正であることと等価である．そして，ヘッセ行列の最小固有値を λ_{min} と置くと，任意のベクトル Δx に対して

$$\Delta x^{\mathrm{T}} \frac{\partial^2 f}{\partial x^2}(x^*) \Delta x \geq \lambda_{min} \|\Delta x\|^2 \tag{2.4}$$

が成り立つ[3]．したがって，ヘッセ行列の正定性は，ある実数 $\lambda_{min} > 0$ が存在して任意の Δx に対して式 (2.4) が成り立つことと言い換えられる．

例 2.2 （最適性条件の必要性と十分性） 定理 2.2 が必要十分条件でないことは，ごく簡単な1変数の例からわかる．

(1) $f(x) = x^3$ は $f'(0) = 0, f''(0) = 0$ で $x = 0$ において2次の必要条件を満たすが，$x = 0$ は局所最適解ではない．

(2) $f(x) = x^4$ は $f'(0) = 0, f''(0) = 0$ であり $x = 0$ において2次の十分条件を満たさないが，$x = 0$ は唯一の最適解であり，したがって孤立局所最適解でもある．

テイラー展開の高次の項まで考えれば，同様にして最適性の必要条件や十分条件が得られるが，微係数だけで必要十分条件を表すことはできない．

例 2.3 （解の種類と最適性条件） ここまでに出てきた解の種類と最適性条件に関しては，図 2.2 のようにさまざまな状況があり得る．

(1) 点 x_1^* は2次の十分条件を満たし，孤立局所最適解である．

(2) 点 x_2^* は2次の必要条件を満たす停留解だが，局所最適解ではない．

(3) 点 x_3^* は局所最適解で2次の必要条件を満たすが，評価関数が最大値を取っている．

(4) 点 x_4^* は局所最適解で2次の必要条件を満たすが，孤立局所最適解ではない．

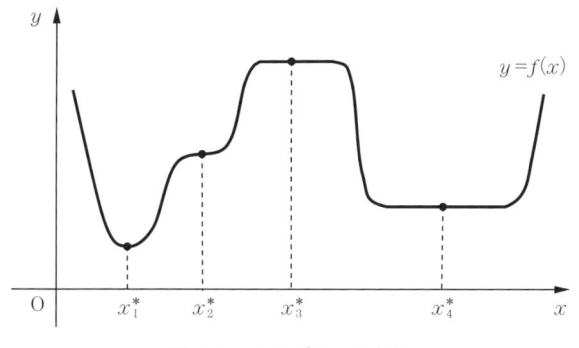

図 2.2　さまざまな停留解

2.3　拘束条件付きの場合

2.3.1　等式拘束条件の場合

ここでは，一つの等式拘束条件 $h(x) = 0$ が課された場合の局所最適解を考えよう．図 2.3 のように 2 次元の場合を考え，評価関数 $f(x)$ の等高線と等式拘束条件 $h(x) = 0$ の曲線を考える．拘束なしの場合は点 O で $f(x)$ が最小になるが，拘束条件を満たす曲線 $h(x) = 0$ 上で $f(x)$ が最小になる点を探さな

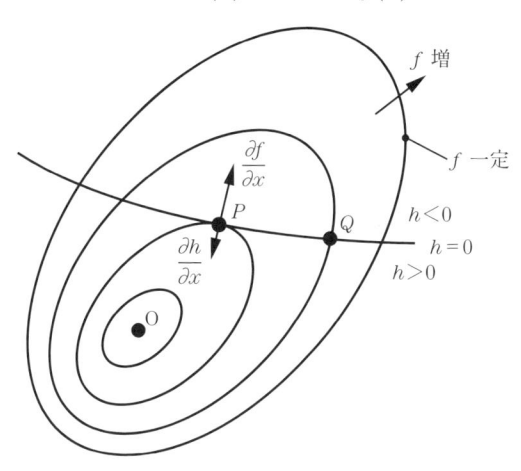

図 2.3　拘束条件付きの最小化

ければならない．曲線に沿って $f(x)$ の値の増減を考えると，曲線上で $f(x)$ が停留するのは，等高線との接点 P であることがわかる．例えば，点 Q のように曲線が等高線を横切っているのならば，曲線上を動いたときに等高線のどちら側にも行ける．すなわち，関数 $f(x)$ は増えもするし減りもする．したがって，点 Q は停留解ではありえない．高次元の場合も，同様の議論により $f(x)$ の等高面と $h(x) = 0$ の曲面との接点でなければ停留解にはなりえない．そして，接点では曲面 $h(x) = 0$ の接平面に沿って無限小動いても $f(x)$ の等高面に留まるので，$f(x)$ の値が変化しない，すなわち停留する．

さて，曲面 $h(x) = 0$ は $h(x)$ の等高面でもあり，等高面の法線ベクトルが勾配ベクトルだから，$f(x)$ の等高面と $h(x) = 0$ の曲面が接するということは二つの関数の勾配ベクトルが同一直線上にあることを意味する．つまり，式で表せば，あるスカラー κ が存在して

$$\frac{\partial f(x)}{\partial x} = \kappa \frac{\partial h(x)}{\partial x} \tag{2.5}$$

が成り立つ．右辺を移項して $\lambda = -\kappa$ と置きなおすと

$$\frac{\partial f(x)}{\partial x} + \lambda \frac{\partial h(x)}{\partial x} = 0 \tag{2.6}$$

を得る．これを新しい関数

$$L(x, \lambda) = f(x) + \lambda h(x)$$

を使って表すと

$$\frac{\partial L(x, \lambda)}{\partial x} = 0$$

となる．これは，パラメータ λ を含む関数 $L(x, \lambda)$ の拘束条件無しでの停留条件にほかならない．すなわち，元の拘束条件付きの場合が拘束条件無しの場合に帰着された．このときの λ を**ラグランジュ乗数**（Lagrange multiplier）といい，L を**ラグランジュ関数**（Lagrangian）という．

拘束条件が複数ある場合は上の操作を繰り返せばよい．すなわち，複数の拘束条件が

$$h_1(x) = 0, \ldots, h_p(x) = 0$$

で与えられるときは

$$\lambda = [\lambda_1 \cdots \lambda_p]^\mathrm{T}, \quad h(x) = [h_1(x) \cdots h_p(x)]^\mathrm{T}$$

として

$$L(x, \lambda) = f(x) + \lambda_1 h_1(x) + \cdots + \lambda_p h_p(x) = f(x) + \lambda^\mathrm{T} h(x)$$

の停留条件を考えればよい。

ラグランジュ乗数のベクトル λ も x と同等に扱ってあらためてラグランジュ関数 $L(x, \lambda)$ の停留条件を考えると

$$\frac{\partial L(x, \lambda)}{\partial x} = \frac{\partial f(x)}{\partial x} + \lambda^\mathrm{T} \frac{\partial h(x)}{\partial x} = 0 \tag{2.7}$$

$$\frac{\partial L(x, \lambda)}{\partial \lambda} = h^\mathrm{T}(x) = 0 \tag{2.8}$$

となり，拘束条件も現れる。式 (2.7), (2.8) により，合計 $n+p$ 個の変数 x, λ を決定する $n+p$ 個の方程式が得られている。また，式 (2.7) は，$f(x)$ の勾配ベクトル $\partial f/\partial x$ が $h_1, \ldots, h_p$ の勾配ベクトル $\partial h_1/\partial x, \ldots, \partial h_p/\partial x$ の線形結合で表されることを示している。

ただし，特殊な状況では式 (2.7) が成り立ち得ない場合もある。例えば，図 **2.4** のように曲面 $h_1 = 0$ と曲面 $h_2 = 0$ が接している状況を考える。二つの拘束条件を同時に満たすのは接点 P のみであり，そこが最適解にならざるを得ないが，$\partial h_1/\partial x$ と $\partial h_2/\partial x$ が同一直線上に乗ってしまい，しかも $\partial f/\partial x$ がその直線に属していないから，$\partial f/\partial x$ を $\partial h_1/\partial x$ と $\partial h_2/\partial x$ の線形結合で表すことはできない。すなわち，式 (2.7) を満たすラグランジュ乗数 λ は存在しない。一般に，$\partial h_1(x^*)/\partial x, \ldots, \partial h_p(x^*)/\partial x$ が 1 次独立であればラグランジュ乗数が存在することが知られている。この条件を **1 次独立制約想定**（linear independence constraint qualification）という[†]。ラグランジュ乗数の存在を保証するほかの制約想定については例えば文献 6) を参照されたい。

[†] 制約想定を制約資格条件ともいう。

26   2. 非線形計画問題

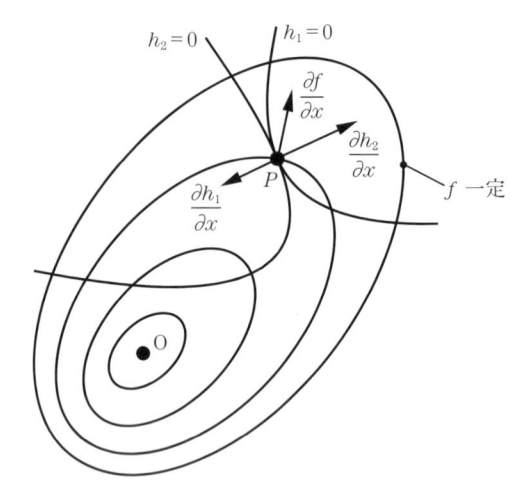

図 2.4 ラグランジュ乗数が存在しない場合

2.3.2 不等式拘束条件の場合

つぎに，不等式拘束条件のもとで関数を最小化する問題を考える．この場合，不等式拘束条件が表す領域の境界と内部のどちらに局所最適解があるかによって状況が変わる．例えば，図 2.3 において $h(x) \leqq 0$ のもとで関数 $f(x)$ が最小になるのは境界 $h(x) = 0$ 上の点 P であり，等式拘束条件の場合と似た状況になる．このように，等式が成り立っている不等式拘束条件を**有効制約**（active constraint）という．一方，$h(x) \geqq 0$ のもとで $f(x)$ が最小になるのは点 O であり，拘束条件がない場合と同じである．

一般に，不等式拘束条件 $h(x) \leqq 0$ のもとで関数 $f(x)$ を最小化する場合，上の例からもわかるように，局所最適解 x^* で $h(x^*) = 0$ の場合と $h(x^*) < 0$ が成り立つ場合とに分けて考えればよい．まず，$h(x^*) = 0$ の場合，等式拘束と一見同じだが，もしも $h(x^* + \Delta x) < 0$ を満たす方向 Δx へ動いたとき評価関数が減るのであれば x^* は局所最適解ではあり得ない．$h(x^* + \Delta x) < 0$ を満たす方向というのは $-\partial h(x^*)/\partial x$ の方向であり，評価関数が減る方向は $-\partial f(x^*)/\partial x$ の方向だから，局所最適解においては，$f(x)$ の等高面が $h(x) = 0$ の曲面と接するだけでなく，それらの勾配ベクトルが同じ向きであってはならない（図 2.3

では反対向き）．したがって，等式拘束条件の場合の最適性条件 (2.5) に $\kappa \leqq 0$ という条件が加わる．すなわち，式 (2.6) において $\lambda \geqq 0$ という条件が加わる．

一方，局所最適解 x^* で $h(x^*) < 0$ が成り立つ場合，$h(x^* + \Delta x) \leqq 0$ を満たしながら x^* からどの方向 Δx にもわずかに動けるので，拘束が存在しない場合と同じである．拘束なしの場合の停留条件は等式拘束の場合で $\lambda = 0$ と置いても得られるから，$h(x^*) = 0$ の場合と $h(x^*) < 0$ の場合とをまとめて，局所最適解で成り立つべき条件は

$$\frac{\partial L(x^*, \lambda)}{\partial x} = 0, \quad h(x^*) \leqq 0, \quad \lambda \geqq 0, \quad \lambda h(x^*) = 0$$

となる．最後の条件は**相補性条件**（complementarity condition）と呼ばれ，h と λ のどちらかが 0 でないとき他方は 0 になるという条件を表している．

2.3.3　カルーシュ・キューン・タッカー条件

等式拘束条件と不等式拘束条件の場合をまとめて，一般の非線形計画問題における局所最適性の必要条件が得られる．まず，式 (2.1) の不等式拘束条件を与える関数をまとめて $g = [g_1 \cdots g_m]^\mathrm{T}$ とし，式 (2.2) の等式拘束条件を与える関数をまとめて $h = [h_1 \cdots h_p]^\mathrm{T}$ とする．そして，それぞれに対応するラグランジュ乗数のベクトルを $\lambda = [\lambda_1 \cdots \lambda_m]^\mathrm{T}$，$\mu = [\mu_1 \cdots \mu_p]^\mathrm{T}$ とし，ラグランジュ関数を

$$L(x, \lambda, \mu) = f(x) + \lambda^\mathrm{T} g(x) + \mu^\mathrm{T} h(x)$$

と定義する．不等式拘束条件のうち，等式が成立している有効制約の添字集合を $I(x) = \{i : g_i(x) = 0\}$ と置く．すると，1 次独立制約想定は以下のように表される．

$$\frac{\partial g_i(x^*)}{\partial x} \quad (i \in I(x^*)), \quad \frac{\partial h_j(x^*)}{\partial x} \quad (j = 1, \ldots, p) \quad \text{が 1 次独立}$$

このとき，局所最適性の必要条件として以下の定理が得られる．この必要条件を**カルーシュ・キューン・タッカー条件**（Karush–Kuhn–Tucker conditions）または頭文字を取って **KKT 条件**という．

【定理 2.3】（**KKT 条件**）　1次独立制約想定のもとで点 $x^* \in \mathbb{R}^n$ が局所最適解ならば，$\lambda^* \in \mathbb{R}^m, \mu^* \in \mathbb{R}^p$ が存在して以下が成り立つ．

$$\frac{\partial L}{\partial x}(x^*, \lambda^*, \mu^*) = 0 \tag{2.9}$$

$$g_i(x^*) \leqq 0, \ \lambda_i^* \geqq 0, \ \lambda_i^* g_i(x^*) = 0 \quad (i=1,\cdots,m) \tag{2.10}$$

$$h_j(x^*) = 0 \quad (j=1,\cdots,p) \tag{2.11}$$

以上の議論で評価関数や拘束条件に関してテイラー展開における 2 次の項まで考えると，一般的な非線形計画問題の局所最適解に対する 2 次の十分条件や 2 次の必要条件が得られる．$\alpha > 0$ をスカラー，$y \in \mathbb{R}^n$ を適当なベクトルとすると，KKT 条件を満たす $x^* \in \mathbb{R}^n$ から $\Delta x = \alpha y$ だけずれた点 $x = x^* + \alpha y$ での評価関数値 $f(x^* + \alpha y)$ は式 (2.3) のように x^* におけるテイラー展開で表される．ただし，拘束条件があるために，$\partial f(x^*)/\partial x$ は必ずしも 0 ではなく，その代わり式 (2.9) のようにラグランジュ関数の偏導関数が 0 になる．そこで，評価関数の代わりにラグランジュ関数のテイラー展開を考え，式 (2.9) を用いると

$$L(x^* + \alpha y, \lambda^*, \mu^*) = L(x^*, \lambda^*, \mu^*) + \frac{\alpha^2}{2} y^\mathrm{T} \frac{\partial^2 L}{\partial x^2}(x^*, \lambda^*, \mu^*) y + o(\alpha^2)$$

を得る．ここで，式 (2.10), (2.11) より $L(x^*, \lambda^*, \mu^*) = f(x^*)$ が成り立つ．また，$x^* + \alpha y$ が許容領域に属するならば，$g_i(x^* + \alpha y) \leqq 0 \ (i=1,\cdots,m)$, $h_j(x^* + \alpha y) = 0 \ (j=1,\cdots,p)$ が成り立つから，式 (2.10) の $\lambda_i^* \geqq 0$ $(i=1,\cdots,m)$ も用いると，$f(x^* + \alpha y) \geqq L(x^* + \alpha y, \lambda^*, \mu^*)$ がいえる．以上をまとめると

$$f(x^* + \alpha y) \geqq f(x^*) + \frac{\alpha^2}{2} y^\mathrm{T} \frac{\partial^2 L}{\partial x^2}(x^*, \lambda^*, \mu^*) y + o(\alpha^2) \tag{2.12}$$

がいえたことになる．したがって，拘束条件を破らないような向きを持つ任意の $y \neq 0$ に対して $y^\mathrm{T}(\partial^2 L/\partial x)y$ が正であれば，x^* は孤立局所最適解である．

2.3 拘束条件付きの場合

そこで，$x^* + \alpha y$ が許容領域に属する y について詳しく見ていこう．まず，$i \notin I(x^*)$ すなわち $g_i(x^*) < 0$ ならば，y が何であれ α を十分小さく取ることで $g_i(x^* + \alpha y) < 0$ とできる．したがって，$x = x^* + \alpha y$ が許容領域に属するには，$i \in I(x^*)$ に対して $g_i(x^* + \alpha y) \leqq 0$ であり，かつ，$h_j(x^* + \alpha y) = 0$ ($j = 1, \cdots, p$) であればよい．このとき，$g_i(x^* + \alpha y)$ と $h_j(x^* + \alpha y)$ それぞれの x^* におけるテイラー展開を考え，$\alpha \to 0$ とすると

$$\frac{\partial g_i}{\partial x}(x^*)y \leqq 0 \quad (i \in I(x^*)) \tag{2.13}$$

$$\frac{\partial h_j}{\partial x}(x^*)y = 0 \quad (j = 1, \cdots, p) \tag{2.14}$$

を得る．ただし，$g_i(x^*) = 0$ ($i \in I(x^*)$)，$h_j(x^*) = 0$ ($j = 1, \cdots, p$) を使っている．式 (2.13) は g_i が y 方向で増えないことを，式 (2.14) は h_j が y 方向で一定であることを，それぞれ意味している．

さらに，有効制約をラグランジュ乗数が正か 0 かによって分類するため $\tilde{I}(x^*) = \{i : \lambda_i^* > 0\}$ と置き，$I(x^*)$ から $\tilde{I}(x^*)$ の元を除いた集合を $I(x^*) \setminus \tilde{I}(x^*)$ とする．相補性条件より $\tilde{I}(x^*) \subset I(x^*)$ であることに注意しよう．すると，式 (2.13), (2.14) を満たす y に対して，KKT 条件の式 (2.9) より

$$\begin{aligned}
& \frac{\partial f}{\partial x}(x^*)y \\
&= -\sum_{i \in \tilde{I}(x^*)} \lambda_i^* \frac{\partial g_i}{\partial x}(x^*)y - \sum_{i \in I(x^*) \setminus \tilde{I}(x^*)} \underbrace{\lambda_i^*}_{0} \frac{\partial g_i}{\partial x}(x^*)y - \sum_{j=1}^{p} \mu_i^* \underbrace{\frac{\partial h_j}{\partial x}(x^*)y}_{0} \\
&= -\sum_{i \in \tilde{I}(x^*)} \lambda_i^* \frac{\partial g_i}{\partial x}(x^*)y \geqq 0
\end{aligned}$$

がいえる．これは，相補性条件の導出に際して，拘束条件を破らないような方向で f が減らないようラグランジュ乗数の符号を定めたことに対応している．特に，ある $i \in \tilde{I}(x^*)$ に対して $(\partial g_i(x^*)/\partial x)y < 0$ の場合は，$(\partial f(x^*)/\partial x)y > 0$ となり，十分小さい任意の $\alpha > 0$ に対して $f(x^* + \alpha y)$ が $f(x^*)$ より大きくなる．したがって，詳しく調べなければならないのは，すべての $i \in \tilde{I}(x^*)$ に対して $(\partial g_i(x^*)/\partial x)y = 0$ となる場合である．つまり，式 (2.13) を次式で置き

換えて，式 (2.12) で想定すべき y を限定することができる．

$$\frac{\partial g_i}{\partial x}(x^*)y = 0 \quad (i \in \tilde{I}(x^*)) \tag{2.15}$$

$$\frac{\partial g_i}{\partial x}(x^*)y \leqq 0 \quad (i \in I(x^*) \setminus \tilde{I}(x^*)) \tag{2.16}$$

【定理 2.4】（2 次の十分条件） KKT 条件を満たす $x^* \in \mathbb{R}^n$, $\lambda^* \in \mathbb{R}^m$, $\mu^* \in \mathbb{R}^p$ が存在するとき，式 (2.14)～(2.16) を満たす任意の非零な $y \in \mathbb{R}^n$ に対して

$$y^{\mathrm{T}} \frac{\partial^2 L}{\partial x^2}(x^*, \lambda^*, \mu^*)y > 0 \tag{2.17}$$

が成り立つならば，x^* は孤立局所最適解である．

定理 2.4 とは逆に x^* が局所最適解であるためには 2 次の項が非負でなければならないから，式 (2.17) で等号も含めると，局所最適解の必要条件が得られる．詳しくは文献 6)～8) を参照されたい．

2.3.4 拘束条件に関する諸注意

ここまで，拘束条件に対してラグランジュ乗数を導入し，等式拘束と不等式拘束の場合とに分けて考えた．しかし，非線形計画問題はさまざまな形に変換することが可能であり，その扱い方は唯一ではない．ここでは，拘束条件の変換について述べる．そのような変換を用いることによって，ある特殊な種類の問題に対する最適性条件や数値解法であっても，より広い種類の問題に適用できることがある．

〔1〕 変数の消去と変換

まず，拘束条件を扱うのに必ずしもラグランジュ乗数を使わなくてもよいことに注意しよう．例えば，n 個の変数に対して p 個 $(p < n)$ の等式拘束条件が課せられているとき，等式拘束条件を p 個の変数に対する連立方程式と見なせば，n 個の変数のうち p 個は他の $n - p$ 個の変数の関数として定められること

になる.つまり，p 個の変数は消去できる.その結果，評価関数も $n-p$ 個の変数の関数として表されることになる.

この状況を詳しく調べるために，変数を適宜並べ替えてベクトル $x = [x_1^\mathrm{T}\ x_2^\mathrm{T}]^\mathrm{T} \in \mathbb{R}^n$ を定義し，$x_1 \in \mathbb{R}^{n-p}$, $x_2 \in \mathbb{R}^p$ とする.また，評価関数を $f(x_1, x_2)$, 等式拘束条件を $h(x_1, x_2) = 0$ とする.ここで，f はスカラー値関数で，h は p 次元のベクトル値関数である.そして，停留解 (x_1^*, x_2^*) において，h の x_2 に関するヤコビ行列 $\partial h(x_1^*, x_2^*)/\partial x_2$ は正則だと仮定する.すると，**陰関数定理**[9),10)] (implicit function theorem) により，x_1^* のある近傍 U_1 から x_2^* のある近傍 U_2 への写像 φ が存在し

$$x_2^* = \varphi(x_1^*) \tag{2.18}$$

$$h(x_1, \varphi(x_1)) = 0 \quad (x_1 \in U_1) \tag{2.19}$$

が成り立つ.つまり，原理的には $x_2 = \varphi(x_1)$ のように x_2 を x_1 の関数として表せることになる.これが変数の消去に相当する.変数 x_2 を消去した式 (2.19) は U_1 において恒等的に成り立つので，その x_1 に関する導関数も恒等的に 0 であり

$$\frac{\partial h}{\partial x_1}(x_1, \varphi(x_1)) + \frac{\partial h}{\partial x_2}(x_1, \varphi(x_1))\frac{\partial \varphi}{\partial x_1}(x_1) = 0 \quad (x_1 \in U_1) \tag{2.20}$$

が成り立つ.また，評価関数も x_2 を消去して $f(x_1, \varphi(x_1))$ のように x_1 のみの関数として表すことができ，それが x_1^* において停留していることから，拘束条件なしの場合の停留条件により，その x_1 に関する導関数は x_1^* において 0，すなわち

$$\frac{\partial f}{\partial x_1}(x_1^*, \varphi(x_1^*)) + \frac{\partial f}{\partial x_2}(x_1^*, \varphi(x_1^*))\frac{\partial \varphi}{\partial x_1}(x_1^*) = 0 \tag{2.21}$$

が成り立つ.ここで

$$\frac{\partial h}{\partial x_2}(x_1^*, x_2^*) = \frac{\partial h}{\partial x_2}(x_1^*, \varphi(x_1^*))$$

が正則と仮定しているので，$\partial h(x_1, \varphi(x_1))/\partial x_2$ も x_1^* の近傍で正則である.したがって，その近傍では，式 (2.20) より

$$\frac{\partial \varphi}{\partial x_1}(x_1) = -\left(\frac{\partial h}{\partial x_2}(x_1, \varphi(x_1))\right)^{-1} \frac{\partial h}{\partial x_1}(x_1, \varphi(x_1))$$

と表すことができる．それを式 (2.21) に代入して

$$\frac{\partial f}{\partial x_1}(x_1^*, \varphi(x_1^*)) - \frac{\partial f}{\partial x_2}(x_1^*, \varphi(x_1^*)) \left(\frac{\partial h}{\partial x_2}(x_1^*, \varphi(x_1^*))\right)^{-1} \frac{\partial h}{\partial x_1}(x_1^*, \varphi(x_1^*))$$
$$= 0 \tag{2.22}$$

を得る．これが，変数 x_2 を消去した評価関数 $f(x_1, \varphi(x_1))$ の停留条件である．

変数を消去して導いた停留条件 (2.22) は，等式拘束条件に対してラグランジュ乗数を用いた停留条件と当然関係があるはずである．実際，式 (2.22) の導出に使った式 (2.20)，(2.21) からラグランジュ乗数の存在を導くことができる．点 (x_1^*, x_2^*) において式 (2.20)，(2.21) を書き直すと

$$\begin{bmatrix} \dfrac{\partial f}{\partial x_1} \\ \dfrac{\partial h}{\partial x_1} \end{bmatrix} = - \begin{bmatrix} \dfrac{\partial f}{\partial x_2} \\ \dfrac{\partial h}{\partial x_2} \end{bmatrix} \frac{\partial \varphi}{\partial x_1}$$

となる．ここで，引数は明らかなので省略している．上式は

$$J = \begin{bmatrix} \dfrac{\partial f}{\partial x_1} & \dfrac{\partial f}{\partial x_2} \\ \dfrac{\partial h}{\partial x_1} & \dfrac{\partial h}{\partial x_2} \end{bmatrix} \in \mathbb{R}^{(1+p) \times n}$$

の最初の $(n-p)$ 列が後の p 列の線形結合で表されることを意味している．したがって，行列 J の列のうち 1 次独立なものはたかだか p 個であり，rank $J \leqq p$ が成り立つ．これは，J の $(1+p)$ 個の行の中でも 1 次独立なものはたかだか p 個であることを意味する．したがって，0 でないベクトル $v \in \mathbb{R}^{(1+p)}$ が存在して $v^\mathrm{T} J = 0$ が成り立つ．さらに，そのようなベクトル v の第 1 成分が 0 でないことがつぎのようにして示せる．仮に v の第 1 成分が 0 で，$v = [0 \; v_2^\mathrm{T}]^\mathrm{T}$ ($v_2 \in \mathbb{R}^p, v_2 \neq 0$) と表されたとすると

$$v^\mathrm{T} J = \begin{bmatrix} v_2^\mathrm{T} \dfrac{\partial h}{\partial x_1} & v_2^\mathrm{T} \dfrac{\partial h}{\partial x_2} \end{bmatrix} = 0$$

となり，$\partial h(x_1^*, x_2^*)/\partial x_2$ が正則であることに反する．したがって，v の第 1 成分は 0 ではありえない．すると，v 全体をその第 1 成分で割ったベクトルによって v を定義しなおすことにより，$v = [1\ \mu^{\mathrm{T}}]^{\mathrm{T}}$ $(\mu \in \mathbb{R}^p)$ とおいても一般性を失わないことがわかる．このとき，$v^{\mathrm{T}} J = 0$ は

$$\begin{bmatrix} \dfrac{\partial f}{\partial x_1} & \dfrac{\partial f}{\partial x_2} \end{bmatrix} + \mu^{\mathrm{T}} \begin{bmatrix} \dfrac{\partial h}{\partial x_1} & \dfrac{\partial h}{\partial x_2} \end{bmatrix} = 0$$

を意味する．これは，ラグランジュ乗数を μ とした停留条件にほかならない．また，最初に置いた $\partial h(x_1^*, x_2^*)/\partial x_2$ が正則であるという仮定は，1 次独立制約想定を意味する．したがって，以上の議論は，1 次独立制約想定からラグランジュ乗数の存在を示していることになる．

不等式拘束条件の場合も，有効制約を等式拘束条件と見なして同様の議論ができるが，さらに，変数消去を変数変換としてより一般的にとらえることもできる．すなわち，もしも許容領域自体がある関数 $\psi : \mathbb{R}^q \to \mathbb{R}^n$ $(q < n)$ を使って

$$S = \{\psi(z) : z \in \mathbb{R}^q\}$$

と表せるならば，変数を $z \in \mathbb{R}^q$ に変更し，評価関数を

$$\hat{f}(z) = f(\psi(z))$$

と置くことで，拘束条件付きの非線形計画問題は拘束条件なしの問題に変換される．そして，変換後の問題の最適解が $z^* \in \mathbb{R}^q$ ならば，元の問題の最適解は $\psi(z^*) \in S$ である．このような変換は，拘束条件で定義された許容領域 S を z によってパラメータ表示していると見なせる．例えば，前述の等式拘束条件における変数消去は，$z = x_1$ をパラメータとして

$$\psi(x_1) = \begin{bmatrix} x_1 \\ \varphi(x_1) \end{bmatrix}$$

と定義し，$x = \psi(x_1)$ という変換を施していることになる．

例 2.4（変数消去と変数変換）　拘束条件を書き換える具体的な方法はさ

まざまに考えられる。それを簡単な例で見てみよう。

(1) （等式拘束条件）変数 $x = [x_1\ x_2]^{\mathrm{T}} \in \mathbb{R}^2$ に対して等式拘束条件
$$h(x) := x_1^2 + x_2^2 - 1 = 0$$
が課せられているとする。$x_2 \neq 0$ のとき $\partial h/\partial x_2 = 2x_2 \neq 0$ である。そして，$h(x) = 0$ かつ $x_2 \neq 0$ のとき $x_1 \neq \pm 1$ である。この等式拘束条件は，例えば以下のように書き換えられる。

(a) 等式拘束条件 $h(x) = 0$ を x_2 に関して解くと
$$x_2 = \sqrt{1-x_1^2} \quad \text{または} \quad x_2 = -\sqrt{1-x_1^2}$$
となる。つまり，$-1 \leq x_1 \leq 1$ の範囲では x_2 を x_1 の関数として表すことができる。ただし，$x_2 = \sqrt{1-x_1^2}$ と $x_2 = -\sqrt{1-x_1^2}$ のどちらを使ったときに最適解が得られるか別途調べる必要がある。また，どちらも $x_1 = \pm 1$ のとき傾き dx_2/dx_1 が無限大になるので，最適性条件を考えるときや数値計算を行うときに注意が必要である。

(b) 上述の変数消去以外に
$$x_1 = \cos z, \quad x_2 = \sin z$$
のような変数変換も考えられる。明らかに，任意の $z \in \mathbb{R}$ に対して $x = [\cos z\ \sin z]^{\mathrm{T}}$ は $h(x) = 0$ を満たす。したがって，x の代わりに z を変数とすれば，拘束条件なしの問題になる。ただし，ある z^* が変換後の問題の最適解ならば，$z^* \pm 2k\pi\ (k = 1, 2, 3, \cdots)$ もすべて最適解になり，最適解は唯一ではあり得ない。

(2) （不等式拘束条件）変数 $x \in \mathbb{R}$ に対する不等式拘束条件
$$g(x) := x \leq 0$$
の変換を考えてみよう。

(a) 例えば，$x = -z^2$ と置くと，任意の $z \in \mathbb{R}$ に対して $x \leq 0$ が成り立つ。ただし，最適解が $x^* \neq 0$ のとき，それに対応する z は $\pm\sqrt{-x^*}$ となり唯一ではない。

(b) 一方，$x = -e^z$ と置くと，z と x は一対一に対応し，任意の $z \in \mathbb{R}$ に対して $x < 0$ が成り立つ。ただし，$z \to -\infty$ の極限でしか $x = 0$ とはなり得ない。

以上のような変数消去や変数変換ができれば，拘束条件なしの最適化問題に対する最適性条件や数値解法を適用して，元の拘束条件付き問題が解けることになる。ただし，変数消去や変数変換のための関数 φ や ψ を陽に求めるのは一般に困難である。また，変換によって問題の性質も変わるので，個別に注意が必要である。それに対して，ラグランジュ乗数を導入すると，変数が増える代わりに，変数消去や変数変換が必要なく，一般的な議論が可能となる。

〔2〕拘束条件の変換

つぎに，等式拘束条件と不等式拘束条件との間の書き換えを考えよう。等式拘束条件 $h(x) = 0$ は

$$g_1(x) := h(x) \leqq 0, \quad g_2(x) := -h(x) \leqq 0$$

という二つの不等式拘束条件として表すことができる。ただし，任意の x に対して $\partial g_1(x)/\partial x = -\partial g_2(x)/\partial x$ なので，1次独立制約想定は成り立ち得ないことに注意しよう。一方，不等式拘束条件 $g(x) \leqq 0$ は，スカラー変数 $z \in \mathbb{R}$ を新たに導入することで

$$h(x, z) := g(x) + z^2 = 0$$

という等式拘束条件に変換できる。この z を**スラック変数** (slack variable) または**ダミー変数** (dummy variable) という[†]。$z = 0$ は元の不等式拘束条件が有効制約であることを意味する。$z = 0$ ($g(x) = 0$) のとき $\partial h/\partial z = 2z = 0$ なので，陰関数定理の仮定が成り立たず，z を x の関数として表す場合には注意

[†] $h(x, z) := g(x) + z = 0, z \geqq 0$ のような書き換えでも z をスラック変数ということがある。ただし，この場合は，$g(x) \leqq 0$ の代わりに $z \geqq 0$ という別の不等式拘束条件が課せられており，不等式拘束条件がなくなるわけではない。スラックとは「ゆるい」という意味である。

が必要である．実際，$h(x,z) = 0$ を z に関して解くと $z = \pm\sqrt{-g(x)}$ であり，$g(x) = 0$ かつ $\partial g(x)/\partial x \neq 0$ のとき勾配 $\partial z/\partial x$ は定義できない．

2.4 拘束条件なし最適化問題の数値解法

本節では，最適解を数値計算によって見つける方法について考える．もっとも素朴な方法は，できるだけ多くの点における評価関数値を実際に計算して，最小値を与える点を探すことであろう．点同士の間隔を細かくしていけばいくらでも精度よく最適解を求められる．しかし，許容領域が高次元になると計算すべき点の個数が爆発的に増大し，非現実的な計算量が必要になってしまう．そこで，適当な**初期推定解**（initial guess）から出発し，評価関数値が減るように解の推定値を少しずつ更新していって局所最適解へ収束させることが考えられる．もしくは，停留条件を代数方程式と見なし，停留条件が満たされるように解の推定値を更新していって停留解へ収束させることも考えられる．このように解の推定値を繰り返し修正して解に収束させる数値解法を**反復法**（iterative method）という．ここでは代表的な反復法である勾配法とニュートン法を概説する．まず拘束条件がない場合を述べ，その後で拘束条件の扱い方を述べる．

2.4.1 勾配法

局所最適解ではない点 x_0 からどのように動けば評価関数が減るかを考えよう．点 x_0 における評価関数のテイラー展開より

$$f(x_0 + \Delta x) - f(x_0) = \frac{\partial f}{\partial x}(x_0)\Delta x + o(\|\Delta x\|)$$

が成り立ち，x_0 は局所最適解ではないから $\partial f(x_0)/\partial x \neq 0$ である．ここで

$$\frac{\partial f}{\partial x}(x_0)s < 0 \tag{2.23}$$

となるベクトル $s \in \mathbb{R}^n$ と実数 $\alpha > 0$ を選び $\Delta x = \alpha s$ と置くと

$$f(x_0 + \alpha s) - f(x_0) = \left(\frac{\partial f}{\partial x}(x_0)s\right)\alpha + o(\alpha)$$

となる。α が十分小さければ右辺の符号は α の 1 次項と同じく負になる。すなわち，$f(x_0 + \alpha s) - f(x_0) < 0$ となって，評価関数が減ることになる。点 $x_0 + \alpha s$ を新たに x_0 に置き換えて，上記のような s と α を選択する，という操作を繰り返せば評価関数は狭義単調減少していく。そして，x_0 の更新が止まるのは $\partial f(x_0)/\partial x = 0$ となったときのみである。

ただし，実際に十分小さな α をどのように決めればよいのか事前にはわからない。また，あまり α が小さすぎると x_0 の更新量 $\Delta x = \alpha s$ も小さくなり，収束までの反復回数が多くなってしまう場合がある。そこで，s を決めたあと $f(x_0 + \alpha s)$ を α の 1 変数関数と見なして実際にさまざまな α に対する評価関数値を計算し，$f(x_0 + \alpha s)$ を最小にする $\alpha = \alpha^* > 0$ を探すことが考えられる。この手順は，x_0 を出発点とする s 方向の半直線上で f の最小値を探していることになるので，**直線探索**（line search）と呼ばれる。その詳細については 2.6 節で述べる。一方，s は**探索方向**（search direction）と呼ばれ，とくに式 (2.23) の条件を満たす s は**降下方向**（descent direction）と呼ばれる。また，勾配ベクトル $\partial f/\partial x$ を用いて探索方向を決定する反復法を総称して**勾配法**（gradient method）という[†]。探索方向の決め方はいくつかあり，以下では最急降下法と共役勾配法を説明する。

〔1〕 **最急降下法**
式 (2.23) の条件を明らかに満たす探索方向 s として

$$s = -\left(\frac{\partial f}{\partial x}(x_0)\right)^{\mathrm{T}}$$

がある。実際，$\partial f(x_0)/\partial x \neq 0$ のとき

$$\frac{\partial f}{\partial x}(x_0)s = -\left\|\frac{\partial f}{\partial x}(x_0)\right\|^2 < 0$$

が成り立つ。勾配ベクトルは評価関数の等高面に直交し，評価関数がもっとも急に増加する方向を表すから，それに負号をつけた探索方向 s は評価関数がもっ

[†] 勾配ベクトルを使うか否かにかかわらず評価関数を減らしていく反復法は**降下法**（descent method）と総称される。

とも急に減少する方向を表し，**最急降下方向** (steepest descent direction) と呼ばれる．そこで，このアルゴリズムを**最急降下法** (steepest descent method) という．

アルゴリズム 2.1　（最急降下法）

1) 適当な点 $x_0 \in \mathbb{R}^n$ を初期推定解として与える．
2) 勾配ベクトルのノルム $\|\partial f(x_0)/\partial x\|$ が十分 0 に近ければ停止．そうでなければつぎのステップへ．
3) $s = -\left(\dfrac{\partial f}{\partial x}(x_0)\right)^\mathrm{T}$ と置く．
4) 評価関数値 $f(x_0 + \alpha s)$ が最小になるスカラー $\alpha > 0$ を求め，それを α^* とする．
5) $x_0 := x_0 + \alpha^* s$ として，ステップ 2) へ．

図 **2.5** のように 2 次元の場合，点 x_0 における勾配ベクトルは等高線の接線に垂直で，評価関数が増加する方向を向いている．降下方向は，接線をはさんで勾配ベクトルとは反対側を向いている任意のベクトルである．そして，最急降下方向は勾配ベクトルと正反対で接線に垂直なベクトルである．最急降下法では最急降下方向に直線探索を行い評価関数を最小化するので，新しい点 $x_0 + \alpha^* s$ における等高線は，x_0 から最急降下方向に伸ばした直線に接する．

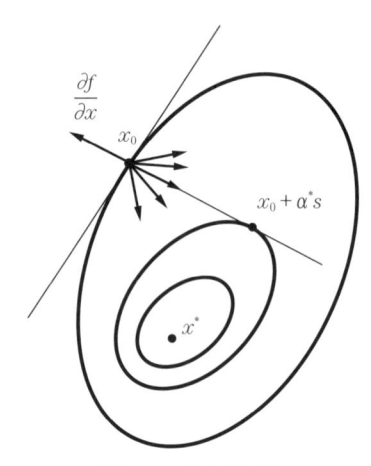

図 2.5　最急降下法

勾配法では評価関数をつねに減少させるように解の候補を更新していくので，収束したときは局所最適解に到達することが期待できる。ただし，特殊な状況としてたまたま鞍点[†]に収束することもありうる。したがって，局所最適解の 2 次の必要条件や十分条件，つまり，得られた停留解におけるヘッセ行列が準正定ないし正定かどうかもチェックするとよい。

〔2〕 共役勾配法

最急降下法では評価関数がもっとも急に減る方向を用いているが，それが実際に効率的とは限らない。例えば，図 2.6 のように最適解 x^* の近くで評価関数の等高線が楕円と見なせるものとすると，点 x_1 で最急降下法により用いる探索方向は等高線に直交する d_1 であり，最適解である楕円の中心 x^* の方向を向いていない。もしも，楕円の中心 x^* へ直接向かうベクトル s_1 を作り出せるのであれば，s_1 方向の直線探索で最適解を得ることができ，それ以上の反復はいらない。そこで，Q を正定行列とし，$f(x) = \frac{1}{2}(x-x^*)^{\mathrm{T}}Q(x-x^*)$ のとき，$f(x)$ の等高面である楕円体の中心にある最適解 x^* へ向かうベクトルが満たすべき条件を求めよう。

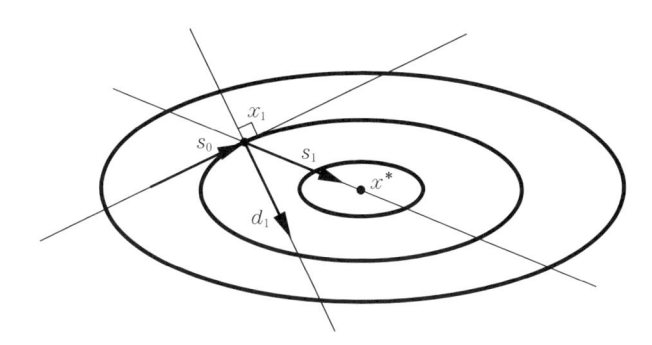

図 2.6 楕円の接線に対する直交と共役

まず，あるベクトル s_0 方向の直線探索によって点 $x_1 = x_0 + \alpha_0 s_0$ が得られたとする。すなわち，s_0 方向で $f(x)$ が最小になる点が x_1 なので，s_0 は x_1

[†] 評価関数が，ある方向には極小だが別の方向には極大であるような点のこと。

における $f(x)$ の等高面に接していなければならない．したがって，s_0 は等高面の法線ベクトルである勾配ベクトルと直交し

$$\frac{\partial f}{\partial x}(x_1)s_0 = (x_1 - x^*)^{\mathrm{T}} Q s_0 = 0$$

が成り立つ．この式より，s_1 が $x_1 - x^*$ と同一直線上にあるためには，$s_1^{\mathrm{T}} Q s_0 = 0$ が成り立たなければならないことがわかる．この s_0 と s_1 の関係を Q に関して**共役**（conjugate）または Q **直交**（Q-orthogonal）という．通常の直交は $Q = I$ の特別な場合である．一般に，n 次元空間における k 個のベクトル $\{s_0, \cdots, s_{k-1}\}$ が $n \times n$ 行列 Q に関して共役であるとは，$i \neq j$ のとき $s_i^{\mathrm{T}} Q s_j = 0$ が成り立つことをいう．行列 Q が正定なとき，$\{s_0, \cdots, s_{k-1}\}$ は 1 次独立であることがいえる（演習問題【3】）．

以上を参考に，Q を $n \times n$ 正定行列として，2 次関数 $f(x) = \frac{1}{2}(x - x^*)^{\mathrm{T}} Q(x - x^*)$ の勾配ベクトルを使って共役なベクトルの生成と直線探索とを反復するアルゴリズムを考える．反復で得られた k 番目の点 x_k から s_k 方向の直線探索によって得られた点を x_{k+1} とする．つまり，$f(x_k + \alpha s_k)$ が $\alpha = \alpha_k$ で最小化されるとし，$x_{k+1} = x_k + \alpha_k s_k$ と置く．いま，$f(x)$ は 2 次関数なので，最小化の条件

$$\left.\frac{d}{d\alpha} f(x_k + \alpha s_k)\right|_{\alpha = \alpha_k} = \frac{\partial f}{\partial x}(x_k + \alpha_k s_k) s_k = 0$$

より，α_k を陽に求めることができ

$$\alpha_k = \frac{s_k^{\mathrm{T}} d_k}{s_k^{\mathrm{T}} Q s_k} \tag{2.24}$$

となる．ここで，x_k における 2 次関数 $f(x)$ の最急降下方向を

$$d_k := -\left(\frac{\partial f(x_k)}{\partial x}\right)^{\mathrm{T}} = -Q(x_k - x^*)$$

と置いた．新しい点 x_{k+1} における探索方向 s_{k+1} を最急降下方向 d_{k+1} と直前の探索方向 s_k とが張る平面上で決定することにし

$$s_{k+1} = d_{k+1} + \beta_k s_k$$

が s_k と共役になるようスカラー β_k を決定する．共役の条件 $s_k^{\mathrm{T}} Q s_{k+1} = 0$ から簡単な計算により

$$\beta_k = -\frac{s_k^{\mathrm{T}} Q d_{k+1}}{s_k^{\mathrm{T}} Q s_k} \tag{2.25}$$

が得られる．いま，Q は正定なので，$s_k \neq 0$ である限り $s_k^{\mathrm{T}} Q s_k > 0$ であり，α_k と β_k の分母は 0 にならない．

特に，最初の探索方向を最急降下方向とした $s_0 = d_0$ の場合に 2 次関数である $f(x)$ の具体的な形を利用すると，$k = 0, \ldots, n-1$ に対して以下の関係が示せる（演習問題【4】,【5】）．

(1) d_{k+1} は $d_0, \ldots, d_k$ と直交する．
(2) d_{k+1} は $s_0, \ldots, s_k$ と直交する．
(3) $\{s_0, \ldots, s_{k+1}\}$ は Q に関して共役である．
(4) x_{k+1} は $f(x)$ を $x_0 + \mathrm{span}\{s_0, \ldots, s_k\}$ において最小化している．

性質(3)より，n 個のベクトル $\{s_0, \ldots, s_{n-1}\}$ は Q に関して共役であり 1 次独立だから，n 次元ベクトル空間全体を張る．したがって，性質(4)より，x_n は n 次元空間全体における $f(x)$ の最小値を与える．すなわち，n 回の反復で最適解へ到達できる．

式 (2.24), (2.25) は，以下のように表すこともできる（演習問題【4】,【6】）．

$$\alpha_k = \frac{\|d_k\|^2}{s_k^{\mathrm{T}} Q s_k} \tag{2.26}$$

$$\beta_k = \frac{d_{k+1}^{\mathrm{T}}(d_{k+1} - d_k)}{\|d_k\|^2} \tag{2.27}$$

さらに性質(1)を使うと

$$\beta_k = \frac{\|d_{k+1}\|^2}{\|d_k\|^2} \tag{2.28}$$

と表すこともできる．最急降下方向 d_k は最適解 x^* を知らなくても勾配ベクトル $\partial f(x_k)/\partial x$ から計算できることに注意されたい．また，α_k は式 (2.24) や式 (2.26) を使わず直線探索で見つけることもでき，β_k は式 (2.27) や式 (2.28) で勾配ベクトルのみから計算できる．

ここまでの議論をまとめると，初期推定解 x_0 から最急降下方向 $s_0 = d_0$ への直線探索を開始し，直線探索によって決定した α_k と式 (2.27) ないし (2.28) によって決定した β_k を用いて

$$x_{k+1} = x_k + \alpha_k s_k, \quad d_{k+1} = -\left(\frac{\partial f}{\partial x}(x_{k+1})\right)^{\mathrm{T}}, \quad s_{k+1} = d_{k+1} + \beta_k s_k$$

という計算を $k=0$ から $k=n-1$ まで繰り返せば，x_n は $f(x)$ の最適解へ到達する。以上の性質は $f(x)$ が 2 次関数だと仮定して得られたが，一般の関数の場合でも最適解の近傍で $f(x)$ が 2 次関数に十分近ければ有効だと期待できる。アルゴリズムとしては以下のようになり，**共役勾配法** (conjugate gradient method) と呼ばれる。

アルゴリズム 2.2 （共役勾配法）

1) $k=0$ として，適当な点 $x_0 \in \mathbb{R}^n$ を初期推定解として与える。
2) $s_0 = d_0 = -\left(\dfrac{\partial f}{\partial x}(x_0)\right)^{\mathrm{T}}$ とする。
3) $\|d_k\|$ が十分 0 に近ければ停止。そうでなければつぎのステップへ。
4) 評価関数値 $f(x_k + \alpha s_k)$ が最小になるスカラー $\alpha > 0$ を求めてそれを α_k とし，$x_{k+1} = x_k + \alpha_k s_k$ と置く。
5) $k = n-1$ ならば，$x_0 := x_n, \ k := 0$ として，ステップ 2) へいく。
6) $d_{k+1} = -\left(\dfrac{\partial f}{\partial x}(x_{k+1})\right)^{\mathrm{T}}$ と置く。
7) 式 (2.27) または (2.28) によって β_k を決定する。
8) $s_{k+1} = d_{k+1} + \beta_k s_k$ と置き，$k := k+1$ としてステップ 3) へいく。

探索方向を決定する際に式 (2.27) を用いた場合を**ポラック・リビエ・ポリャック法** (Polak–Ribière–Polyak method) といい，式 (2.28) を用いた場合を**フレッチャー・リーブス法** (Fletcher–Reeves method) という。評価関数が 2 次関数であれば両者は等価だが，一般の関数の場合には等価とはいえない。なお，一般の関数の場合は n 回の直線探索によって最適解に到達するとは限らないので，ステップ 5) のように，その後は再び最急降下方向から探索方向の生成を再開する。

例 2.5（連立 1 次方程式の解法としての共役勾配法） ある正定行列 A とベクトル b に対して評価関数を

$$f(x) = \frac{1}{2}x^{\mathrm{T}}Ax - b^{\mathrm{T}}x$$

と置くと，最適解は $x^* = A^{-1}b$ である．したがって，共役勾配法は連立 1 次方程式 $Ax = b$ の解法としても用いることができ，n 回の反復で解に到達する．$\mathbb{R}^n$ の部分ベクトル空間 $\mathcal{K}_k = \mathrm{span}\{d_0, Ad_0, \cdots, A^{k-1}d_0\}$ をクリロフ部分空間（Krylov subspace）といい，共役勾配法によって得られる点 x_k は集合 $x_0 + \mathcal{K}_k$ において $f(x)$ を最小化していることが示せる．一般に，クリロフ部分空間 $\mathcal{K}_k$ を用いて点列を生成していく連立 1 次方程式の反復解法を総称して**クリロフ部分空間法**（Krylov subspace method）という．詳しくは文献11), 12) を参照されたい．

2.4.2 ニュートン法

ベクトル値関数 $F(x)$ を評価関数の勾配ベクトルによって

$$F(x) = \left(\frac{\partial f}{\partial x}(x)\right)^{\mathrm{T}}$$

と定義すると，停留条件 $\partial f(x^*)/\partial x = 0$ を満たす停留解 x^* は非線形代数方程式 $F(x) = 0$ の解と見なせる．実際，未知変数 x の次元と方程式を与える F の次元は等しい．ある点 x_0 における $F(x)$ のテイラー展開は

$$F(x_0 + \Delta x) = F(x_0) + \frac{\partial F}{\partial x}(x_0)\Delta x + (o(\|\Delta x\|) \text{ を要素にもつベクトル})$$

となる．停留条件 $F(x_0 + \Delta x) = 0$ が成り立つよう x_0 からの修正量 Δx を決めたいが，厳密に求めるのは難しいので，その代わりにテイラー展開の 1 次までの項が 0 になるように

$$\Delta x = -\left(\frac{\partial F}{\partial x}(x_0)\right)^{-1} F(x_0)$$

とするのが**ニュートン法** (Newton's method) である[†]。また，この Δx を**ニュートン方向** (Newton direction) または**ニュートンステップ** (Newton step) という。評価関数 f を使ってニュートン方向を書き直すと

$$\Delta x = -\left(\frac{\partial^2 f}{\partial x^2}(x_0)\right)^{-1} \left(\frac{\partial f}{\partial x}(x_0)\right)^{\mathrm{T}} \tag{2.29}$$

となる。したがって，ニュートン法では，評価関数の勾配ベクトルに加えてヘッセ行列も必要になる。アルゴリズムとしてまとめると以下のようになる。

アルゴリズム 2.3 （ニュートン法）

1) 適当な点 $x_0 \in \mathbb{R}^n$ を初期推定解として与える。

2) 勾配ベクトルのノルム $\|\partial f(x_0)/\partial x\|$ が十分 0 に近ければ停止。そうでなければつぎのステップへ。

3) 式 (2.29) によって Δx を求める。

4) $x_0 := x_0 + \Delta x$ として，ステップ *2)* へ。

ニュートン法の各反復において評価関数のヘッセ行列 $\partial^2 f(x_0)/\partial x^2$ がつねに正定だとして，ニュートン法の性質を考えよう。まず，式 (2.29) によって決める修正量 Δx は，評価関数を x_0 におけるテイラー展開の 2 次までの項で近似した関数

$$\hat{f}(x_0, \Delta x) = f(x_0) + \frac{\partial f}{\partial x}(x_0)\Delta x + \frac{1}{2}\Delta x^{\mathrm{T}} \frac{\partial^2 f}{\partial x^2}(x_0)\Delta x$$

を最小化していることが容易に確かめられる。与えられた x_0 に対して，$\hat{f}(x_0, \Delta x)$ は Δx の 2 次関数だから，ニュートン法は拘束なしの 2 次計画問題を解いて修正量 Δx を決定していると見なせる。したがって，Δx の計算に**例 2.5** のような共役勾配法を用いることもできる。さらに，正定行列の逆行列も正定だから，$\partial f(x_0)/\partial x \neq 0$ ならば

$$\frac{\partial f}{\partial x}(x_0)\Delta x = -\frac{\partial f}{\partial x}(x_0)\left(\frac{\partial^2 f}{\partial x^2}(x_0)\right)^{-1}\left(\frac{\partial f}{\partial x}(x_0)\right)^{\mathrm{T}} < 0$$

[†] ニュートン・ラフソン法 (Newton–Raphson method) ともいう。

が成り立ち，ニュートン方向は降下方向でもあることがわかる。したがって，ニュートン法のステップ 4) において，$f(x_0 + \alpha \Delta x)$ を最小にする $\alpha > 0$ を見つけ $x_0 := x_0 + \alpha \Delta x$ とする直線探索を取り入れることも考えられる。テイラー展開の 2 次の項まで考えた降下方向を用いた勾配法という意味で，ニュートン法を **2 次の勾配法**（second-order gradient method）と呼ぶこともある。

2.4.3　準ニュートン法

ニュートン法における F のヤコビ行列 $\partial F/\partial x$（f のヘッセ行列 $\partial^2 f/\partial x^2$）はしばしば計算が複雑なので，それを何らかの近似行列で置き換えられれば計算量が減らせる。つまり，ある点 x_k からつぎの点 x_{k+1} への修正量 $\Delta x_k = x_{k+1} - x_k$ を求める際，ヤコビ行列 $\partial F(x_k)/\partial x$ の近似行列を H_k として

$$\Delta x_k = -H_k^{-1} F(x_k) \tag{2.30}$$

とすることが考えられる。これを**準ニュートン法**（quasi-Newton method）という。式 (2.30) はあくまで x_k の更新式であり，ヤコビ行列の近似行列 H_k は別の式で更新しなければならない。そこで，x_k, H_k, x_{k+1} から H_{k+1} を決定する方法を考えよう。

修正量 Δx_k が十分小さければ，x_{k+1} におけるテイラー展開によって近似的に

$$F(x_k) \approx F(x_{k+1}) + \frac{\partial F}{\partial x}(x_{k+1})(x_k - x_{k+1})$$

が成り立つので，ヤコビ行列の近似行列 H_{k+1} に

$$F(x_k) = F(x_{k+1}) + H_{k+1}(x_k - x_{k+1})$$

という条件を課すことにする。つまり，x_k と H_k の更新において，それぞれ x_k と x_{k+1} におけるテイラー展開の 1 次までの項を用いることになる。ここで，以後の式を見やすくするため

$$s_k := \Delta x_k = x_{k+1} - x_k, \quad y_k := F(x_{k+1}) - F(x_k)$$

とおくと，上の条件は以下のように書きなおせる．

$$H_{k+1} s_k = y_k \tag{2.31}$$

これを**セカント方程式**（secant equation）という．セカント方程式の両辺から $H_k s_k$ を引くと

$$(H_{k+1} - H_k) s_k = y_k - H_k s_k \tag{2.32}$$

であり，右辺は H_{k+1} より前に計算される量なので，これを H_k の修正量 $H_{k+1} - H_k$ が満たすべき条件として用いることもできる．セカント方程式 (2.31) や式 (2.32) は $n \times n$ 行列に対する n 個の条件を与えるので，それらを満たす H_{k+1} は無数にあるが，代表的なものとして以下の更新式がよく用いられる．

$$H_{k+1} = H_k + \frac{y_k y_k^{\mathrm{T}}}{y_k^{\mathrm{T}} s_k} - \frac{H_k s_k s_k^{\mathrm{T}} H_k}{s_k^{\mathrm{T}} H_k s_k} \tag{2.33}$$

$$H_{k+1} = \frac{y_k y_k^{\mathrm{T}}}{y_k^{\mathrm{T}} s_k} + \left(I - \frac{y_k s_k^{\mathrm{T}}}{y_k^{\mathrm{T}} s_k} \right) H_k \left(I - \frac{s_k y_k^{\mathrm{T}}}{s_k^{\mathrm{T}} y_k} \right) \tag{2.34}$$

式 (2.33) を**ブロイデン・フレッチャー・ゴールドファーブ・シャンノ法**（Broyden–Fletcher–Goldfarb–Shanno method）または頭文字をとって **BFGS法** といい，式 (2.34) を**ダビドン・フレッチャー・パウエル法**（Davidon–Fletcher–Powell method）または **DFP法** という．上の二つの式は，いずれもセカント方程式を満たし（演習問題【7】），かつ，以下の性質を持つ．

(1) H_k が対称ならば H_{k+1} も対称である．

(2) $y_k^{\mathrm{T}} s_k > 0$ のとき，H_k が正定ならば H_{k+1} も正定である．

性質 (1) は式 (2.33)，(2.34) から容易に確かめられる．また，DFP法の性質 (2) も明らかである．BFGS法の場合は，任意のベクトル v に対して，コーシー・シュワルツの不等式 $(s_k^{\mathrm{T}} H_k v)^2 \leq (v^{\mathrm{T}} H_k v)(s_k^{\mathrm{T}} H_k s_k)$ より $v^{\mathrm{T}}(H_k - H_k s_k s_k^{\mathrm{T}} H_k / s_k^{\mathrm{T}} H_k s_k) v \geqq 0$ であることから性質 (2) が示せる．非線形計画法において，ヤコビ行列 $\partial F / \partial x$ は評価関数のヘッセ行列 $\partial^2 f / \partial x^2$ なので，対称である．また，最適解において正定であることも期待できる（**定理 2.2**）ので，これらの性質はヘッセ行列の近似行列として望ましいものである．

準ニュートン法のアルゴリズムをまとめると以下のようになる。

アルゴリズム 2.4　（準ニュートン法）

1) $k=0$ として，適当な初期推定解 $x_0 \in \mathbb{R}^n$ と正定行列 H_0 を与える。
2) 勾配ベクトルのノルム $\|\partial f(x_k)/\partial x\|$ が十分 0 に近ければ停止。そうでなければつぎのステップへ。
3) 式 (2.30) によって Δx_k を求める。
4) 評価関数値 $f(x_k + \alpha \Delta x_k)$ が最小になるスカラー $\alpha > 0$ を求めてそれを α_k とし，$x_{k+1} = x_k + \alpha_k \Delta x_k$ とする。
5) $s_k = x_{k+1} - x_k,\ y_k = \left(\dfrac{\partial f}{\partial x}(x_{k+1})\right)^{\mathrm{T}} - \left(\dfrac{\partial f}{\partial x}(x_k)\right)^{\mathrm{T}}$ と置く。
6) 式 (2.33) または (2.34) によって H_{k+1} を計算する。
7) $k := k+1$ として，ステップ 2) へ。

準ニュートン法における最初の H_0 は，単位行列を用いることが考えられる。そうすると，探索方向 Δx_0 は最急降下方向になる。また，共役勾配法と同様，適宜 x_k を新しい初期推定解 x_0 として k を 0 にリセットすることが考えられる。

2.5　拘束条件付き最適化問題の数値解法

　拘束条件付き非線形計画問題を解く際には，拘束条件なしの問題へ変換して前述のアルゴリズムを適用することができる。例えば，2.3.4 項で述べたように変数を消去したり変換したりして，拘束条件なしの問題へ帰着させることが考えられる。それ以外に，拘束条件を考慮して評価関数を修正することによって，拘束条件なしの問題へ変換する方法もある。そのような方法を総称して**変換法** (transformation method) という。ここでは，代表的な変換法としてペナルティ法，バリア法，および乗数法について述べる。変換法以外の代表的なアルゴリズムとして，非線形計画問題を線形拘束条件付き 2 次計画問題で近似することにより解の修正を反復する逐次 2 次計画法も紹介する。

2.5.1 ペナルティ法

元の評価関数を修正して，拘束条件を満たさない場合に極めて大きな値を取るようにすれば，拘束条件なしの最適解を求めたとしても，それが拘束条件を満たさないとは考えにくい．したがって，そのように修正された評価関数に対して拘束条件なしの場合のアルゴリズムを適用しても，元の拘束条件付き問題に対する解が得られると期待できる．このような方法は，拘束条件の不成立に対して大きな罰金を課すので，**ペナルティ法**（penalty method）と呼ばれる[†]．許容領域が S のとき，拘束条件の不成立に対して評価関数値を増すため，以下のような性質を持ち十分滑らかな**ペナルティ関数**（penalty function）$P(x)$ を定義する．

$$P(x) \begin{cases} = 0 & (x \in S) \\ > 0 & (x \notin S) \end{cases}$$

そして，ペナルティ関数にスカラーの重み r を掛けて元の評価関数 $f(x)$ に加えた

$$\bar{f}_r(x) = f(x) + rP(x) \qquad (r > 0)$$

を新しい評価関数とする．拘束なしで $\bar{f}_r(x)$ を最小化する最適解は，拘束条件 $x \in S$ の下で $f(x)$ を最小化する最適解に近いと期待できる．実際にペナルティ法によって拘束付き最適化問題の解が得られることを保証する以下の定理が知られている（演習問題【10】）．

【定理 2.5】 $\{r_k\}_{k=0}^{\infty}$ を狭義単調増加して無限大に発散する正数列とする．$\min_{x \in \mathbb{R}^n} \bar{f}_{r_k}(x)$ の最適解 x_k が存在し，その点列 $\{x_k\}_{k=0}^{\infty}$ が x_∞ に収束するならば，x_∞ は拘束条件付き最適化問題の解であり

$$\lim_{k \to \infty} f(x_k) = \min_{x \in S} f(x)$$

[†] 許容領域外部の点も許して計算を行うので，**外点ペナルティ法**（exterior penalty method）または**外点法**（exterior point method）ともいう．

が成り立つ[†]。

この定理より，ペナルティ法によって拘束条件付き問題を解くには，各 r_k に対して解が十分精度よく求められるまで反復法を用い，さらに r_k を増大させていく必要がある。ただし，実際に実行すると，$r_k \to \infty$ とともに数値計算は困難になってしまうので，ある程度の大きさの r_k までで止めることになる。

例 2.6　（ペナルティ関数の例）　許容領域が $S = \{x \in \mathbb{R}^n : g(x) \leqq 0, h(x) = 0\}$ のときは，ペナルティ関数として，例えば

$$P(x) = (\max\{0, g(x)\})^2 + h(x)^2$$

と選べばよい。さらに具体的に $x \in \mathbb{R}$ に対して不等式拘束条件 $g(x) \leqq 0$ のみが課せられている場合を考えると，ペナルティ関数に係数をかけた $rP(x)$ は図 2.7 のようになる。

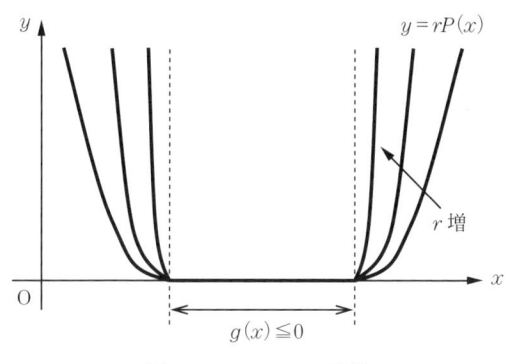

図 2.7　ペナルティ関数

[†] 一般には，点列 $\{x_k\}_{k=0}^{\infty}$ の適当な部分列が x_∞ に収束すればよい。そのような x_∞ は**集積点**（accumulation point）と呼ばれる。例えば $\{1 + (-1)^k + 1/(k+1)\}_{k=0}^{\infty}$ は極限を持たないが，0 と 2 を集積点に持つ。

2.5.2 バリア法

ペナルティ法では許容領域から出たときに評価関数値を増やしたのに対し，必ず許容領域から出ないよう，許容領域の境界で評価関数を無限大にすることも考えられる．許容領域の境界に障壁を設けることから，このような方法を**バリア法** (barrier method) という[†]．前提条件として，許容領域 S の内点が存在し，かつ内点全体 $\mathrm{int}S$ の閉包が S に一致するものとする[††]．等式拘束条件が定める $\mathbb{R}^n$ 内の超曲面は内点を持たないので，バリア法を等式拘束条件に用いることはできない．許容領域 S が上述の前提条件を満たすとき，S の境界 ∂S に近づくと無限大に発散するような非負の滑らかな**バリア関数** (barrier function) $B(x)$ を定義する．すわなち

$$B(x) = \begin{cases} \geq 0 & (x \in \mathrm{int}S) \\ \to \infty & (x \to \partial S) \end{cases}$$

もとの評価関数にバリア関数の項を加えて

$$\bar{f}_r(x) = f(x) + \frac{1}{r}B(x) \qquad (r > 0)$$

を新しい評価関数とする．ペナルティ法と異なりバリア関数の係数は r の逆数になっていることに注意されたい．したがって，r を増やしていくとバリア関数の係数は逆に小さくなる．しかし，どんなに係数が小さくても，バリア関数は許容領域の境界で発散するので，$\bar{f}_r(x)$ を最小にする点は許容領域から出ることはない．また，バリア関数の係数が小さいほど許容領域内部におけるバリア関数の影響も小さくなる．したがって，十分大きい r に対する拘束なしの最適解は，元の拘束付き問題の最適解に近いと期待できる．実際，バリア法でもペナルティ法と同様に**定理 2.5** が成り立つ（演習問題**【11】**）．ただし，バリア

[†] 許容領域の内点のみで評価関数が定義されるので，**内点ペナルティ法** (interior penalty method) または**内点法** (interior point method) ともいう．

[††] ある点 x が集合 A の**内点** (interior point) であるとは，x を中心とする十分小さい開球が A に含まれることをいう．また，集合 A の**閉包** (closure) とは，A を含む最小の閉集合のことをいう．A の閉包に属する点を中心とする開球は必ず A の点を含む．また，A に属する点列が収束するならば，その極限は A の閉包に属する．

法では許容領域の内部 int$S$ に初期推定解 x_0 を選ぶ必要がある．これは必ずしも容易ではない．また，前述のようにバリア法は等式拘束には適用できない．したがって，拘束条件に応じてペナルティ法とバリア法を組み合わせることも考えられる．

例 2.7（バリア関数の例） $S = \{x \in \mathbb{R}^n : g(x) \leqq 0\}$ のとき，バリア関数は

$$B(x) = \frac{1}{g^2(x)}$$

または

$$B(x) = -\log(-g(x)) + M, \quad M \geqq \sup_{x \in S} \log(-g(x))$$

とすればよい．ただし，M は定数であり最適解に影響しないので，考えなくてもよい．例えば，$x \in \mathbb{R}$ に対して不等式拘束条件 $g(x) \leqq 0$ が課せられている場合を考えると，バリア関数に係数をかけた $\frac{1}{r}B(x)$ は図 **2.8** のようになる．

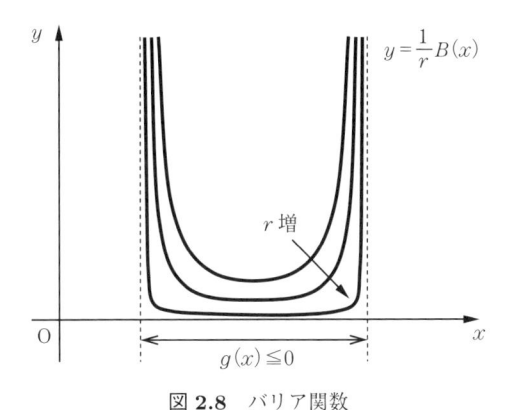

図 **2.8** バリア関数

2.5.3　乗　数　法

等式拘束条件に対してペナルティ法の $r \to \infty$ を回避する方法として**乗数法**（multiplier method）がある[†]。等式拘束条件 $h(x) = 0$ に対する**拡張ラグランジュ関数**（augmented Lagrangian）を

$$\bar{L}_r(x, \mu) = f(x) + \mu^\mathrm{T} h(x) + \frac{r}{2} h^\mathrm{T}(x) h(x)$$

と定義する。ラグランジュ乗数の項とペナルティ関数の両方が評価関数に加えられている点が特徴である。この拡張ラグランジュ関数の拘束条件なし最適化問題と元の拘束条件付き最適化問題との間に，以下の関係が成り立つ[7), 13)]。

【定理 2.6】　（乗数法）　KKT 条件を満たす $x^* \in \mathbb{R}^n$, $\mu^* \in \mathbb{R}^p$ が存在し，**定理 2.4** で与えられた 2 次の十分条件も満たすものとする。このとき，ある $r^* \geqq 0$ が存在し，$r > r^*$ である任意の r に対して，x^* は $\bar{L}_r(x, \mu^*)$ の拘束条件なし局所最適解である。

この定理において，r^* は有限なので，ペナルティ関数の重み r は十分大きければ無限大にしなくても拘束条件付きの最適解が求められることが分かる。したがって，十分大きな有限の $r > 0$ に対して，μ_k の更新と $\bar{L}_r(x, \mu_k)$ の拘束なし最小化とを交互に繰り返せばよい。$\bar{L}_r(x, \mu_k)$ の拘束なし最適解を x_k とすると，停留条件

$$\frac{\partial \bar{L}_r}{\partial x}(x_k, \mu_k) = \frac{\partial f}{\partial x}(x_k) + (\mu_k + rh)^\mathrm{T} \frac{\partial h}{\partial x}(x_k) = 0$$

が成り立つ。これが KKT 条件と一致するよう，μ_k を $\mu_{k+1} = \mu_k + rh(x_k)$ と更新する。

2.5.4　逐次 2 次計画法

前述したようにニュートン法は評価関数の 2 次近似を最小化していると見な

[†]　ペナルティ乗数法（penalty multiplier method）または**拡張ラグランジュ関数法**（augmented Lagrangian method）ともいう。

すことができ，準ニュートン法ではヘッセ行列（勾配ベクトルのヤコビ行列）を近似的に求めている．これらを拘束条件付き問題へ拡張すると，拘束条件を線形近似した以下の 2 次計画問題を解いて解の候補 x_k に対する修正量 Δx_k を決定することが考えられる．

評価関数： $$f(x_k) + \frac{\partial f}{\partial x}(x_k)\Delta x_k + \frac{1}{2}\Delta x_k^{\mathrm{T}} H_k \Delta x_k \quad (2.35)$$

不等式拘束条件： $$g_i(x_k) + \frac{\partial g_i}{\partial x}(x_k)\Delta x_k \leq 0 \quad (i = 1, \cdots, m) \quad (2.36)$$

等式拘束条件： $$h_j(x_k) + \frac{\partial h_j}{\partial x}(x_k)\Delta x_k = 0 \quad (j = 1, \cdots, p) \quad (2.37)$$

ここで，H_k は評価関数そのものではなくラグランジュ関数 $L(x, \lambda, \mu)$ のヘッセ行列 $\partial^2 L(x_k, \lambda_k, \mu_k)/\partial x^2$ を近似する行列である．これが拘束条件なしの場合との違いである．Δx_k に対する KKT 条件が $\Delta x_k = 0$ で成り立つとすると，それは元の拘束条件付き最適化問題の KKT 条件に一致する（演習問題【12】）．つまり，上の 2 次計画問題を解いて $\Delta x_k, \lambda_k, \mu_k$ を求めて $x_{k+1} = x_k + \Delta x_k$ という修正を繰り返したとき，もしも $\Delta x_k \to 0, x_k \to x^*, \lambda_k \to \lambda^*, \mu_k \to \mu^*$ と収束すれば，(x^*, λ^*, μ^*) において元の非線形計画問題に対する KKT 条件が成立することになる．なお，与えられた x_k に対して Δx_k を求める 2 次計画問題なので，式 (2.35) の評価関数における定数項 $f(x_k)$ は無視してもよい．

ただし，ラグランジュ関数のヘッセ行列 $\partial^2 L(x_k, \lambda_k, \mu_k)/\partial x^2$ は g_i や h_j のヘッセ行列を含むため，それ自体が一般に正定とは限らない．一方で 2 次計画問題における H_k は正定であることが望ましいので，BFGS 法や DFP 法で H_k を更新していく．その際 y_k は評価関数 f ではなくラグランジュ関数 L の勾配によって計算する．

以上のアルゴリズムは 2 次計画問題を繰り返し解くため，**逐次 2 次計画法** (sequential quadratic programming method) または英語名の頭文字を取って **SQP 法**と呼ばれ[†]，つぎのようにまとめられる．

[†] 英語名は successive quadratic programming method ともいう．

アルゴリズム 2.5 (逐次 2 次計画法)

1) $k = 0$ として，適当な初期推定解 $x_0 \in \mathbb{R}^n$ と正定行列 H_0 を与える．
2) 2 次計画問題 (2.35)～(2.37) を解いて Δx_k, $\lambda_k \in \mathbb{R}^m$, $\mu_k \in \mathbb{R}^p$ を求める．
3) $\|\Delta x_k\|$ が十分 0 に近ければ停止．そうでなければつぎのステップへ．
4) $x_{k+1} = x_k + \Delta x_k$ とする．
5) $s_k = \Delta x_k$, $y_k = \left(\dfrac{\partial L}{\partial x}(x_{k+1}, \lambda_k, \mu_k)\right)^{\mathrm{T}} - \left(\dfrac{\partial L}{\partial x}(x_k, \lambda_k, \mu_k)\right)^{\mathrm{T}}$ と置く．
6) 式 (2.33) または (2.34) によって H_{k+1} を計算する．
7) $k := k+1$ として，ステップ 2) へ．

アルゴリズムのステップ 4) において直線探索を実行することも考えられるが，その際には拘束条件も考慮する必要がある．そこで，直線探索ではペナルティ関数を加えた評価関数

$$\bar{f}_r(x) = f(x) + r\left(\sum_{i=1}^m \max\{0, g_i(x)\} + \sum_{j=1}^p |h_j(x)|\right) \quad (r > 0)$$

を考え，$\bar{f}_r(x_k + \alpha \Delta x_k)$ を最小にするスカラー α を求め，それを α_k とし，$x_{k+1} = x_k + \alpha_k \Delta x_k$ と修正する．

2.6 直線探索

本章の最後に，非線形計画問題の数値解法で用いる直線探索の具体的な方法を考える．直線探索では，解の推定値 x_0 において定めた適当な探索方向 s に対して，評価関数値 $f(x_0 + \alpha s)$ が最小になるようなスカラー $\alpha > 0$ を求める．これは，1 変数関数 $\varphi(\alpha) := f(x_0 + \alpha s)$ の最小化問題にほかならない．この 1 変数関数 $\varphi(\alpha)$ にニュートン法などを適用してもよいが，実際にさまざまな α に対して $\varphi(\alpha)$ の値を評価すれば，導関数の計算が不要であるし，少なくとも

探索した範囲で最適な α が確実に求められる．ただし，その際の計算量はなるべく少なくしたい．また，最終的な目的は評価関数 $f(x)$ の最小化なので，直線探索における α の精度にはあまり拘らず，局所最適解への収束が保証される範囲で計算を簡略化することも考えられる．以下では，探索方向 s は式 (2.23) を満たす降下方向だとする．関数 $\varphi(\alpha)$ の導関数は

$$\varphi'(\alpha) = \frac{\partial f}{\partial x}(x_0 + \alpha s)s$$

と表されるから，式 (2.23) より $\varphi'(0) < 0$ であり，したがって，十分小さい $\alpha > 0$ に対して必ず $\varphi(\alpha) < \varphi(0)$ となって評価関数値が減少することは保証される．

2.6.1 精密な直線探索

まず，$\varphi(\alpha)$ を極小にする α の範囲を特定する方法を考えよう．これを**囲い込み** (bracketing) という．そのためには，α を 0 から増やしていったとき，$\varphi(\alpha)$ が増え始める α の値を見つければよい．例えば，以下のようなアルゴリズムが考えられる．

アルゴリズム 2.6 （囲い込み）

1) $k = 0$, $\alpha_0 = 0$ とし，十分小さいスカラー $h > 0$ を与える．
2) $\alpha_{k+1} = \alpha_k + h$ とおき，$\varphi(\alpha_{k+1}) \geqq \varphi(\alpha_k)$ ならば停止．そうでなければつぎのステップへ．
3) $k := k + 1$ としてステップ 2) へ．

このアルゴリズムが $k = 0$ で停止すれば極小点は開区間 $(0, \alpha_1)$ に存在し，$k \geqq 1$ で停止すれば極小点は開区間 $(\alpha_{k-1}, \alpha_{k+1})$ に存在する．ステップ幅 h が小さいほど極小点の存在範囲を限定することができるが，小さすぎると停止までの反復回数が多くなる．そこで，$\varphi(\alpha_{k+1}) < \varphi(\alpha_k)$ のときは，例えば $h := 2h$ などとしてステップ幅を増やすことも考えられる．十分小さいステップ幅 h から始めてもアルゴリズムが停止しない場合は，x_0 からいくら離れても評価関数

56   2. 非線形計画問題

値がまったく増えないことを意味するので，最適解が有限でないなど，もとの問題設定自体が適切でないことになる。

つぎに，閉区間 $[\underline{\alpha}, \overline{\alpha}]$ ($\underline{\alpha} < \overline{\alpha}$) に極小点が一つだけ囲い込めたとして，その中で極小点をいくらでも精度よく求める方法を考えよう。ここで，閉区間を考えるのはアルゴリズムを見通しよく記述するためである。前述のアルゴリズム 2.6 によって極小点を開区間 $(\underline{\alpha}, \overline{\alpha})$ に囲い込めれば，閉区間 $[\underline{\alpha}, \overline{\alpha}]$ でも囲い込めていることに注意する。この閉区間から 2 点 α_1, α_2 ($\underline{\alpha} < \alpha_1 < \alpha_2 < \overline{\alpha}$) を選んだとき，$\varphi(\alpha_1) \leqq \varphi(\alpha_2)$ ならば極小点は閉区間 $[\underline{\alpha}, \alpha_2]$ に存在し，$\varphi(\alpha_1) \geqq \varphi(\alpha_2)$ ならば極小点は閉区間 $[\alpha_1, \overline{\alpha}]$ に存在する。したがって，閉区間内の 2 点における関数値を比較することで，極小点が存在する閉区間の幅を狭めることができる。その際，狭めた区間内の点として α_1 もしくは α_2 を再利用すれば，あと 1 点のみで関数値を評価すればよいので効率的である。

さらに，一定の比率 r ($0 < r < 1$) で区間幅を縮小していくことができれば，精度向上の速さも保証できる。それには，閉区間 $[\underline{\alpha}, \overline{\alpha}]$ における α_2 の内分比と，閉区間 $[\underline{\alpha}, \alpha_2]$ における α_1 の内分比がともに $r : 1-r$ で，かつ，閉区間 $[\underline{\alpha}, \overline{\alpha}]$ における α_1 の内分比と，閉区間 $[\alpha_1, \overline{\alpha}]$ における α_2 の内分比がともに $1-r : r$ であればよい。このとき，図 2.9 より $r^2 = 1-r$ が成り立つ。この

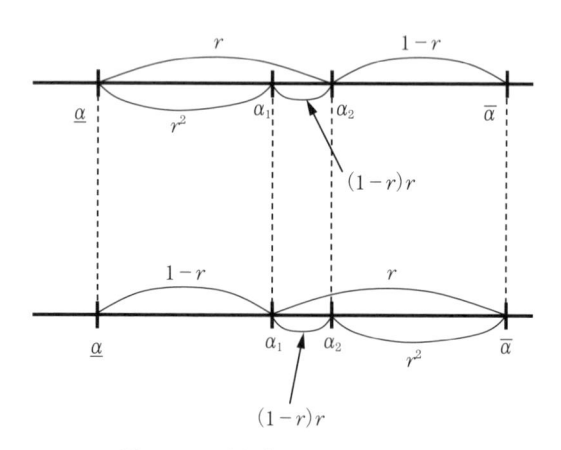

図 2.9 一定比率 r での区間幅縮小

2次方程式を解くと，正の根として r が求められ

$$r = \frac{-1+\sqrt{5}}{2} \approx 0.618, \quad 1-r = \frac{3-\sqrt{5}}{2} \approx 0.382$$

を得る。なお，$1 : 1/r \approx 1 : 1.618$ は黄金分割比（golden section ratio）と呼ばれる。そこで，上述のように新しい点を選んでいく直線探索法を**黄金分割法**（golden section method）という。

アルゴリズム 2.7 （黄金分割法）

1) 閉区間 $[\underline{\alpha}, \overline{\alpha}]$ が与えられたとし，$\alpha_1 = \underline{\alpha} + (1-r)(\overline{\alpha} - \underline{\alpha})$, $\alpha_2 = \underline{\alpha} + r(\overline{\alpha} - \underline{\alpha})$ と置く。

2) $|\overline{\alpha} - \underline{\alpha}|$ が十分 0 に近ければ停止。そうでなければつぎのステップへ。

3) $\varphi(\alpha_1) < \varphi(\alpha_2)$ ならば，$\overline{\alpha} := \alpha_2$, $\alpha_2 := \alpha_1$ と置き，この新しい $\overline{\alpha}$ を用いて $\alpha_1 := \underline{\alpha} + (1-r)(\overline{\alpha} - \underline{\alpha})$ と置いてステップ 2) へいく。そうでなければ，$\underline{\alpha} := \alpha_1$, $\alpha_1 := \alpha_2$ と置き，この新しい $\underline{\alpha}$ を用いて $\alpha_2 := \underline{\alpha} + r(\overline{\alpha} - \underline{\alpha})$ と置いてステップ 2) へいく。

以上をまとめると，まず十分小さなステップ幅 h で囲い込みのアルゴリズム 2.6 を実行し，引き続き黄金分割法のアルゴリズム 2.7 を実行すれば，いくらでも精度のよい直線探索が行える。

2.6.2 粗い直線探索

つぎに，直線探索の精度に拘らず，十分な大きさの α によって関数 $\varphi(\alpha)$ が十分減ればよしとする簡単な計算方法を考えよう。まず，関数 $\varphi(\alpha)$ が十分減ったと見なせる条件として，次式のように，傾き $\mu_1 \varphi'(0)$ $(0 < \mu_1 < 1)$ の直線を超えなければよしとすることが考えられる。

$$\varphi(\alpha) \leqq \varphi(0) + \mu_1 \varphi'(0) \alpha \tag{2.38}$$

これを**アルミホ基準**（Armijo rule）という。この条件は，α が大きくなりすぎることを防ぐ効果がある。一方，十分大きい α が得られたとする条件とし

て，傾き $\varphi'(\alpha)$ がある程度 0 に近づいたということも考えられる．すなわち，$0 < \mu_1 < \mu_2 < 1$ を満たす μ_2 に対して

$$\varphi'(\alpha) \geqq \mu_2 \varphi'(0) \tag{2.39}$$

が成り立つように α を決める．これを**曲率条件**（curvature condition）という．また，式 (2.38), (2.39) を合わせて**ウルフ条件**（Wolfe conditions）という（図 **2.10**）．

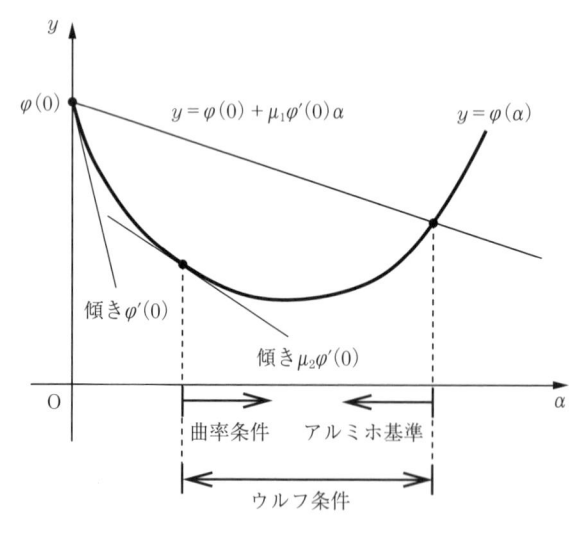

図 **2.10** 粗い直線探索のウルフ条件

必ずしも精密な直線探索を行わなくても，式 (2.38), (2.39) のウルフ条件さえ満たすような α を求めて解の推定値を更新すれば，適当な仮定のもとで，勾配法やニュートン法が収束することが知られている[8),14]．ウルフ条件に基づく直線探索を行うには，アルゴリズム 2.6, 2.7 の停止条件を，元の条件が成り立つかウルフ条件が成り立つことと変更すればよい．すなわち，必ずしも元の条件が成り立たなくても，ウルフ条件さえ成り立てば停止することで計算量が減らせる．

********** 演 習 問 題 **********

【1】 1章の例1.1に対してKKT条件と2次の十分条件を書き下し、孤立局所最適解を求めよ。

【2】 1章の例1.1を拘束条件なしの問題に変換し、孤立局所最適解を求めよ。

【3】 行列 Q が正定なとき、Q に関して共役な非零ベクトルの集合 $\{s_0, \cdots, s_{k-1}\}$ は1次独立であることを示せ。

【4】 評価関数 $f(x) = \frac{1}{2}(x-x^*)^\mathrm{T} Q(x-x^*)$ に対する共役勾配法において以下の関係式が成り立つことを示せ。
 (a) $d_{k+1} = d_k - \alpha_k Q s_k$
 (b) $d_{k+1}^\mathrm{T} s_k = 0$
 (c) $s_k^\mathrm{T} d_k = d_k^\mathrm{T} d_k$

【5】 問題【4】の結果を利用して、2.4.1項〔2〕の性質 (1)〜(4) を示せ。
 (ヒント) 性質 (1)〜(3) は帰納法で示す。性質 (4) は、$x_{k+1} = x_0 + \alpha_0 s_0 + \cdots + \alpha_k s_k$ と表せることを使って示す。

【6】 問題【4】の結果を利用して、式 (2.26)、(2.27) を導け。

【7】 式 (2.33) と式 (2.34) がともにセカント方程式を満たすことを示せ。

【8】 同じ行列 H_k から BFGS 法と DFP 法によって得られた H_{k+1} をそれぞれ H_{k+1}^{BFGS}、H_{k+1}^{DFP} と置くと、それらの凸結合 $H_{k+1}^\alpha = \alpha H_{k+1}^{BFGS} + (1-\alpha) H_{k+1}^{DFP}$ ($0 \leq \alpha \leq 1$) もセカント方程式を満たし、2.4.3項の性質 (1)、(2) を満たすことを確かめよ。H_{k+1}^α の計算式を**ブロイデンの1パラメータ族**（Broyden's one-parameter family）という。

【9】 準ニュートン法では H_k の逆行列が現れるので、$B_k = H_k^{-1}$ を直接求めることも考えられる。BFGS 法の B_{k+1} を B_k によって表すと、DFP 法の更新式 (2.34) で H_k を B_k に置き換え、s_k と y_k を入れ替えた式が得られることを示せ。逆に、DFP 法の B_{k+1} を B_k によって表すと、BFGS 法の更新式 (2.33) で H_k を B_k に置き換え、s_k と y_k を入れ替えた式になることを示せ。この性質により、BFGS 法と DFP 法は互いに**相補的**（complementary）または**双対**（dual）であるといわれる。
 (ヒント) **逆行列補題**（matrix inversion lemma）$(A - BD^{-1}C)^{-1} = A^{-1} + A^{-1}B(D - CA^{-1}B)^{-1}CA^{-1}$ を使う。

【10】 ペナルティ法において、以下の性質を証明し、さらに**定理2.5**を証明せよ。た

だし，x^* は拘束条件付き最適化問題の解とする（$x^* = x_\infty$ とは限らない）．

(a) $\bar{f}_{r_k}(x_k) \leqq \bar{f}_{r_{k+1}}(x_{k+1})$

(b) $P(x_k) \geqq P(x_{k+1})$

(c) $f(x_k) \leqq f(x_{k+1})$

(d) $f(x^*) \geqq \bar{f}_{r_k}(x_k) \geqq f(x_k)$

(e) $\lim_{k \to \infty} P(x_k) = 0$

【11】バリア法において以下の性質を証明し，さらにペナルティ法と同様に**定理 2.5** が成り立つことを証明せよ．ただし，x^* は拘束条件付き最適化問題の解とする（$x^* = x_\infty$ とは限らない）．

(a) $\bar{f}_{r_k}(x_k) \geqq \bar{f}_{r_{k+1}}(x_{k+1})$

(b) $B(x_k) \leqq B(x_{k+1})$

(c) $f(x_k) \geqq f(x_{k+1})$

(d) $f(x^*) \leqq f(x_k) \leqq \bar{f}_{r_k}(x_k)$

【12】式 (2.35)～(2.37) の 2 次計画問題に対する KKT 条件を求め，$\Delta x_k = 0$ のとき元の非線形計画問題に対する KKT 条件と一致することを確かめよ．

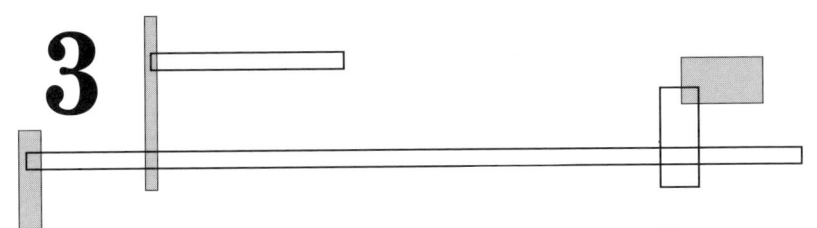

3 離散時間システムの最適制御

　非線形計画問題では有限個の変数を最適化するのに対し，連続時間システムの最適制御問題では時間関数という無限次元の変数を最適化する。それらの間の橋渡しとして，本章では離散時間システムの最適制御問題を扱う。離散時間システムの最適制御問題は，最適化すべき変数が有限個であるという意味で非線形計画問題の一種だが，最適制御問題であるがゆえの特殊な構造も持っており，その構造は後に扱う連続時間システムの最適制御問題でも現れる。

3.1 基本的な問題設定と停留条件

　制御対象の離散時間システムが

$$x(k+1) = f(x(k), u(k), k) \tag{3.1}$$

という状態方程式で表されるとする。ここで，$k \in \mathbb{Z}_{\geq 0}$ は離散的な時刻を表し，$x(k) \in \mathbb{R}^n$ は時刻 k におけるシステムの状態ベクトル，$u(k) \in \mathbb{R}^m$ は時刻 k における入力ベクトルをそれぞれ表す。したがって，f は $\mathbb{R}^n \times \mathbb{R}^m \times \mathbb{Z}_{\geq 0}$ から $\mathbb{R}^n$ への写像である。

　このシステムに対する基本的な最適制御問題は，初期状態 $x(0) = x_0$ が与えられているとき，評価関数

$$J = \varphi(x(N)) + \sum_{k=0}^{N-1} L(x(k), u(k), k) \tag{3.2}$$

を最小にする制御入力の系列 $u(0), \cdots, u(N-1)$ を求める問題である．ここで，N は正の整数であり，$\{0, \cdots, N\}$ を**評価区間**と呼ぶ[†]．関数 $L(x(k), u(k), k)$ を**ステージコスト**（stage cost），関数 $\varphi(x(N))$ を**終端コスト**（terminal cost）という[††]．時刻 N における入力 $u(N)$ は $x(N+1)$ にしか影響しないので，評価区間における状態の系列 $x(0), \cdots, x(N)$ を評価する際 $u(N)$ は考えないことに注意されたい．評価関数に含まれる変数は $\{u(k)\}_{k=0}^{N-1}$ と $\{x(k)\}_{k=1}^{N}$ で有限個なので[†††]，この最適制御問題は本質的に非線形計画問題だが，つぎのような特殊な構造を持つ．

(1) 拘束条件は状態方程式 $f(x(k), u(k), k) - x(k+1) = 0$ $(k = 0, \cdots, N-1)$ であり，k に従って逐次的に $x(k)$ を定める形になっている．

(2) 評価関数 J は各時刻 k ごとのコストの和として表されている．

その結果，停留条件も特殊な構造を持つ．

各時刻における等式拘束条件 $f(x(k), u(k), k) - x(k+1) = 0$ に対するラグランジュ乗数のベクトルを $\lambda(k+1) \in \mathbb{R}^n$ として，非線形計画問題としてのラグランジュ関数を以下のように定義する．

$$\begin{aligned}
\bar{J} &= J + \sum_{k=0}^{N-1} \lambda^\mathrm{T}(k+1)\{f(x(k), u(k), k) - x(k+1)\} \\
&= \varphi(x(N)) + \sum_{k=0}^{N-1} \{L(x(k), u(k), k) + \lambda^\mathrm{T}(k+1)f(x(k), u(k), k) \\
&\quad - \lambda^\mathrm{T}(k+1)x(k+1)\}
\end{aligned}$$

最適制御問題における状態方程式に対するラグランジュ乗数 $\lambda(k)$ は状態 $x(k)$

[†] 任意の初期状態と制御入力系列に対して，評価区間における状態方程式の解が存在すること（状態が発散しないこと）を仮定する．

[††] **終端ペナルティ**（terminal penalty）ということもある．ただし，必ずしも拘束条件付き最適化問題に対するペナルティ法を意味しない．

[†††] 変数の列 $x(1), \cdots, x(N)$ を $\{x(k)\}_{k=1}^{N}$ と表すことにする．単なる集合とは異なり，変数の順番を区別することに注意されたい．

と同じ次元を持ち，**随伴変数**（adjoint variable）または**共状態**（costate）と呼ばれる．なお，ラグランジュ関数における随伴変数の時刻が $k+1$ なのは後の表記を見やすくする便宜のためで，状態方程式を $x(k+1)$ に対する拘束条件と考えれば自然な表記でもある．仮に随伴変数の時刻をずらしてもラグランジュ乗数としての役割は何ら変わらない．

ラグランジュ関数を見やすくするために，スカラー値関数 H を

$$H(x, u, \lambda, k) = L(x, u, k) + \lambda^\mathrm{T} f(x, u, k) \tag{3.3}$$

で定義すると，ラグランジュ関数は

$$\begin{aligned}
\bar{J} &= \varphi(x(N)) + \sum_{k=0}^{N-1} \left(H(x(k), u(k), \lambda(k+1), k) - \lambda^\mathrm{T}(k+1)x(k+1) \right) \\
&= \varphi(x(N)) - \lambda^\mathrm{T}(N)x(N) + \sum_{k=1}^{N-1} \left(H(x(k), u(k), \lambda(k+1), k) - \lambda^\mathrm{T}(k)x(k) \right) \\
&\quad + H(x(0), u(0), \lambda(1), 0)
\end{aligned}$$

と変形できる．変形の過程では $\lambda^\mathrm{T}(k+1)x(k+1)$ の時刻をずらして $\lambda^\mathrm{T}(k)x(k)$ としていることに注意されたい．ここで導入した H を最適制御問題の**ハミルトン関数**（Hamiltonian）という．表記を簡単にするため，以下では適宜 $H(x(k), u(k), \lambda(k+1), k)$ を $H(k)$ と表すことにする．状態と入力の微小変化をそれぞれ $\{dx(k)\}_{k=0}^{N}$，$\{du(k)\}_{k=0}^{N-1}$ とすると，それらの結果生じる $\bar{J}$ の微小変化 $d\bar{J}$ は

$$\begin{aligned}
d\bar{J} &= \left(\frac{\partial \varphi}{\partial x}(x(N)) - \lambda^\mathrm{T}(N) \right) dx(N) + \sum_{k=1}^{N-1} \left\{ \left(\frac{\partial H}{\partial x}(k) - \lambda^\mathrm{T}(k) \right) dx(k) \right. \\
&\quad \left. + \frac{\partial H}{\partial u}(k) du(k) \right\} + \frac{\partial H}{\partial x}(0) dx(0) + \frac{\partial H}{\partial u}(0) du(0)
\end{aligned}$$

となる．ここで，$\{dx(k)\}_{k=1}^{N}$，$\{du(k)\}_{k=0}^{N-1}$ の係数がそれぞれの変数に関する $\bar{J}$ の偏導関数に相当し，停留条件はそれら偏導関数がすべて 0 になることである．これは，任意の $\{dx(k)\}_{k=1}^{N}$，$\{du(k)\}_{k=0}^{N-1}$ に対して $d\bar{J} = 0$ となることを意味している．ただし，初期状態 $x(0) = x_0$ が固定であるため $dx(0) = 0$ である．元の拘束条件と併せてまとめると，つぎのようになる．

【定理 3.1】（離散時間のオイラー・ラグランジュ方程式）　離散時間システム (3.1) の初期状態 $x(0) = x_0$ が与えられているとする．制御入力の系列 $\{u(k)\}_{k=0}^{N-1}$ が評価関数 (3.2) を最小にする最適制御入力であるとき，随伴変数の系列 $\{\lambda(k)\}_{k=1}^{N}$ が存在して，すべての $k = 0, \cdots, N-1$ において以下が成り立つ．

$$x(k+1) = f(x(k), u(k), k), \quad x(0) = x_0 \tag{3.4}$$

$$\lambda(k) = \left(\frac{\partial H}{\partial x}\right)^{\mathrm{T}} (x(k), u(k), \lambda(k+1), k) \tag{3.5}$$

$$\lambda(N) = \left(\frac{\partial \varphi}{\partial x}\right)^{\mathrm{T}} (x(N)) \tag{3.6}$$

$$\frac{\partial H}{\partial u}(x(k), u(k), \lambda(k+1), k) = 0 \tag{3.7}$$

式 (3.4)〜(3.7) を離散時間最適制御問題に対する**オイラー・ラグランジュ方程式**（Euler–Lagrange equations）という[†]．また，式 (3.5) を**随伴方程式**（adjoint equation）という[††]．オイラー・ラグランジュ方程式は停留条件なので，最適制御が満たすべき必要条件を与える．ハミルトン関数の定義より状態方程式が

$$x(k+1) = \left(\frac{\partial H}{\partial \lambda}\right)^{\mathrm{T}} (x(k), u(k), \lambda(k+1), k)$$

とも表せることに注意する．つまり，状態方程式と随伴方程式の双方がハミルトン関数の偏微分によって与えられる．この形は解析力学における正準方程式と似ているため，オイラー・ラグランジュ方程式を**正準方程式**（canonical equations）ともいう．また，ハミルトン関数の制御入力による勾配 $\partial H/\partial u$ は m 次元なので，式 (3.7) は，各時刻 k において m 次元の入力 $u(k)$ に対して m 個の条件を与える．したがって，H のヘッセ行列 $\partial^2 H/\partial u^2$ が正則ならば陰関数定理によって $u(k)$ が $x(k), \lambda(k+1), k$ の関数として決まる．すると，式 (3.4) と

[†] オイラーの方程式（Euler's equations）ということもある．
[††] 随伴システム（adjoint system）または共状態方程式（costate equation）ともいう．

式 (3.5) は $x(k)$ と $\lambda(k)$ に関する連立差分方程式と見なすことができる。ただし，状態方程式は時刻 k における変数から時刻 $k+1$ における状態 $x(k+1)$ を決定するのに対し，随伴方程式は時刻 $k+1$ における随伴変数から時刻 k における随伴変数 $\lambda(k)$ を決めることに注意されたい。さらに，状態に関しては初期条件 $x(0) = x_0$ が与えられているのに対し，随伴変数に関しては終端条件 (3.6) が課されている。このように，初期時刻と終端時刻の両方で境界条件が与えられている方程式を **2 点境界値問題** (two-point boundary-value problem) という。状態方程式や随伴方程式が非線形な場合，2 点境界値問題を解くのは困難であり，後述する反復法を用いる。

3.2 離散時間 LQ 制御問題

解析的に解くことのできる最適制御問題として，線形システムに対して 2 次形式の評価関数を最小化する **LQ 制御問題** (linear quadratic control problem) がある[†]。LQ 制御問題は線形システムの制御において重要であり，かつ，オイラー・ラグランジュ方程式から未知量がどのように決まっていくかもよくわかる問題なので，ここで取り上げる。制御対象は n 次元 m 入力離散時間線形システム

$$x(k+1) = Ax(k) + Bu(k), \quad x(0) = x_0$$

とし，評価関数

$$J = \frac{1}{2}x^\mathrm{T}(N)S_f x(N) + \sum_{k=0}^{N-1}\frac{1}{2}\left(x^\mathrm{T}(k)Qx(k) + u^\mathrm{T}(k)Ru(k)\right)$$

を最小にする最適制御 $\{u(k)\}_{k=0}^{N-1}$ を求めるのが LQ 制御問題である。ここで，S_f と Q は $n \times n$ 準正定行列，R は $m \times m$ 正定行列とする。行列 A, B, Q, R が時刻 k に依存する場合でも以下の議論は変わらないが，記号の煩雑さを避けるためすべて定数行列とする。

[†] **最適レギュレータ問題** (optimal regulator problem) とも呼ばれる。

この問題のハミルトン関数は

$$H(x,u,\lambda) = \frac{1}{2}(x^{\mathrm{T}}Qx + u^{\mathrm{T}}Ru) + \lambda^{\mathrm{T}}(Ax + Bu)$$

となる。その偏導関数は

$$\frac{\partial H}{\partial x} = x^{\mathrm{T}}Q + \lambda^{\mathrm{T}}A$$

$$\frac{\partial H}{\partial u} = u^{\mathrm{T}}R + \lambda^{\mathrm{T}}B$$

だから，オイラー・ラグランジュ方程式は以下のようになる。

$$x(k+1) = Ax(k) + Bu(k), \quad x(0) = x_0 \tag{3.8}$$

$$\lambda(k) = Qx(k) + A^{\mathrm{T}}\lambda(k+1) \tag{3.9}$$

$$\lambda(N) = S_f x(N) \tag{3.10}$$

$$u^{\mathrm{T}}(k)R + \lambda^{\mathrm{T}}(k+1)B = 0 \tag{3.11}$$

これらの条件を満たす変数 $\{u(k)\}_{k=0}^{N-1}$, $\{x(k)\}_{k=1}^{N}$, $\{\lambda(k)\}_{k=1}^{N}$ を求めるには，式 (3.10) を参考に

$$\lambda(k) = S(k)x(k) \quad (k = 1, \cdots, N) \tag{3.12}$$

という関係を仮定して，つぎに述べるように行列 $S(k) \in \mathbb{R}^{n \times n}$ をうまく選べばよい。まず

$$S(N) = S_f \tag{3.13}$$

と置けば，式 (3.10) は満たされる。つぎに，$\lambda(k+1) = S(k+1)x(k+1)$ を式 (3.11) に代入し，さらに式 (3.8) を用いると

$$Ru(k) + B^{\mathrm{T}}S(k+1)(Ax(k) + Bu(k)) = 0$$

となる。これを $u(k)$ について解くと

$$u(k) = K(k)x(k) \tag{3.14}$$

$$K(k) = -(R + B^\mathrm{T} S(k+1) B)^{-1} B^\mathrm{T} S(k+1) A \in \mathbb{R}^{m \times n} \quad (3.15)$$

のように式 (3.11) を満たす $u(k)$ が決まる．これを式 (3.8) に代入すると $x(k)$ だけの離散時間状態方程式が得られるので，それによって $x(k)$ の系列を決定することができる．最後に，式 (3.12) を式 (3.9) に用いて変形していくと

$$\begin{aligned} S(k)x(k) &= Qx(k) + A^\mathrm{T} S(k+1)(Ax(k) + Bu(k)) \\ &= Qx(k) + A^\mathrm{T} S(k+1) A x(k) \\ &\quad - A^\mathrm{T} S(k+1) B (R + B^\mathrm{T} S(k+1) B)^{-1} B^\mathrm{T} S(k+1) A x(k) \end{aligned}$$

となる．すべての項に $x(k)$ がかかっているので，その係数行列が右辺と左辺で等しくなるように $S(k)$ を決めれば式 (3.9) が満たされる．すなわち

$$\begin{aligned} S(k) =\ & Q + A^\mathrm{T} S(k+1) A \\ & - A^\mathrm{T} S(k+1) B (R + B^\mathrm{T} S(k+1) B)^{-1} B^\mathrm{T} S(k+1) A \quad (3.16) \end{aligned}$$

が成り立てばよい．以上で，オイラー・ラグランジュ方程式 (3.8)〜(3.11) すべてが成り立つための条件が導けた．式 (3.16) を**リッカチ方程式** (Riccati equation) という．ここで，重み行列 R は正定と仮定しているので，もしも $S(k+1)$ が準正定であれば，$R + B^\mathrm{T} S(k+1) B$ も正定となり，式 (3.15) と式 (3.16) における逆行列 $(R + B^\mathrm{T} S(k+1) B)^{-1}$ が存在することに注意しよう．証明は省略するが，$S(N) = S_f$ が準正定であればすべての $S(k)$ ($k = 1, \cdots, N-1$) も準正定になることが示せる[15)]．

まとめると，以下のようにすべての変数が決定される．まず，$k = N-1$ から $k = 1$ まで繰り返しリッカチ方程式 (3.16) を用いると，$S(N) = S_f$ から出発して準正定行列の系列 $\{S(k)\}_{k=1}^{N}$ がすべて決まる．すると，式 (3.14) によって $u(k)$ が $x(k)$ で表される．これを状態方程式 (3.8) に代入して解くと

$$x(k) = A_c(k-1) \cdots A_c(0) x_0, \quad A_c(l) = A + B K(l) \quad (3.17)$$

のように状態の系列 $\{x(k)\}_{k=0}^{N}$ がすべて決まる．したがって，入力と随伴変数の系列もそれぞれ

$$u(k) = K(k)A_c(k-1) \cdots A_c(0)x_0 \tag{3.18}$$

$$\lambda(k) = S(k)A_c(k-1) \cdots A_c(0)x_0$$

と決まる.

　ここで,式 (3.14) と式 (3.18) は数学的に等価であるが,実際の制御系で制御入力を決定する方法は二通り考えられる.まず一つ目は,式 (3.15) によってゲイン行列 $K(k)$ だけ決めておき,実際の状態 $x(k)$ を測定するたびに式 (3.14) によって制御入力 $u(k)$ を計算する方法である.これは状態フィードバック制御を行うことに相当し,もしも外乱やモデル誤差で状態 $x(k)$ が式 (3.17) からずれたとしたら,それに応じて制御入力 $u(k)$ も変化する.二つ目は式 (3.18) によって時刻 k の関数として $u(k)$ を制御前にあらかじめ決めておく方法である.これはフィードフォワード制御に相当し,外乱やモデル誤差によって状態 $x(k)$ が式 (3.17) からずれても制御入力は変わらない.

　別の解き方として,随伴変数ベクトルを使わずに解く方法も紹介しておこう.この方法は,8 章で述べるモデル予測制御を線形システムに適用する際にしばしば用いられる.まず,変数をまとめて

$$X = [x^{\mathrm{T}}(0) \cdots x^{\mathrm{T}}(N)]^{\mathrm{T}}$$
$$U = [u^{\mathrm{T}}(0) \cdots u^{\mathrm{T}}(N-1)]^{\mathrm{T}}$$

というベクトルを定義すると,評価関数を

$$J(X, U) = \frac{1}{2}X^{\mathrm{T}}\bar{Q}X + \frac{1}{2}U^{\mathrm{T}}\bar{R}U \tag{3.19}$$

$$\bar{Q} = \text{block-diag}[Q, \cdots, Q, S_f] \in \mathbb{R}^{n(N+1) \times n(N+1)} \tag{3.20}$$

$$\bar{R} = \text{block-diag}[R, \cdots, R] \in \mathbb{R}^{mN \times mN} \tag{3.21}$$

と表すことができる.さらに,状態方程式は

$$X = \bar{A}x_0 + \bar{B}U \tag{3.22}$$

$$\bar{A} = \begin{bmatrix} I \\ A \\ \vdots \\ A^N \end{bmatrix} \in \mathbb{R}^{n(N+1) \times n} \tag{3.23}$$

$$\bar{B} = \begin{bmatrix} 0 & & \cdots & & 0 \\ B & 0 & & & \\ AB & B & \ddots & & \\ \vdots & & & \ddots & \vdots \\ A^{N-2}B & A^{N-3}B & \cdots & B & 0 \\ A^{N-1}B & A^{N-2}B & \cdots & AB & B \end{bmatrix} \in \mathbb{R}^{n(N+1) \times mN} \tag{3.24}$$

と表すことができる．したがって，離散時間 LQ 制御問題は，線形等式拘束条件 (3.22) のもとで 2 次評価関数 (3.19) を最小にする 2 次計画問題であることがわかる．しかも，式 (3.22) の X は U によって陽に表されているので，消去することができ

$$\begin{aligned} \hat{J}(U) &:= J(\bar{A}x_0 + \bar{B}U, U) = \frac{1}{2}x_0^\mathrm{T}\bar{A}^\mathrm{T}\bar{Q}\bar{A}x_0 + x_0^\mathrm{T}\bar{A}^\mathrm{T}\bar{Q}\bar{B}U \\ &\quad + \frac{1}{2}U^\mathrm{T}(\bar{B}^\mathrm{T}\bar{Q}\bar{B} + \bar{R})U \end{aligned}$$

という U のみの 2 次評価関数を最小化する問題に帰着できる．その勾配ベクトルとヘッセ行列は

$$\frac{\partial \hat{J}}{\partial U} = x_0^\mathrm{T}\bar{A}^\mathrm{T}\bar{Q}\bar{B} + U^\mathrm{T}(\bar{B}^\mathrm{T}\bar{Q}\bar{B} + \bar{R})$$

$$\frac{\partial^2 \hat{J}}{\partial U^2} = \bar{B}^\mathrm{T}\bar{Q}\bar{B} + \bar{R}$$

である．ここで，Q と S_f がともに準正定なので $\bar{Q}$ も準正定であることと，R が正定なので $\bar{R}$ も正定であることより，ヘッセ行列 $\bar{B}^\mathrm{T}\bar{Q}\bar{B} + \bar{R}$ は正定である．このとき，$\hat{J}$ は凸関数であり，**定理 2.1**，**定理 2.2** により，停留解

$$U^* = (\bar{B}^\mathrm{T}\bar{Q}\bar{B} + \bar{R})^{-1}\bar{B}^\mathrm{T}\bar{Q}\bar{A}x_0 \tag{3.25}$$

は大域的な最適解である。また，U^* が初期状態 x_0 の線形関数であることも式 (3.25) からわかる。式 (3.25) を用いると入力が初期状態によってあらかじめ計算でき，各時刻の状態を用いて計算するわけではないので，式 (3.25) は随伴変数ベクトルを用いた解法における式 (3.18) に対応している。しかし，リッカチ方程式は用いておらず，その代わりに $mN \times mN$ という大きなサイズの行列 $\bar{B}^{\mathrm{T}}\bar{Q}\bar{B} + \bar{R}$ に対して逆行列を計算しなければならない。

3.3 動 的 計 画 法

3.3.1 ベルマン方程式

前節の**定理 3.1** は KKT 条件にほかならないが，最適制御問題の時間的な構造を使うと，さらに別の形の最適性条件が導かれる。まず，どのような初期状態に対しても最適制御が存在するならば，評価関数の最小値が初期状態の関数と見なせることに注意する。時刻 k $(0 \leq k \leq N)$ で状態 $x(k) = x$ から出発したときの評価関数の最小値を達成する入力系列 $\{u(l)\}_{l=k}^{N-1}$ が存在すると仮定し，評価関数の最小値を $V(x, k)$ と表すことにする。つまり

$$V(x, k) = \min_{\{u(l)\}_{l=k}^{N-1}} \left(\varphi(x(N)) + \sum_{l=k}^{N-1} L(x(l), u(l), l) \right) \quad (3.26)$$

と定義する。これを**値関数**（value function）という[†]。評価区間全体での評価関数 J（式 (3.2)）の最小値は $V(x(0), 0)$ で与えられる。時刻 k における値関数を時刻 $k+1$ における値関数で表すことを考える。時刻 k におけるコスト $L(x(k), u(k), k)$ はそれ以降の時刻における入力 $u(k+1), \cdots, u(N-1)$ とまったく無関係であることを利用すると，以下のように式変形できる。

$$V(x, k) = \min_{\{u(l)\}_{l=k}^{N-1}} \left(L(x(k), u(k), k) + \varphi(x(N)) + \sum_{l=k+1}^{N-1} L(x(l), u(l), l) \right)$$

[†] **価値関数**，**最適コスト関数**（optimal cost function），または英語で **cost-to-go** ともいう。一般には最小値が存在するとは限らず，下限値として値関数を定義する。ここでは簡単のため，つねに最小値が存在すると仮定している。

$$= \min_{u(k)} \left\{ L(x(k),u(k),k) + \min_{\{u(l)\}_{l=k+1}^{N-1}} \left(\varphi(x(N)) + \sum_{l=k+1}^{N-1} L(x(l),u(l),l) \right) \right\}$$
$$= \min_{u(k)} \left(L(x(k),u(k),k) + V(f(x(k),u(k),k),k+1) \right)$$

ただし, $x(k) = x$ である. 時刻 $k+1$ における状態は入力 $u(k)$ に依存して $x(k+1) = f(x(k), u(k), k)$ となっていることに注意する. また, 明らかに $V(x(N), N) = \varphi(x(N))$ である. 上の式において $x(k)$, $u(k)$ が時刻 k に依存することは使っていないので, 値関数 $V(x, 0), \cdots, V(x, N)$ を $k = N$ から $k = 0$ まで再帰的に決定する条件として

$$V(x,k) = \min_u \left(L(x,u,k) + V(f(x,u,k),k+1) \right) \tag{3.27}$$
$$V(x,N) = \varphi(x) \tag{3.28}$$

が得られる. このように評価関数の最小値を再帰的に表す手法を**動的計画法** (dynamic programming; DP) という. また, 式 (3.27) を**ベルマン方程式** (Bellman equation) という. 以上の議論をまとめると, 以下の定理が得られる.

【定理 3.2】 (最適制御の必要条件) 任意の時刻 k $(0 \leq k \leq N)$ に対して, 任意の状態 $x \in \mathbb{R}^n$ から出発する最適制御問題の解が存在し, 評価関数の最小値が達成されるとする. このとき, 値関数を $V(x, k)$ とすると, 終端条件 (3.28) のもとでベルマン方程式 (3.27) が成立する. また, 最適制御は式 (3.27) 右辺の最小値を達成する.

この定理は, 最適制御が存在するならば, 式 (3.26) で定義された値関数がベルマン方程式を満たすことを主張している. それとは逆に, 終端条件とベルマン方程式を満たす関数の系列が値関数になることも示せる. 各 x と k に対して式 (3.27) 右辺の最小値を達成する制御入力 $u = u_{opt}(x, k)$ が存在すると仮定して, 時刻 $k = N$ から $k = 0$ まで帰納法を使う.

まず, 時刻 N のとき, $V(x, N) = \varphi(x)$ は値関数である. つぎに, 時刻 $N-1$ における任意の入力 $u(N-1)$ に対して

$$\varphi(x(N)) + L(x(N-1), u(N-1), N-1)$$
$$= L(x(N-1), u(N-1), N-1) + V(x(N), N)$$
$$= L(x(N-1), u(N-1), N-1) + V(f(x(N-1), u(N-1), N-1), N)$$
$$\geq \min_{u(N-1)} \left(L(x(N-1), u(N-1), N-1) \right.$$
$$\left. + V(f(x(N-1), u(N-1), N-1), N)) \right.$$
$$= V(x(N-1), N-1)$$

が成り立つ．したがって，時刻 $N-1$ 以降の評価関数値は $V(x(N-1), N-1)$ より小さくなることはなく，等号が成り立つのは $u(N-1) = u_{opt}(x(N-1), N-1)$ のときである．したがって，時刻 $N-1$ における値関数は $V(x, N-1)$ である．

同様に，時刻 $k+1$ に対して $V(x, k+1)$ が値関数であり，時刻 $k+1$ 以降の評価関数値が $V(x, k+1)$ に等しくなるのは $l = k+1, \cdots, N-1$ に対して $u(l) = u_{opt}(x(l), l)$ のときだとすると，任意の入力系列 $\{u(l)\}_{l=k}^{N-1}$ に対して

$$\varphi(x(N)) + \sum_{l=k}^{N-1} L(x(l), u(l), l)$$
$$= L(x(k), u(k), k) + \left(\varphi(x(N)) + \sum_{l=k+1}^{N-1} L(x(l), u(l), l) \right)$$
$$\geq L(x(k), u(k), k) + V(f(x(k), u(k), k), k+1)$$
$$\geq \min_{u(k)} \left(L(x(k), u(k), k) + V(f(x(k), u(k), k), k+1) \right)$$
$$= V(x(k), k)$$

となる．つまり，評価関数値は $V(x(k), k)$ より小さくならない．また，等号が成り立つのは，すべての $l = k, \cdots, N-1$ に対して $u(l) = u_{opt}(x(l), l)$ のときである．したがって，時刻 k における値関数は $V(x, k)$ である．以上の議論を $k=0$ まで繰り返せば，評価区間全体に対する評価関数 J の最小値はすべての $k = 0, \cdots, N-1$ に対して $u(k) = u_{opt}(x(k), k)$ のときに達成され，その値は $V(x(0), 0)$ であることがわかる．具体的な最適制御入力の系列は

$$\bar{x}(k+1) = f(\bar{x}(k), u_{opt}(\bar{x}(k), k), k)$$

という閉ループシステムによって与えられる状態 $\bar{x}(k)$ の系列を $u(k) = u_{opt}(x(k), k)$ に代入して決まる.以上をまとめると,つぎの定理を得る.

【定理 3.3】 (最適制御の十分条件)   終端条件 (3.28) のもとでベルマン方程式 (3.27) を満たす関数の系列 $\{V(x, k)\}_{k=0}^{N}$ が存在し,各 x と k に対して式 (3.27) 右辺の最小値を達成する制御入力 $u = u_{opt}(x, k)$ が存在すると仮定する.また,制御入力を $u = u_{opt}(x, k)$ で与えた閉ループシステムの軌道を $\bar{x}(k)$ とする.すなわち

$$\bar{x}(k+1) = f(\bar{x}(k), u_{opt}(\bar{x}(k), k), k), \quad \bar{x}(0) = x_0$$

とする.このとき,入力系列 $\{u_{opt}(\bar{x}(k), k)\}_{k=0}^{N-1}$ は時刻 0 で状態 x_0 から出発する評価関数を最小にする最適制御であり,評価関数の最小値は $V(x_0, 0)$ である.

この定理により,ベルマン方程式が解ければ最適制御問題も解けたといってよいことがわかる.すなわち,ベルマン方程式の解 $V(x, k)$ と式 (3.27) 右辺の最小値を達成する入力 $u_{opt}(x, k)$ が見つかれば,評価関数を大域的に最小化する最適制御が状態フィードバック $u_{opt}(x, k)$ で与えられ,かつ状態フィードバックによって達成される評価関数の最小値は $V(x_0, 0)$ で与えられる.

また,制御入力に拘束条件があり,ある集合 $\Omega \in \mathbb{R}^m$ から制御入力を選ばなければならない場合でも,いままでの議論が使えることは明らかである.この場合,ベルマン方程式を

$$V(x, k) = \min_{u \in \Omega} \left(L(x, u, k) + V(f(x, u, k), k+1) \right) \tag{3.29}$$

と修正するだけでよい.集合 $\Omega \in \mathbb{R}^m$ を**許容入力集合** (set of admissible inputs) という.

さらに,終端条件 (3.28) から始めて $k = N$ から $k = 0$ までベルマン方程式 (3.27) 右辺の最小値を状態空間全体にわたって保存していけば,原理的には

ベルマン方程式を解くことができる。しかし，状態空間の次元が高いと，値関数 $V(x,k)$ の数値を保存するのに膨大な記憶容量が必要となってしまう。原理的に解けるにもかかわらず次元の高さによって実際には解けないという困難を，**次元の呪い**（curse of dimensionality）という。ベルマン方程式が実際に解けるのは，値関数が単純な関数になる限られた場合のみである。

例 3.1　（**離散時間 LQ 制御**）　3.2 節の LQ 制御問題に動的計画法を適用してみよう。ベルマン方程式と終端条件は

$$V(x,k) = \min_u \left\{ \frac{1}{2}(x^\mathrm{T} Q x + u^\mathrm{T} R u) + V(Ax+Bu, k+1) \right\} \tag{3.30}$$

$$V(x,N) = \frac{1}{2} x^\mathrm{T} S_f x \tag{3.31}$$

で与えられる。ここで，ベルマン方程式の解として

$$V(x,k) = \frac{1}{2} x^\mathrm{T} S(k) x \tag{3.32}$$

という形を仮定してみよう。$S(N) = S_f$ とすれば，終端条件は必ず成り立つ。そして，ベルマン方程式は

$$\begin{aligned} x^\mathrm{T} S(k) x &= \min_u \left\{ x^\mathrm{T} Q x + u^\mathrm{T} R u + (Ax+Bu)^\mathrm{T} S(k+1)(Ax+Bu) \right\} \\ &= \min_u \left\{ x^\mathrm{T}(Q + A^\mathrm{T} S(k+1) A) x + 2 x^\mathrm{T} A^\mathrm{T} S(k+1) B u \right. \\ &\quad \left. + u^\mathrm{T}(R + B^\mathrm{T} S(k+1) B) u \right\} \end{aligned}$$

となる。$R + B^\mathrm{T} S(k+1) B$ が正定ならば，右辺は u の凸関数であり，その u に関する偏導関数が 0 のとき最小になる。すなわち

$$2 x^\mathrm{T} A^\mathrm{T} S(k+1) B + 2 u^\mathrm{T}(R + B^\mathrm{T} S(k+1) B) = 0$$

を u に関して解いて

$$u_{opt}(x,k) = -(R + B^\mathrm{T} S(k+1) B)^{-1} B^\mathrm{T} S(k+1) A x$$

3.3 動的計画法

が，ベルマン方程式の右辺を最小化する入力である．これは，式 (3.14), (3.15) で与えられたものと同じ形になっている．この入力をベルマン方程式の u に代入して整理すると

$$x^\mathrm{T} S(k)x = x^\mathrm{T} \{Q + A^\mathrm{T} S(k+1)A \\ - A^\mathrm{T} S(k+1)B(R + B^\mathrm{T} S(k+1)B)^{-1} B^\mathrm{T} S(k+1)A\} x$$

となる．これがすべての x に対して成り立つには，x にはさまれた行列が両辺で等しければよい．すなわち

$$S(k) = Q + A^\mathrm{T} S(k+1)A \\ - A^\mathrm{T} S(k+1)B(R + B^\mathrm{T} S(k+1)B)^{-1} B^\mathrm{T} S(k+1)A$$

となる．これはリッカチ方程式 (3.16) にほかならない．結局，式 (3.32) のようにリッカチ方程式の解 $S(k)$ によって値関数が表されることがわかる．

3.3.2 ベルマン方程式からのオイラー・ラグランジュ方程式導出

オイラー・ラグランジュ方程式とベルマン方程式は一見まったく異なる方程式だが，本来同じ問題を扱っているのだから，何か関係があるはずである．特に，ベルマン方程式は**定理 3.3** によって最適性の十分条件を与えるから，それから最適性の必要条件であるオイラー・ラグランジュ方程式を導けるはずである．実際に，ベルマン方程式から得られる最適制御 $\bar{u}(k) = u_{opt}(\bar{x}(k), k)$ と最適軌道 $\bar{x}(k)$ とが**定理 3.1** の停留条件を満たすことを確かめよう．

まず，すべての $k = 0, \cdots, N-1$ に対して，$\bar{u}(k)$ は $x = \bar{x}(k)$ のときベルマン方程式 (3.27) 右辺の最小値を与えるから，次式が成り立つ．

$$-V(\bar{x}(k), k) + L(\bar{x}(k), \bar{u}(k), k) + V(f(\bar{x}(k), \bar{u}(k), k), k+1) = 0 \tag{3.33}$$

一方，$\bar{u}(k)$ は他の状態 $x \neq \bar{x}(k)$ に対しては最適とは限らないから，ベルマン方程式より，次式が成り立つ．

$$-V(x,k) + L(x,\bar{u}(k),k) + V(f(x,\bar{u}(k),k), k+1)$$
$$\geqq -V(x,k) + \min_{u} \left(L(x,u,k) + V(f(x,u,k), k+1) \right) = 0$$

この不等式を式 (3.33) と見比べると，不等式の最左辺は $x = \bar{x}(k)$ のとき最小値 0 をとり，したがって x に関する偏導関数も 0 になることがわかる．つまり

$$\left. \frac{\partial}{\partial x}(\text{左辺}) \right|_{x=\bar{x}(k)} = 0$$

が成り立つ．よって次式を得る．

$$-\frac{\partial V}{\partial x}(\bar{x}(k),k) + \frac{\partial L}{\partial x}(\bar{x}(k),\bar{u}(k),k)$$
$$+ \frac{\partial V}{\partial x}(f(\bar{x}(k),\bar{u}(k),k), k+1)\frac{\partial f}{\partial x}(\bar{x}(k),\bar{u}(k),k) = 0$$

この式を，$\bar{x}(k+1) = f(\bar{x}(k),\bar{u}(k),k)$ であることを使って整理すると

$$\frac{\partial V}{\partial x}(\bar{x}(k),k)$$
$$= \frac{\partial H}{\partial x}\left(\bar{x}(k), \bar{u}(k), \left(\frac{\partial V}{\partial x} \right)^{\mathrm{T}}(\bar{x}(k+1), k+1), k \right) \quad (3.34)$$

のようにハミルトン関数を使って表現できる．ここで，もともとハミルトン関数は式 (3.3) のように定義されているので

$$\frac{\partial H}{\partial x}(x,u,\lambda,k) = \frac{\partial L}{\partial x}(x,u,k) + \lambda^{\mathrm{T}}\frac{\partial f}{\partial x}(x,u,k)$$

であることに注意しよう．つまり，式 (3.34) は，H を x で偏微分してから $\lambda = (\partial V/\partial x)^{\mathrm{T}}$ を代入したものであって，$\lambda = (\partial V/\partial x)^{\mathrm{T}}$ を代入してから x で偏微分したものではない．また，値関数の終端条件 (3.28) の両辺を x で偏微分して $x = \bar{x}(N)$ を代入すると

$$\frac{\partial V}{\partial x}(\bar{x}(N),N) = \frac{\partial \varphi}{\partial x}(\bar{x}(N)) \quad (3.35)$$

となる．式 (3.34) と式 (3.35) において

$$\lambda(k) = \left(\frac{\partial V}{\partial x} \right)^{\mathrm{T}}(\bar{x}(k),k)$$

とおくと，それぞれオイラー・ラグランジュ方程式の式 (3.5) と式 (3.6) が得られることがわかる．つまり，随伴変数には，最適軌道上での値関数の勾配ベクトルという意味がある．さらに，ベルマン方程式 (3.27) において $x = \bar{x}(k)$ とすると，右辺を最小にするのは $\bar{u}(k)$ である．したがって，右辺の u による偏導関数は $u = \bar{u}(k)$ のとき 0 になるはずである．つまり

$$\frac{\partial L}{\partial u}(\bar{x}(k), \bar{u}(k), k) + \frac{\partial V}{\partial x}(f(\bar{x}(k), \bar{u}(k), k), k+1)\frac{\partial f}{\partial u}(\bar{x}(k), \bar{u}(k), k) = 0$$

となる．書き換えると

$$\frac{\partial H}{\partial u}\left(\bar{x}(k), \bar{u}(k), \left(\frac{\partial V}{\partial x}\right)^{\mathrm{T}}(\bar{x}(k+1), k+1), k\right) = 0$$

となり，オイラー・ラグランジュ方程式の式 (3.7) も得られる．

3.4 数 値 解 法

3.4.1 基本的な問題設定の場合

前述したとおり離散時間最適制御問題は本質的に非線形計画問題なので，状態と入力の系列 $\{x(k)\}_{k=1}^{N}$, $\{u(k)\}_{k=0}^{N-1}$ を未知変数として，2 章で説明した数値解法を適用することができる．また，状態空間の次元が低ければ，ベルマン方程式 (3.27) を解いて値関数と最適制御を求められる場合もある．一方，3.2 節でも見たように，状態の系列 $\{x(k)\}_{k=1}^{N}$ は状態方程式によって入力系列 $\{u(k)\}_{k=0}^{N-1}$ から決まるので，入力系列 $\{u(k)\}_{k=0}^{N-1}$ のみを実質的な未知変数とする数値解法を考えることもできる．その場合に現れる最適制御問題固有の構造を調べてみよう．

まず，必ずしも最適とは限らない入力系列 $\{u(k)\}_{k=0}^{N-1}$ に対して，オイラー・ラグランジュ方程式のうち式 (3.4)～(3.6) によって状態の系列 $\{x(k)\}_{k=1}^{N}$ および随伴変数の系列 $\{\lambda(k)\}_{k=1}^{N}$ を決められることに注意しよう．つまり，状態方程式 (3.4) を $k = 0$ から $k = N - 1$ まで繰り返して用いると状態の系列

$\{x(k)\}_{k=1}^{N}$ がすべて決まり，つぎに終端条件 (3.6) によって $x(N)$ から $\lambda(N)$ が決まり，そして，今度は随伴方程式 (3.5) を $k=N-1$ から $k=1$ まで繰り返し用いて随伴変数の系列 $\{\lambda(k)\}_{k=1}^{N}$ がすべて決まる．ただし，式 (3.7) は成り立つとは限らない．

以上のようにして，状態の系列と随伴変数の系列を入力系列の関数と見なしたとき，元の評価関数 J と随伴変数によって拡張された評価関数 $\bar{J}$ の両方とも入力系列 $\{u(k)\}_{k=0}^{N-1}$ の関数となり，しかも，拘束条件である状態方程式が満たされているので，つねに $J = \bar{J}$ が成り立つ．よって，入力系列を $\{du(k)\}_{k=0}^{N-1}$ だけ微小変化させたときの両者の微小変化も等しく，$dJ = d\bar{J}$ が成り立つ．実際に $d\bar{J}$ を計算すると，3.1 節と同様の計算により

$$dJ = d\bar{J} = \sum_{k=0}^{N-1} \frac{\partial H}{\partial u}(x(k), u(k), \lambda(k+1), k) du(k)$$

と表せる．つまり，評価関数の入力 $u(k)$ に関する勾配が

$$\frac{\partial J}{\partial u(k)}(u(0), \cdots, u(N-1)) = \frac{\partial H}{\partial u}(x(k), u(k), \lambda(k+1), k)$$

と表されることになる．右辺の $x(k)$ と $\lambda(k+1)$ もオイラー・ラグランジュ方程式を通じて入力系列全体 $\{u(k)\}_{k=0}^{N-1}$ に依存することに注意されたい．ある時刻 l における状態 $x(l)$ はそれ以前の入力系列 $\{u(k)\}_{k=0}^{l-1}$ の関数だから，合成関数としての評価関数 J の勾配は

$$\frac{\partial J}{\partial u(k)} = \frac{\partial \varphi}{\partial x}(x(N)) \frac{\partial x(N)}{\partial u(k)} + \sum_{l=k+1}^{N-1} \frac{\partial L}{\partial x}(x(l), u(l), l) \frac{\partial x(l)}{\partial u(k)}$$
$$+ \frac{\partial L}{\partial u}(x(k), u(k), k)$$

のように表されるが，随伴変数を導入することにより，評価関数 $J(u(0), \cdots, u(N-1))$ の勾配が，ハミルトン関数の勾配として簡潔に表現できている．そして，その勾配が 0 のときオイラー・ラグランジュ方程式 (3.4)〜(3.7) がすべて成立する．したがって，$(\partial H/\partial u)(x(k), u(k), \lambda(k+1), k)$ の系列を勾配ベクトルとして用いることにより，やはり前章の勾配法やニュートン法が適用でき

る。詳細なアルゴリズムは7章で連続時間の場合に説明するので、ここでは割愛する。

3.4.2 他の問題設定

最後に、基本的な問題設定以外で代表的な問題設定に対する数値解法について、考え方のみ述べておく。

〔1〕 終端状態固定

初期状態 $x(0) = x_0$ だけでなく、終端状態も $x(N) = x_f$ のように与えられている場合、$d\bar{J}$ の計算において $dx(N) = 0$ なので、対応する $\lambda(N)$ の終端条件 (3.6) がなくなる。つまり、終端条件が随伴変数の代わりに状態に課されたことになり、依然として2点境界値問題を解かなければならないことは変わらない。この場合は、入力系列 $\{u(k)\}_{k=0}^{N-1}$ に加えて終端随伴変数 $\lambda(N)$ も未知量として、$\partial H/\partial u = 0$ および $x(N) - x_f = 0$ がともに成り立つようニュートン法を適用することが考えられる。もしくは、終端拘束条件 $x(N) - x_f = 0$ に対してペナルティ法や乗数法を適用して拘束条件なしの問題に変換し、入力の系列に対して勾配法やニュートン法を適用することもできる。

〔2〕 初期状態自由

初期状態 $x(0)$ も自由に選べる場合、$d\bar{J}$ の計算において $dx(0) \neq 0$ なので、$dx(0)$ の係数 $(\partial H/\partial x)(x(0), u(0), \lambda(1), 0) = 0$ が成り立たなければならない。もちろん、この場合もやはり2点境界値問題になる。随伴方程式を参考に $\lambda(0) = (\partial H/\partial x)^{\mathrm{T}}(x(0), u(0), \lambda(1), 0)$ と定義し、初期条件が $x(0) = x_0$ から $\lambda(0) = 0$ に変わったと解釈することもできる。状態方程式と随伴方程式とで合わせて $2n$ 個の方程式に対して、つねに境界条件も $2n$ 個現れる。この場合は、入力系列 $\{u(k)\}_{k=0}^{N-1}$ に加えて初期状態 $x(0)$ も未知量として、$\partial H/\partial u = 0$ および $\lambda(0) = 0$ がともに成り立つようニュートン法を適用することが考えられる。

〔3〕 等式拘束条件

状態方程式とは別に

$$C(x(k), u(k), k) = 0$$

という等式拘束条件が各時刻で課されているとする．この場合は，C と同じ次元の新しいラグランジュ乗数ベクトル $\rho(k)$ を導入して，ハミルトン関数を

$$H(x(k), u(k), \lambda(k+1), \rho(k), k) = L(x(k), u(k), k) + \lambda^{\mathrm{T}}(k)f(x(k), u(k), k) \\ + \rho^{\mathrm{T}}(k)C(x(k), u(k), k)$$

とすればよい．条件 $C = 0$ が増えた分未知量 $\rho(k)$ も増える．ラグランジュ乗数 $\rho(k)$ が時刻 k に依存するのは，等式拘束条件が各時刻 k それぞれで課されているためである．数値解法としては，例えば，$\{u(k)\}_{k=0}^{N-1}$, $\{\rho(k)\}_{k=0}^{N-1}$ を未知量として

$$\frac{\partial H}{\partial u}(x(k), u(k), \lambda(k+1), \rho(k), k) = 0 \\ C(x(k), u(k), k) = 0$$

がすべての $k = 0, \cdots, N-1$ で成り立つようニュートン法を適用することが考えられる．ここで，$\partial H/\partial \rho = C^{\mathrm{T}}$ であることに注意すると，$[u^{\mathrm{T}} \ \rho^{\mathrm{T}}]^{\mathrm{T}}$ 全体を入力と見なした停留条件になっていることがわかる．

〔4〕終端時刻自由

評価区間の長さ N も最適化したい場合がある．しかし，N は整数であり，評価関数 J の N に関する勾配を考えることはできない．この点は連続時間（5.4節）の場合と異なる．したがって，$N = 1, 2, 3, \cdots$ のそれぞれに対して数値解法によって最適制御問題を解き，N に関して評価関数の最小値を探索する必要がある．

********* 演 習 問 題 **********

【1】離散時間 LQ 制御問題に対するオイラー・ラグランジュ方程式 (3.8)〜(3.11) を考え，行列 A が正則だと仮定する．以下の関係が $k = 1, \cdots, N-1$ に対して成り立つことを示せ．

(a)
$$\bar{H} = \begin{bmatrix} A + BR^{-1}B^{\mathrm{T}}(A^{\mathrm{T}})^{-1}Q & -BR^{-1}B^{\mathrm{T}}(A^{\mathrm{T}})^{-1} \\ -(A^{\mathrm{T}})^{-1}Q & (A^{\mathrm{T}})^{-1} \end{bmatrix}$$

と置くと

$$\begin{bmatrix} x(k+1) \\ \lambda(k+1) \end{bmatrix} = \bar{H} \begin{bmatrix} x(k) \\ \lambda(k) \end{bmatrix}$$

(b)
$$\begin{bmatrix} \Phi_{11}(k) & \Phi_{12}(k) \\ \Phi_{21}(k) & \Phi_{22}(k) \end{bmatrix} = \bar{H}^k$$

と置くと

$$\lambda(k) = (\Phi_{22}(N-k) - S_f \Phi_{12}(N-k))^{-1}(S_f \Phi_{11}(N-k) - \Phi_{21}(N-k))\, x(k)$$

【2】 離散時間 LQ 制御問題の評価関数が

$$J = \frac{1}{2}x^{\mathrm{T}}(N)S_f x(N) + \sum_{k=0}^{N-1} \frac{1}{2} \begin{bmatrix} x(k) \\ u(k) \end{bmatrix}^{\mathrm{T}} \begin{bmatrix} Q & N \\ N^{\mathrm{T}} & R \end{bmatrix} \begin{bmatrix} x(k) \\ u(k) \end{bmatrix}$$

のとき,オイラー・ラグランジュ方程式とリッカチ方程式を導け.ここで,N は $n \times m$ 行列とする.評価関数における状態と入力の積の項 $x^{\mathrm{T}}(k)Nu(k)$ を **交差項** (cross term) という.

【3】 線形システム $x(k+1) = Ax(k) + Bu(k)$ の初期状態 $x(0) = x_0$ が与えられているとする.終端拘束条件 $x(N) = 0$ のもとで,評価関数

$$J = \sum_{k=0}^{N-1} \frac{1}{2}\left(x^{\mathrm{T}}(k)Qx(k) + u^{\mathrm{T}}(k)Ru(k)\right)$$

を最小にする最適制御問題の停留解を求めよ.

(ヒント)終端拘束条件に対するラグランジュ乗数を ν とし,式 (3.12) の代わりに $\lambda(k) = S(k)x(k) + U(k)\nu$, $x(N) = V(k)x(k) + W(k)\nu = 0$ という関係を仮定して,行列 $S(k)$, $U(k)$, $V(k)$, $W(k)$ が満たすべき条件を求める.

【4】 1 入力 1 次元線形システム $x(k+1) = x(k) + u(k)$ において入力に不等式拘束条件 $|u(k)| \leqq 1$ が課せられているとき,評価関数

$$J = |x(N)|$$

を最小にする最適制御問題を考える.式 (3.29) のベルマン方程式を解いて,この問題の値関数 $V(x,k)$ と最適制御 $u_{opt}(x,k)$ を求めよ.ただし,最適制御は一意ではない.

4 変 分 法

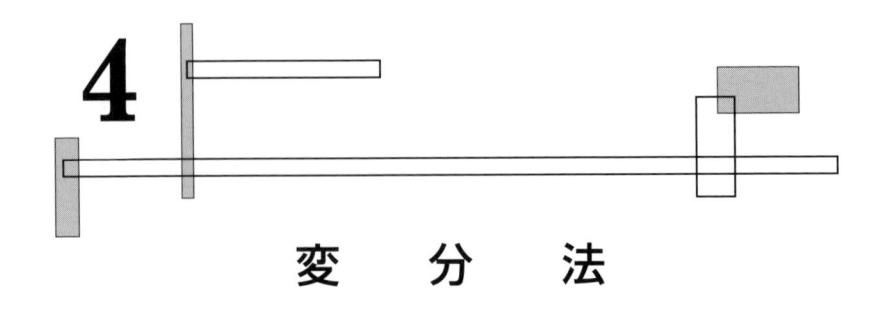

本章では，連続時間最適制御問題の基礎となる変分法を取り上げる。変分の考え方と計算方法を述べ，関数という無限次元のベクトルに対する停留条件を導く。力学における変分法の応用についても述べる。また，一般的なベクトル空間における微分として，ガトー微分とフレシェ微分についても述べる。

4.1 汎関数の停留条件

関数を与えるとそれに対応して実数値が決まる写像のことを**汎関数**といい，関数の微分法を汎関数に拡張した計算を**変分法**（calculus of variations）という。最適制御への応用を念頭に本章では独立変数を t とするが，一般にはもちろん独立変数が時刻に限定されるわけではない。本章では，n 次元ベクトル値関数 $x(t)$ $(t_0 \leqq t \leqq t_f)$ から実数値を決める

$$J[x] = \int_{t_0}^{t_f} L\left(x(t), \dot{x}(t), t\right) dt \tag{4.1}$$

という形の汎関数を考える。ここで，$L(x, \dot{x}, t)$ はスカラー値関数とする。関数 x を与えると積分値 $J[x]$ が決まるので，これは確かに汎関数である。変数が関数であるという意味で，x を**変関数**と呼び，通常の変数と区別するため ( ) ではなく [ ] で囲むことにする。汎関数の最小化や最大化を考えるのが変分問題であり，そのための計算方法が変分法である。以下では基本的に最小化を考える。

4.1 汎関数の停留条件

微分法では変数を微小変化させたときの関数の変化を調べるのに対し，変分法では変関数を微小変化させたときの汎関数の変化を調べる．図 4.1 のように，関数 $x(t)$ を微小変化させて $x(t) + \delta x(t)$ としたときの変化分 $\delta x(t)$ を $x(t)$ の**変分**という．つまり，微小変化が t に依存する関数になっている．変関数に境界条件等が課せられている場合，変関数のみならず変分にも条件が課せられる．問題設定によって許される変関数を**許容曲線** (admissible curve) といい[†]，許される変分を**許容変分** (admissible variation) という．例えば，図 4.1 のように，初期値 $x(t_0)$ と終端値 $x(t_f)$ がともに固定されている場合を**固定端点問題** (fixed end-point problem) といい，許容変分は $\delta x(t_0) = 0$, $\delta x(t_f) = 0$ を満たさなければならない．初期値と終端値の一方または両方が自由の場合は，**自由端点問題** (free end-point problem) という．

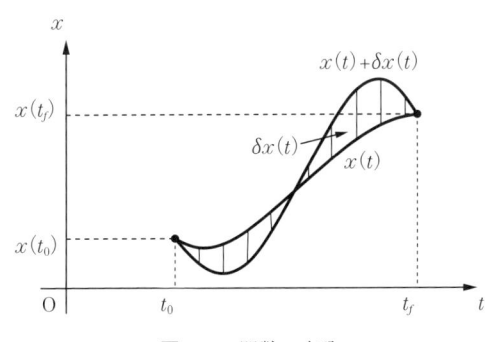

図 4.1 関数の変分

本章では，変関数を区間 $[t_0, t_f]$ で 1 回連続微分可能な関数とし，そのような関数全体の集合を $C^1[t_0, t_f]$ で表す．集合 $C^1[t_0, t_f]$ はベクトル空間であるが，有限次元ではない点が 2 章の非線形計画法と異なる．非線形計画法における許容解に相当するのが許容曲線であり，許容領域に相当する許容曲線全体の集合を S で表すことにする．最適解，局所最適解，および孤立局所最適解の定義は非線形計画法の場合と同様である．例えば，ある $\varepsilon > 0$ が存在して，任意の $x \in S \cap B(x^*, \varepsilon)$ に対して $J[x^*] \leqq J[x]$ であるとき，x^* を局所最適解という．

[†] 許容関数 (admissible function) ともいう．

ここで，開球は $B(x^*, \varepsilon) = \{x \in C^1[t_0, t_f] : \|x - x^*\|_{C^1} < \varepsilon\}$ で与えられ，ノルムは

$$\|x\|_{C^1} = \max_{t_0 \leq t \leq t_f} \|x(t)\| + \max_{t_0 \leq t \leq t_f} \|\dot{x}(t)\|$$

で定義しておく[†]。右辺で用いているノルムは，各 t で決まる n 次元ベクトル $x(t)$ と $\dot{x}(t)$ に対する通常のノルムである。以下の議論では，この定義自体をあまり気にしなくてもよい。

ある許容曲線 x^* が汎関数 $J[x]$ に対する局所最適解となるための条件を考えよう。そのために，許容曲線が $x^* + \delta x$ へ変化したとして，$J[x^* + \delta x]$ と $J[x^*]$ とを比較する。まず，各 t において，被積分関数 L の $x^*(t)$ におけるテイラー展開を考えると

$$L(x^*(t) + \delta x(t), \dot{x}^*(t) + \delta \dot{x}(t), t) = L + \begin{bmatrix} \dfrac{\partial L}{\partial x} & \dfrac{\partial L}{\partial \dot{x}} \end{bmatrix} \begin{bmatrix} \delta x \\ \delta \dot{x} \end{bmatrix}$$

$$+ \frac{1}{2} \begin{bmatrix} \delta x \\ \delta \dot{x} \end{bmatrix}^{\mathrm{T}} \begin{bmatrix} \dfrac{\partial^2 L}{\partial x^2} & \dfrac{\partial^2 L}{\partial x \partial \dot{x}} \\ \dfrac{\partial^2 L}{\partial \dot{x} \partial x} & \dfrac{\partial^2 L}{\partial \dot{x}^2} \end{bmatrix} \begin{bmatrix} \delta x \\ \delta \dot{x} \end{bmatrix} + o\left(\left\| \begin{bmatrix} \delta x \\ \delta \dot{x} \end{bmatrix} \right\|^2 \right)$$

となる。右辺で省略された L やその偏導関数の引数はすべて $(x^*(t), \dot{x}^*(t), t)$ である。上式を積分した $J[x^* + \delta x]$ も $\delta x, \delta \dot{x}$ の次数ごとに分けて

$$J[x^* + \delta x] = J[x^*] + \delta J[x^*, \delta x] + \delta^2 J[x^*, \delta x] + \left(o\left(\left\| \begin{bmatrix} \delta x \\ \delta \dot{x} \end{bmatrix} \right\|^2 \right) \text{の積分} \right)$$

と表すことができる。ここで $\delta J[x^*, \delta x]$ を J の**第1変分** (first variation)，$\delta^2 J[x^*, \delta x]$ を**第2変分** (second variation) などという[††]。第1変分を単に変分といったり，引数の δx を省略したりすることもある。なお，$\delta \dot{x}$ は δx によって決まるので，引数には含めない。

[†] 一般に，汎関数の被積分項が x の r 階までの導関数を含む場合，変関数 x は r 回連続微分可能な関数とし，そのノルムを $\|x\|_{C^r} := \displaystyle\sum_{k=0}^{r} \max_{t_0 \leq t \leq t_f} \|x^{(k)}(t)\|$ とする。

[††] $J[x^* + \delta x]$ の級数が関数のテイラー展開と同じ形になるよう，$\delta x, \delta \dot{x}$ に関して i 次の項を $\delta^i J[x^*, \delta x]/i!$ と表すこともある。

4.1 汎関数の停留条件

つぎに，適当な境界条件を満たす関数 y ($\|y\|_{C^1} = 1$) とスカラー $\alpha > 0$ とを使って，任意の許容変分が $\delta x = \alpha y$ の形で表せるものとする．例えば，固定端点問題なら $y(t_0) = y(t_f) = 0$ であればよいし，自由端点問題ならば境界条件は不要である．このとき，自動的に $x^* + \alpha y \in S$ が満たされ，拘束条件のない非線形計画法と同じ状況になる．すると，そのような許容変分 $\delta x = \alpha y$ に対して

$$J[x^* + \alpha y] = J[x^*] + \alpha \delta J[x^*, y] + \alpha^2 \delta^2 J[x^*, y] + o(\alpha^2)$$

となり，式 (2.3) と類似の表現が得られる．したがって，ある y に対して $\delta J[x^*, y] \neq 0$ ならば x^* は局所最適解ではあり得ないことがいえる．さらに，$\delta J[x^*, y] = 0$ が成り立つとき，α を十分小さくすれば，$J[x^* + \alpha y] - J[x^*]$ の符号は $\alpha^2 \delta^2 J[x^*, y]$ の符号と同じになるから，$\delta^2 J[x^*, y] \geqq 0$ でなければならないこともわかる．また，同じく任意の y に対して $\delta J[x^*, y] = 0$ が成り立つとき，ある定数 $\gamma > 0$ が存在して，任意の $y \neq 0$ に対して $\delta^2 J[x^*, y] \geqq \gamma$ が成り立てば，十分小さい $\alpha > 0$ によって $\gamma + o(\alpha^2)/\alpha^2 > 0$ とできるので[†]

$$J[x^* + \alpha y] - J[x^*] = \alpha^2 \left(J[x^*, y] + \frac{o(\alpha^2)}{\alpha^2} \right) \geqq \alpha^2 \left(\gamma + \frac{o(\alpha^2)}{\alpha^2} \right) > 0$$

が成り立ち，x^* は孤立局所最適解であることがいえる．そして，$\delta x = \alpha y$, $\alpha = \|\delta x\|_{C^1}$ であることを使って以上の議論を言い換えると，最適性条件は以下のようにまとめられる．

【定理 4.1】

(1) (**停留条件**) 許容曲線 x^* が局所最適解ならば，任意の許容変分 δx に対して $\delta J[x^*, \delta x] = 0$ が成り立つ．

(2) (**2 次の必要条件**) 許容曲線 x^* が局所最適解ならば，任意の許容変分 δx に対して $\delta J[x^*, \delta x] = 0$ かつ $\delta^2 J[x^*, \delta x] \geqq 0$ が成り立つ．

(3) (**2 次の十分条件**) ある定数 $\gamma > 0$ が存在して，任意の許容変分 δx

[†] 高位の無限小の定義より $o(\alpha^2)/\alpha^2 \to 0$ ($\alpha \to 0$) である．

に対して $\delta J[x^*, \delta x] = 0$ かつ $\delta^2 J[x^*, \delta x] \geq \gamma \|\delta x\|_{C^1}^2$ ならば，許容曲線 x^* は孤立局所最適解である．

第 2 変分 $\delta^2 J[x^*, \delta x]$ は 2.2 節におけるヘッセ行列の 2 次形式を無限次元に拡張したものと見なせる．したがって，$\delta^2 J[x^*, \delta x]$ が正定であるということを，任意の $\delta x \neq 0$ に対して $\delta^2 J[x^*, \delta x] > 0$ が成り立つこととして定義できる．ただし，無限次元の場合固有値も一般に無限個あるので，$\delta^2 J[x^*, \delta x]$ が正定だとしても，いくらでも 0 に近い固有値が存在しうる．その場合，2 次の十分条件を満たすような定数 $\gamma > 0$ は存在しない．つまり，2 次の十分条件では $\delta^2 J[x^*, \delta x]$ の正定性よりも強い条件が要求される．これが 2 章で述べた有限次元の場合との違いである．

定理 4.1 の停留条件は変分 δx を含んだ形になっているが，変分 δx を含まず汎関数のみに依存した形の停留条件を得るには，以下の補題を用いる．

【補題 4.1】（変分法の基礎となる補題）　$f(t)$ を区間 $[t_0, t_f]$ で連続なベクトル値関数とする．それと同じサイズで $\eta(t_0) = \eta(t_f) = 0$ を満たす任意の 1 回連続微分可能なベクトル値関数 $\eta(t)$ に対して

$$\int_{t_0}^{t_f} f(t)^\mathrm{T} \eta(t) dt = 0$$

が成り立つならば，$f(t)$ は区間 $[t_0, t_f]$ で恒等的に 0 である．

関数 $f(t)$ と $\eta(t)$ がスカラー値の場合の証明は容易であり，ベクトル値の場合への拡張はほぼ自明であるから証明は省略するが（演習問題【1】），関数 $f(t)$ の連続性が本質的である．もしも $f(t)$ が連続でなく，例えばある 1 点のみで非零であれば，上の補題は成り立たない．一方，$\eta(t)$ が一般に r 回連続微分可能だと仮定しても上の補題は成り立つ．また，$\eta(t_0)$ と $\eta(t_f)$ が 0 に固定されない場合にも上の補題が成り立つことは明らかである．

汎関数 (4.1) の場合，導関数 $\dot{x}(t)$ の変分 $\delta\dot{x}(t)$ も $\delta x(t)$ と無関係ではない

ことに注意する必要がある。なぜなら

$$\frac{d}{dt}(x(t)+\delta x(t)) = \dot{x}(t) + \frac{d}{dt}\delta x(t)$$

であり，$x(t)$ の変化に伴って生じる $\dot{x}(t)$ の変化は $d(\delta x(t))/dt$ である。これが $\dot{x}(t)$ の変分 $\delta \dot{x}(t)$ に他ならないので

$$\delta \dot{x}(t) = \frac{d}{dt}\delta x(t) \tag{4.2}$$

が成り立つ。この関係に注意して $J[x]$ の第 1 変分を計算する。

まず，被積分関数 $L(x(t)+\delta x(t), \dot{x}(t)+\delta \dot{x}(t), t)$ をテイラー展開して $\delta x(t)$，$\delta \dot{x}(t)$ の 1 次の項のみを考えると，第 1 変分は，次式となる。

$$\delta J[x, \delta x] = \int_{t_0}^{t_f} \left(\frac{\partial L}{\partial x}\delta x + \frac{\partial L}{\partial \dot{x}}\delta \dot{x}\right) dt$$

ここで，前述の式 (4.2) を用いると，上式積分内の第 2 項は以下のように部分積分することができる。

$$\begin{aligned}\int_{t_0}^{t_f}\frac{\partial L}{\partial \dot{x}}\delta \dot{x} dt &= \left[\frac{\partial L}{\partial \dot{x}}\delta x\right]_{t_0}^{t_f} - \int_{t_0}^{t_f}\frac{d}{dt}\left(\frac{\partial L}{\partial \dot{x}}\right)\delta x dt \\ &= \frac{\partial L}{\partial \dot{x}}(x(t_f), \dot{x}(t_f), t_f)\delta x(t_f) - \frac{\partial L}{\partial \dot{x}}(x(t_0), \dot{x}(t_0), t_0)\delta x(t_0) \\ &\quad - \int_{t_0}^{t_f}\frac{d}{dt}\left(\frac{\partial L}{\partial \dot{x}}\right)\delta x dt\end{aligned}$$

この部分積分が変分計算のキーポイントである。部分積分の結果を第 1 変分に代入すると

$$\begin{aligned}\delta J[x, \delta x] = &\frac{\partial L}{\partial \dot{x}}(x(t_f), \dot{x}(t_f), t_f)\delta x(t_f) - \frac{\partial L}{\partial \dot{x}}(x(t_0), \dot{x}(t_0), t_0)\delta x(t_0) \\ &+ \int_{t_0}^{t_f}\left\{\frac{\partial L}{\partial x} - \frac{d}{dt}\left(\frac{\partial L}{\partial \dot{x}}\right)\right\}\delta x dt\end{aligned} \tag{4.3}$$

となる。部分積分の結果，第 1 変分は $\delta \dot{x}$ を含まなくなった。任意の許容変分 δx に対して $\delta J[x, \delta x] = 0$ となるためには，**補題 4.1** により被積分関数における δx の係数が恒等的に 0 でなければならない。また，固定端点問題の場合 $\delta x(t_0) = \delta x(t_f) = 0$ なので，部分積分で現れた式 (4.3) の第 1 項と第 2 項は自

動的に消える。しかし，例えば $x(t_f)$ が自由な自由端点問題の場合，$\delta x(t_f)$ も自由なので，その係数も 0 でなければならない。以上をまとめるとつぎの定理を得る。

【定理 4.2】（オイラーの方程式）　固定端点問題における式 (4.1) の停留条件は

$$\frac{d}{dt}\left(\frac{\partial L}{\partial \dot{x}}\right) - \frac{\partial L}{\partial x} = 0 \quad (t_0 \leq t \leq t_f) \tag{4.4}$$

である。終端値 $x(t_f)$ が自由な場合，停留条件としてさらに

$$\frac{\partial L}{\partial \dot{x}}(x(t_f), \dot{x}(t_f), t_f) = 0 \tag{4.5}$$

が加わる。

式 (4.4) は**オイラーの方程式**と呼ばれ[†]，式 (4.5) は**横断性条件** (transversality condition) と呼ばれる。

ほかにも，より高階の導関数を含む場合や汎関数の積分区間が変化する場合などさまざまな変分問題が考えられるが，それらは演習問題や次章で扱うこととして，具体的な変分問題の例を見てみよう。

例 4.1　（最速降下線問題）　古典的な変分問題として**最速降下線問題** (brachistochrone problem) がある。これは，質点が重力のみを受けて曲線に沿って運動するとき，与えられた 2 点間の移動時間が最短になるような曲線（最速降下線）を求める問題である。図 **4.2** のように，水平方向を x 軸，鉛直下方を y 軸とし，始点を原点 O，終点 P の座標を (x_f, y_f) とする。2 点間を結ぶ曲線を関数 $y(x)$ で表すと，$y(0) = 0$ かつ $y(x_f) = y_f$ が成り立たなければならない。以下では，$y(x)$ を変関数とする変分問題を定式化し，最速降下線を求める。独立変数が t ではなく x であることに注意され

[†] オイラー・ラグランジュ方程式と呼ばれることもある。

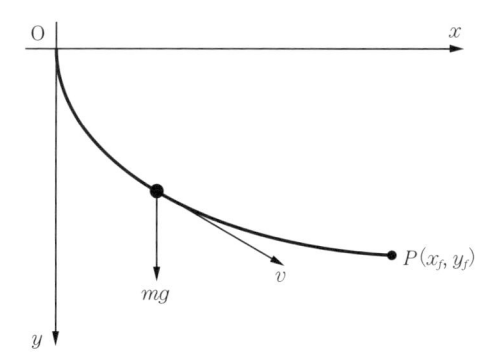

図 **4.2** 最速降下線問題

たい。重力加速度を g とし，質点の質量を m，速さを v とする。始点を出発するときの速さを 0 とすると，エネルギー保存則により

$$\frac{1}{2}mv^2 - mgy = 0$$

が成り立つ。したがって，速さは

$$v(y) = \sqrt{2gy}$$

と y の関数として表される。水平方向に dx だけ進むのにかかる時間 dt は，弧長 $\sqrt{1+(y'(x))^2}dx$ を速さ v で割った値になるから

$$dt = \sqrt{\frac{1+(y'(x))^2}{2gy(x)}}dx$$

と表される。したがって，点 P に到達するのにかかる時間は

$$J[y] = \int_0^{x_f} L(y(x), y'(x))dx, \quad L(y, y') = \sqrt{\frac{1+(y')^2}{2gy}}$$

という汎関数になり，オイラーの方程式は

$$\frac{d}{dx}\left(\frac{\partial L}{\partial y'}\right) - \frac{\partial L}{\partial y} = 0$$

となる。上式の両辺に y' をかけ，関数 L が x を陽に含まないことに注意して変形すると

$$\frac{d}{dx}\left(\frac{\partial L}{\partial y'}y' - L\right) = 0$$

が得られる（演習問題【4】）。つまり，上式のかっこ内は定数である。それを a とおいて整理すると

$$-\frac{1}{\sqrt{2gy}\sqrt{1+(y')^2}} = a$$

となる。両辺を 2 乗して $b = 1/(2ga^2)$ と置けば

$$y\left\{1+(y')^2\right\} = b \tag{4.6}$$

となる。この微分方程式の解は，新しい変数 θ を使って

$$x(\theta) = \frac{b}{2}(\theta - \sin\theta), \quad y(\theta) = \frac{b}{2}(1 - \cos\theta) \tag{4.7}$$

とパラメータ表示できる。これは**サイクロイド**（cycloid）にほかならない。

$$y'(x) = \frac{dy/d\theta}{dx/d\theta} = \frac{\sin\theta}{1-\cos\theta}$$

を使うと，式 (4.7) が式 (4.6) を満たすことは容易に確かめられる。任意定数 b によって曲線の形は変わるが，つねに $(x(0), y(0)) = (0,0)$ が成り立つ。あとは，ある θ で $(x(\theta), y(\theta)) = (x_f, y_f)$ が成り立つよう b を決めればよい。

4.2 拘束条件付き変分問題

非線形計画問題と同様，変分問題でもさまざまな拘束条件が課せられる場合がある。再び汎関数 (4.1) を考え，積分区間にわたって等式拘束条件

$$C(x(t), \dot{x}(t), t) = 0 \quad (t_0 \leq t \leq t_f)$$

が課せられている場合を考えよう。これは，各 t ごとの等式拘束条件が無限個あると見なすことができる。したがって，ラグランジュ乗数も各 t ごとに導入して，関数 $\lambda(t)$ とすればよい。そして，汎関数を

$$\bar{J}[x] = \int_{t_0}^{t_f} \bar{L}(x(t), \dot{x}(t), \lambda(t), t) dt$$
$$\bar{L}(x(t), \dot{x}(t), \lambda(t), t) = L(x(t), \dot{x}(t), t) + \lambda(t) C(x(t), \dot{x}(t), t)$$

とすればよい．不等式拘束条件の場合は，2.3節のように相補性条件とラグランジュ乗数の符号に関する条件が加わる．拘束条件を与える関数 C がベクトルならばラグランジュ乗数 $\lambda(t)$ も同じサイズのベクトルとなり，$\bar{L} = L + \lambda^{\mathrm{T}} C$ となる．

一方，$J[x]$ とは別の汎関数 $K[x]$ がある値 c になるという，以下のような拘束条件も考えられる．

$$K[x] := \int_{t_0}^{t_f} C(x(t), \dot{x}(t), t) dt = c$$

積分の値が拘束されているので，これを**積分拘束条件**（integral constraint）と呼ぶ．この場合，拘束条件は一つだけなので，ラグランジュ乗数も t に依存しない一つの定数 λ のみ導入すればよい．したがって，ラグランジュ乗数を導入した汎関数は

$$\begin{aligned}\bar{J}[x] &= \int_{t_0}^{t_f} L(x(t), \dot{x}(t), t) dt + \lambda \left(\int_{t_0}^{t_f} C(x(t), \dot{x}(t), t) dt - c \right) \\ &= \int_{t_0}^{t_f} \bar{L}(x(t), \dot{x}(t), \lambda, t) dt - \lambda c\end{aligned}$$

となる．ここで，$\bar{L}$ は上述の等式拘束条件の場合と同じである．最後の項 $-\lambda c$ は変関数に依存しないので，λ が定数であることを除けば停留条件は等式拘束条件のときと同じになる．

例 4.2（ハミルトンの原理）　変分法は解析力学でも重要な役割を果たす．保存力のみが加わる力学系において，一般化座標のベクトルを $q(t)$，運動エネルギーを $T(q, \dot{q})$，ポテンシャルエネルギーを $V(q)$ とするとき，$L(q, \dot{q}) = T(q, \dot{q}) - V(q)$ をラグランジュ関数という．そして，ある固定された2点 $q(t_0)$ と $q(t_f)$ を結ぶ運動は

$$\delta \int_{t_0}^{t_f} L(q, \dot{q}) dt = 0$$

を満たす，ということが**ハミルトンの原理**（Hamilton's principle）として知られている。この条件から得られるのは非保存力を含まない**ラグランジュの運動方程式**（Lagrange's equation of motion）にほかならない。

拘束条件が存在する場合にもハミルトンの原理は成り立つ。例えば，図 **4.3** のように一般化座標に等式拘束条件 $C(q) = 0$ が課されたときの運動は

$$\delta \int_{t_0}^{t_f} (L + \lambda^\mathrm{T} C) dt = 0$$

を満たす。関数 $C(q)$ が $\dot{q}$ を含まないことに注意すると，停留条件は

$$\frac{d}{dt}\left(\frac{\partial L}{\partial \dot{q}}\right) - \frac{\partial L}{\partial q} - \lambda^\mathrm{T} \frac{\partial C}{\partial q} = 0$$

となる。これはラグランジュの運動方程式における一般化力が $(\partial C/\partial q)^\mathrm{T} \lambda$ で与えられていることに相当する。すなわち，$(\partial C/\partial q)^\mathrm{T} \lambda$ は拘束条件を満たすために生ずる拘束力を表している。

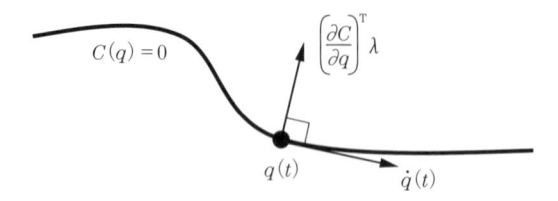

図 **4.3** 拘束された運動

例 4.3 （**懸垂曲線**） 積分拘束条件を含む古典的な変分問題として，**懸垂曲線**（catenary）を求める問題がある。これは，ある長さの一様なひもの両端を 2 点に固定し，一様な重力がひもの各点に加わるとき，平衡状態でひもが描く曲線を求める問題である。図 **4.4** のように，水平方向を x 軸，鉛直下方を y 軸とし，ひもの両端を原点 O と点 P (x_f, y_f) にそれぞれ

4.2 拘束条件付き変分問題　93

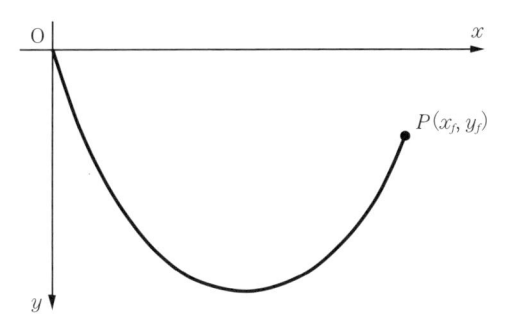

図 4.4 懸垂曲線

固定したとする．2点間を結ぶ曲線を関数 $y(x)$ で表すと，$y(0) = 0$ かつ $y(x_f) = y_f$ が成り立たなければならない．以下では，$y(x)$ を変関数とする変分問題を定式化し，懸垂曲線を求める．独立変数が t ではなく x であることに注意されたい．ひもの長さを l，ひもの単位長さ当りの質量を ρ，重力加速度を g とする．微小部分の弧長は $\sqrt{1+(y'(x))^2}dx$ であるから，曲線の弧長が l であるという条件は

$$\int_0^{x_f} \sqrt{1+(y'(x))^2}dx = l$$

という積分拘束条件になる．

また，平衡状態ではひもの全位置エネルギーが最小になるので，全位置エネルギーを汎関数として停留条件を導けばよい．$y = 0$ を基準として微小部分の位置エネルギーを考えると，$-\rho\sqrt{1+(y'(x))^2}dxgy(x)$ だから，全位置エネルギーは

$$-\rho g \int_0^{x_f} y(x)\sqrt{1+(y'(x))^2}dx$$

と表される．したがって，x に依存しない定数のラグランジュ乗数を λ として

$$\bar{L}(y, y', \lambda) = -\rho g y\sqrt{1+(y')^2} + \lambda\sqrt{1+(y')^2}$$

がオイラーの方程式を満たすことになる．ここで，$\bar{L}(y, y', \lambda)$ が x を陽に含まないので，**例 4.1** のときと同様にオイラーの方程式を変形して

$$\frac{d}{dx}\left(\frac{\partial \bar{L}}{\partial y'}y' - \bar{L}\right) = 0$$

が得られる。つまり，上式のかっこ内は定数なので，それを a と置いて式を整理すると

$$\frac{\rho g y - \lambda}{\sqrt{1+(y'(x))^2}} = a$$

が得られる。これを満たす関数 $y(x)$ は，b を任意定数として

$$y(x) = \frac{1}{\rho g}\left(a \cosh\left(\frac{x+b}{a}\right) + \lambda\right)$$

と表される。そして，懸垂曲線は以下の積分拘束条件と境界条件を満足しなければならない。

$$\int_0^{x_f} \sqrt{1+(y')^2}\,dx = a\left(\sinh\left(\frac{x_f+b}{a}\right) - \sinh\left(\frac{b}{a}\right)\right) = l$$

$$y(0) = \frac{1}{\rho g}\left(a \cosh\left(\frac{b}{a}\right) + \lambda\right) = 0$$

$$y(x_f) = \frac{1}{\rho g}\left(a \cosh\left(\frac{x_f+b}{a}\right) + \lambda\right) = y_f$$

これら三つの条件によって三つの定数 λ, a, b が決定される。

4.3 第 2 変 分

つぎに，局所最適性を判定するために第 2 変分を考えよう。関数 $x^*(t)$ が式 (4.1) の汎関数 $J[x]$ を停留させているとする。このとき，**定理 4.1** によると，ある定数 $\gamma > 0$ が存在して，任意の許容変分 δx に対して $\delta^2 J[x^*, \delta x] \geqq \gamma \|\delta x\|_{C^1}^2$ ならば，$x^*(t)$ は $J[x]$ を局所最小にする孤立局所最適解である。式 (4.1) の第 2 変分は，被積分関数のテイラー展開の 2 次の項により

$$\delta^2 J[x^*, \delta x] = \frac{1}{2}\int_{t_0}^{t_f}\begin{bmatrix}\delta x \\ \delta \dot{x}\end{bmatrix}^{\mathrm{T}}\begin{bmatrix}\dfrac{\partial^2 L}{\partial x^2} & \dfrac{\partial^2 L}{\partial x \partial \dot{x}} \\ \dfrac{\partial^2 L}{\partial \dot{x} \partial x} & \dfrac{\partial^2 L}{\partial \dot{x}^2}\end{bmatrix}\begin{bmatrix}\delta x \\ \delta \dot{x}\end{bmatrix}dt$$

4.3 第 2 変分

となる。被積分項は L のヘッセ行列の 2 次形式なので, L のヘッセ行列が正定であれば, 任意の許容変分 δx に対して $\delta^2 J[x^*, \delta x] > 0$ が成り立つが, さらに, ある定数 $\gamma > 0$ が存在して, 任意の許容変分 δx に対して $\delta^2 J[x^*, \delta x] \geqq \gamma \|\delta x\|_{C^1}^2$ となり, 孤立局所最適性もいえる (演習問題【6】)。しかし, 第 1 変分のときと同様, $\delta \dot{x}$ は δx と無関係ではないので, 必ずしも L のヘッセ行列が正定でなくとも局所最適性がいえる場合がある。

以下では, 境界条件として $x(t_0)$ と $x(t_f)$ が固定されている固定端点問題を考える。つまり, $\delta x(t_0) = \delta x(t_f) = 0$ とする。このとき, 任意の微分可能な $n \times n$ 対称行列値関数 $S(t)$ に対して

$$\int_{t_0}^{t_f} \frac{d}{dt}\left(\delta x^{\mathrm{T}}(t) S(t) \delta x(t)\right) dt = \left[\delta x^{\mathrm{T}}(t) S(t) \delta x(t)\right]_{t_0}^{t_f} = 0$$

が成り立つ。被積分項の微分を実行して書き換えると

$$\int_{t_0}^{t_f} \begin{bmatrix} \delta x \\ \delta \dot{x} \end{bmatrix}^{\mathrm{T}} \begin{bmatrix} \dot{S} & S \\ S & 0 \end{bmatrix} \begin{bmatrix} \delta x \\ \delta \dot{x} \end{bmatrix} dt = 0$$

となる。また, これを第 2 変分に加えると, 次式を得る。

$$\delta^2 J[x^*, \delta x] = \frac{1}{2}\int_{t_0}^{t_f} \begin{bmatrix} \delta x \\ \delta \dot{x} \end{bmatrix}^{\mathrm{T}} \begin{bmatrix} \dot{S} + \frac{\partial^2 L}{\partial x^2} & S + \frac{\partial^2 L}{\partial x \partial \dot{x}} \\ S + \frac{\partial^2 L}{\partial \dot{x} \partial x} & \frac{\partial^2 L}{\partial \dot{x}^2} \end{bmatrix} \begin{bmatrix} \delta x \\ \delta \dot{x} \end{bmatrix} dt$$

被積分項の $(1,1)$ ブロック以外で平方完成する (2 次形式を作る) ため, 以下の 2 次形式を考える。

$$\left\{\left(\frac{\partial^2 L}{\partial \dot{x}^2}\right)^{-1}\left(S + \frac{\partial^2 L}{\partial x \partial \dot{x}}\right)\delta x + \delta \dot{x}\right\}^{\mathrm{T}} \frac{\partial^2 L}{\partial \dot{x}^2} \left\{\left(\frac{\partial^2 L}{\partial \dot{x}^2}\right)^{-1}\left(S + \frac{\partial^2 L}{\partial x \partial \dot{x}}\right)\delta x + \delta \dot{x}\right\}$$

$$= \begin{bmatrix} \delta x \\ \delta \dot{x} \end{bmatrix}^{\mathrm{T}} \begin{bmatrix} \left(S + \frac{\partial^2 L}{\partial x \partial \dot{x}}\right)^{\mathrm{T}} \left(\frac{\partial^2 L}{\partial \dot{x}^2}\right)^{-1} \left(S + \frac{\partial^2 L}{\partial x \partial \dot{x}}\right) & S + \frac{\partial^2 L}{\partial x \partial \dot{x}} \\ S + \frac{\partial^2 L}{\partial \dot{x} \partial x} & \frac{\partial^2 L}{\partial \dot{x}^2} \end{bmatrix} \begin{bmatrix} \delta x \\ \delta \dot{x} \end{bmatrix}$$

この $(1,1)$ ブロックを先ほどの式と比較することにより, $S(t)$ が

$$\dot{S} + \frac{\partial^2 L}{\partial x^2} = \left(S + \frac{\partial^2 L}{\partial x \partial \dot{x}}\right)^{\mathrm{T}} \left(\frac{\partial^2 L}{\partial \dot{x}^2}\right)^{-1} \left(S + \frac{\partial^2 L}{\partial x \partial \dot{x}}\right) \tag{4.8}$$

を満たせば

$$\delta^2 J[x^*, \delta x] = \frac{1}{2} \int_{t_0}^{t_f} \left\{ \left(\frac{\partial^2 L}{\partial \dot{x}^2}\right)^{-1} \left(S + \frac{\partial^2 L}{\partial x \partial \dot{x}}\right) \delta x + \delta \dot{x} \right\}^{\mathrm{T}}$$
$$\times \frac{\partial^2 L}{\partial \dot{x}^2} \left\{ \left(\frac{\partial^2 L}{\partial \dot{x}^2}\right)^{-1} \left(S + \frac{\partial^2 L}{\partial x \partial \dot{x}}\right) \delta x + \delta \dot{x} \right\} dt$$

と表すことができる.したがって,停留解に沿ってすべての時刻で

$$\frac{\partial^2 L}{\partial \dot{x}^2} > 0$$

が成り立つとき,$\delta^2 J[x^*, \delta x]$ は非負であり,最小値 0 を取るのは

$$\delta \dot{x} = -\left(\frac{\partial^2 L}{\partial \dot{x}^2}\right)^{-1} \left(S + \frac{\partial^2 L}{\partial x \partial \dot{x}}\right) \delta x \tag{4.9}$$

のときに限る.ところが,式 (4.9) は δx の線形微分方程式だから,$\delta x(t_0) = 0$ より恒等的に $\delta x(t) = 0$ となる.つまり,$\delta^2 J[x^*, \delta x]$ が最小値 0 を取るのは恒等的に $\delta x = 0$ のときに限り,それ以外では正になる.さらに詳しく δx と $\delta^2 J[x^*, \delta x]$ の関係を調べると,ある定数 $\gamma > 0$ に対して $\delta^2 J[x^*, \delta x] \geqq \gamma \|\delta x\|_{C^1}^2$ であることもいえ (演習問題【8】),停留解 x^* は孤立局所最適解になっている.ただし,以上の議論は,微分方程式 (4.8) の解 $S(t)$ が適当な境界条件の下で存在することが前提となっている.微分方程式 (4.8) は行列 $S(t)$ に関して 2 次の項を含んでおり,**リッカチ微分方程式** (Riccati differential equation) と呼ばれる.また,$\partial^2 L / \partial \dot{x}^2$ が正則であることも必要だが,これは $\partial^2 L / \partial \dot{x}^2$ が正定であれば自動的に満足されることに注意しよう.以上をまとめてつぎの定理を得る.

【定理 4.3】 (**2 次の十分条件**) 式 (4.1) の汎関数 $J[x]$ に対して,固定端点問題の停留解 x^* が孤立局所最適解であるための十分条件は,以下が成り立つことである.

(1) 停留解に沿って $\dfrac{\partial^2 L}{\partial \dot{x}^2}(x^*(t), \dot{x}^*(t), t) > 0$ が すべての時刻 t ($t_0 \leqq t \leqq t_f$) で成り立つ.

(2) 停留解に沿って与えられたリッカチ微分方程式 (4.8) の解が適当な境界条件に対してすべての時刻 t ($t_0 \leq t \leq t_f$) で存在する（発散しない）。

条件(1)を**強いルジャンドル条件**（strengthened Legendre condition）といい[†]，条件(2)を**ヤコビ条件**（Jacobi condition）という。強いルジャンドル条件とヤコビ条件のそれぞれ一つのみが成立することは，局所最適性の必要条件になる。詳しくは文献16)~18) を参照されたい。

4.4 ガトー微分とフレシェ微分

本章の最後に，変数が有限次元か無限次元かにかかわらない停留条件の統一的な考え方を紹介する[5), 19)]。区間 $[t_0, t_f]$ で定義された1回連続微分可能な関数全体の集合 $C^1[t_0, t_f]$ は，実数体上のベクトル空間であるが，有限個の基底を持たないので無限次元である。また，$\|x\|_{C^1} := \max_{t_0 \leq t \leq t_f} \|x(t)\| + \max_{t_0 \leq t \leq t_f} \|\dot{x}(t)\|$ をノルムとするノルム空間でもある。有限次元のベクトル空間も適当なノルムを定義すればノルム空間になる。ノルム空間では極限や関数の連続性を考えることができるので，さらに微分も定義できれば，変数が無限次元の場合を含めて最適化問題を統一的に考えられることになる。

まず，ノルム空間 X で定義された関数 $J : X \to \mathbb{R}$ が点 $x^* \in X$ において局所最小ならば，α を実数として，任意の $y \in X$ に対して $\Phi(\alpha) := J[x^* + \alpha y]$ が $\alpha = 0$ において局所最小であることに注意しよう（演習問題【9】）。したがって，局所最小の必要条件は

$$\frac{d\Phi(0)}{d\alpha} = 0$$

である。式 (4.1) の汎関数をノルム空間 $X = C^1[t_0, t_f]$ で定義された関数と見なし，実際に，$d\Phi/d\alpha$ を計算してみると次式を得る。

[†] 等号を含む場合を**弱いルジャンドル条件**（weakened Legendre condition）という。

$$\frac{d\Phi(\alpha)}{d\alpha} = \int_{t_0}^{t_f} \frac{d}{d\alpha} L(x^* + \alpha y, \dot{x}^* + \alpha \dot{y}, t) dt = \int_{t_0}^{t_f} \left(\frac{\partial L}{\partial x} y + \frac{\partial L}{\partial \dot{x}} \dot{y} \right) dt$$
$$= \left[\frac{\partial L}{\partial \dot{x}} y \right]_{t_0}^{t_f} + \int_{t_0}^{t_f} \left\{ \frac{\partial L}{\partial x} - \frac{d}{dt} \left(\frac{\partial L}{\partial \dot{x}} \right) \right\} y dt$$

ここで y は任意なので，やはり停留条件としてオイラーの方程式が得られる。この計算を変分法と比較すると，αy が変分 δx に対応している。また，δJ が δx に関して線形だったのと同様，$d\Phi/d\alpha$ は y に関して線形になっている。そして，変分を使う代りに，1変数関数 $\Phi(\alpha)$ の α に関する微分によって停留条件が表されている。

一般に，関数 $J: X \to \mathbb{R}$ および $x, y \in X$ に対して，極限

$$\delta J[x; y] = \lim_{\alpha \to 0} \frac{J[x + \alpha y] - J[x]}{\alpha}$$

が存在するとき，$\delta J[x; y]$ を J の x における増分 y の**ガトー微分**（Gâteaux differential）という。特に，ガトー微分 $\delta J[x; y]$ が増分 y に関して線形かつ連続なとき

$$\delta J[x; y] = J'[x] y$$

と表し，$J'[x]y$ を J の x における増分 y の**フレシェ微分**（Fréchet differential）という。そして，各点 x ごとに決まる線形作用素 $J'[x] : X \to \mathbb{R}$ を J の x における**フレシェ導関数**（Fréchet derivative）という。つまり，$J'[x]y$ は，線形作用素 $J'[x]$ を $y \in X$ に作用させて得られる実数を表す。ガトー微分やフレシェ微分は方向微分の一般化である。フレシェ微分はガトー微分の特別な場合だから，ガトー微分が存在してもフレシェ微分も存在するとは限らない。ガトー微分やフレシェ微分さえ存在すれば，変数が有限次元か無限次元かに関係なく，停留条件は，任意の $y \in X$ に対して $\delta J[x^*; y] = 0$ もしくは $J'[x^*]y = 0$ と表される。変分法における第1変分はまさにガトー微分であり，フレシェ微分でもある。

例 4.4 （有限次元の場合のガトー微分とフレシェ微分） ガトー微分とフレシェ微分の意味をつかむため，$X = \mathbb{R}^n$ の場合を考えよう．スカラー値関数 $V : \mathbb{R}^n \to \mathbb{R}$ に対して定義を適用すると，ガトー微分とフレシェ導関数はそれぞれ

$$\delta V[x; y] = \frac{\partial V}{\partial x} y, \quad \delta V : \mathbb{R}^n \times \mathbb{R}^n \to \mathbb{R}$$

$$V'[x] = \frac{\partial V}{\partial x}(x) : \mathbb{R}^n \to \mathbb{R}$$

となる．つまり，ガトー微分は方向微分の一般化であり，フレシェ導関数は勾配ベクトルの一般化にほかならない．

例 4.5 （ガトー微分が存在しフレシェ微分は存在しない例） $X = \mathbb{R}^2$ として，以下のスカラー値関数 $f(x)$ を考える．

$$f(x) = \begin{cases} \dfrac{x_1^3}{x_1^2 + x_2^2} & (x \neq 0) \\ 0 & (x = 0) \end{cases}$$

この関数 $f(x)$ は $\mathbb{R}^2$ において連続である．$y \in \mathbb{R}^2$ とスカラー α に対して

$$f(\alpha y) = \begin{cases} \dfrac{\alpha y_1^3}{y_1^2 + y_2^2} & (y \neq 0) \\ 0 & (y = 0) \end{cases}$$

であることから，$x = 0$ における増分 y のガトー微分は

$$\delta f[0; y] = \begin{cases} \dfrac{y_1^3}{y_1^2 + y_2^2} & (y \neq 0) \\ 0 & (y = 0) \end{cases}$$

となる．このガトー微分は増分 y に関して連続だが，線形ではない．したがって，$x = 0$ において $f(x)$ のフレシェ微分は存在しない．

********* 演 習 問 題 *********

【1】 補題 4.1 を証明せよ。

【2】 高階導関数を含む汎関数

$$J[x] := \int_{t_0}^{t_f} L(x(t), \dot{x}(t), \ddot{x}(t), t) dt$$

の停留条件を導け。

【3】 汎関数

$$J[x] = \int_{t_0}^{t_f} L(x(t), \dot{x}(t), t) dt$$

を考える。変関数 x を，$x(t, \theta) = \theta_1 + \theta_2 t + \cdots + \theta_m t^{m-1}$ のようにパラメータ $\theta = [\theta_i] \in \mathbb{R}^m$ で表された形に限定したとき，$J[x]$ を停留させる θ が満たすべき条件を求めよ。

【4】 汎関数 (4.1) の被積分関数 L が t を陽に含まない場合，オイラーの方程式 (4.4) より

$$\frac{d}{dt}\left(\frac{\partial L}{\partial \dot{x}}\dot{x} - L\right) = 0$$

が成り立つことを示せ。これは最速降下線問題で用いた関係式である。

【5】 例 1.2 の変分問題を解け。

【6】 2×2 ブロック行列

$$\begin{bmatrix} A(t) & B(t) \\ B^{\mathrm{T}}(t) & C(t) \end{bmatrix}$$

がすべての $t \in [t_0, t_f]$ で正定だとする。このとき，ある定数 $\alpha > 0$ が存在して，任意の $y, z \in C^0[t_0, t_f]$ に対して

$$\int_{t_0}^{t_f} \begin{bmatrix} y(t) \\ z(t) \end{bmatrix}^{\mathrm{T}} \begin{bmatrix} A(t) & B(t) \\ B^{\mathrm{T}}(t) & C(t) \end{bmatrix} \begin{bmatrix} y(t) \\ z(t) \end{bmatrix} dt$$
$$\geq \alpha \left(\max_{t_0 \leq t \leq t_f} \|y(t)\| + \max_{t_0 \leq t \leq t_f} \|z(t)\| \right)^2$$

が成り立つことを示せ。

【7】 行列 $A(t)$ の各要素は t に関して連続微分可能とする。このとき，ある定数 $\beta > 0$ が存在して，任意の $y \in C^1[t_0, t_f]$ に対して

$$\max_{t_0 \leq t \leq t_f} \|\dot{y}(t) - A(t)y(t)\| \geq \beta \|y\|_{C^1}$$

が成り立つことを示せ。

【8】 行列 $A(t), C(t)$ の各要素は t に関して連続微分可能であり，$C(t)$ は任意の $t \in [t_0, t_f]$ で正定とする。このとき，ある定数 $\gamma > 0$ が存在して，$y(t_0) = y(t_f) = 0$ を満たす任意の $y \in C^1[t_0, t_f]$ に対して

$$\int_{t_0}^{t_f} (\dot{y}(t) - A(t)y(t))^{\mathrm{T}} C(t) (\dot{y}(t) - A(t)y(t))\, dt \geq \gamma \|y\|_{C^1}^2$$

が成り立つことを示せ。

(ヒント) 問題【6】と問題【7】を組み合わせればよい。

【9】 ノルム空間 X で定義された関数 $J : X \to \mathbb{R}$ が点 $x^* \in X$ で局所最小ならば，任意の $y \in X$ に対して $\Phi(\alpha) := J[x^* + \alpha y]$ が $\alpha = 0$ で局所最小であることを示せ。

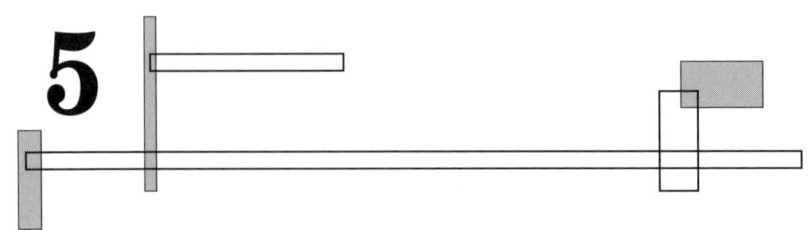

5 連続時間システムの最適制御

本章では，連続時間システムを対象とした最適制御問題を扱う。前章の変分法を適用することで停留条件が得られ，3 章の離散時間最適制御問題と同様の構造が現れることを示す。後に扱う数値解法で重要となる，局所最適性の十分条件と最適解の摂動についても述べる。

5.1 基本的な問題設定と停留条件

制御対象である連続時間システムが状態方程式

$$\dot{x}(t) = f(x(t), u(t), t) \tag{5.1}$$

で表されているとする。ここで，$x(t) \in \mathbb{R}^n$ は状態ベクトル，$u(t) \in \mathbb{R}^m$ は制御入力のベクトルである。基本的な問題設定として，初期時刻 t_0，終端時刻 $t_f > t_0$ および初期状態 $x(t_0) = x_0$ が与えられ，状態方程式のみが等式拘束条件として課されている場合を考える。最小化すべき評価関数は

$$J = \varphi(x(t_f)) + \int_{t_0}^{t_f} L(x(t), u(t), t) dt \tag{5.2}$$

で与えられているとする。3 章で述べた離散時間最適制御の場合と同様，$[t_0, t_f]$ を評価区間，$L(x(t), u(t), t)$ をステージコスト，$\varphi(x(t_f))$ を終端コストまたは終端ペナルティという。そして，式 (5.2) のような形の評価関数を最小にす

5.1 基本的な問題設定と停留条件

る最適制御問題を**ボルザ問題**（Bolza problem）という[†]。ここで考える最適制御問題は，関数 $x(t)$ と $u(t)$ の汎関数である評価関数 J を，等式拘束条件である状態方程式のもとで最小化する変分問題である。そこで，等式拘束条件 $f(x,u,t) - \dot{x} = 0$ に対応するラグランジュ乗数のベクトルを $\lambda(t) \in \mathbb{R}^n$ として，拘束条件のもとでの停留条件を求めるための汎関数 $\bar{J}$ を構成すると

$$\bar{J} = \varphi(x(t_f)) + \int_{t_0}^{t_f} \{L(x,u,t) + \lambda^\mathrm{T}(f - \dot{x})\}dt \tag{5.3}$$

となる。最適制御問題において状態方程式に対応するラグランジュ乗数 λ は**随伴変数**または**共状態**と呼ばれる。ここで，スカラー値関数 H を

$$H(x,u,\lambda,t) = L(x,u,t) + \lambda^\mathrm{T} f(x,u,t)$$

で定義すると

$$\bar{J} = \varphi(x(t_f)) + \int_{t_0}^{t_f} (H(x,u,\lambda,t) - \lambda^\mathrm{T}\dot{x})dt$$

のように，$\dot{x}$ の項とそれ以外とに分けて書き換えることができる。この H を最適制御問題の**ハミルトン関数**という。前章と同様に $\delta\dot{x}$ を含む項の部分積分に注意して変分計算を実行すると，$\bar{J}$ の第1変分は以下のようになる。

$$\begin{aligned}
\delta\bar{J} &= \frac{\partial\varphi}{\partial x}(x(t_f))\delta x(t_f) + \int_{t_0}^{t_f}\left(\frac{\partial H}{\partial x}\delta x + \frac{\partial H}{\partial u}\delta u - \lambda^\mathrm{T}\delta\dot{x}\right)dt \\
&= \frac{\partial\varphi}{\partial x}(x(t_f))\delta x(t_f) - \left[\lambda^\mathrm{T}\delta x\right]_{t_0}^{t_f} + \int_{t_0}^{t_f}\left(\frac{\partial H}{\partial x}\delta x + \frac{\partial H}{\partial u}\delta u + \dot{\lambda}^\mathrm{T}\delta x\right)dt \\
&= \left(\frac{\partial\varphi}{\partial x}(x(t_f)) - \lambda^\mathrm{T}(t_f)\right)\delta x(t_f) + \int_{t_0}^{t_f}\left\{\left(\frac{\partial H}{\partial x} + \dot{\lambda}^\mathrm{T}\right)\delta x + \frac{\partial H}{\partial u}\delta u\right\}dt
\end{aligned}$$

ここで，問題設定において $x(t_0) = x_0$ が固定されているため $\delta x(t_0) = 0$ であり，その結果 $\lambda(t_0)^\mathrm{T}\delta x(t_0)$ が消えていることに注意されたい。**補題 4.1** により，$\delta x(t_0) = 0$ を満たす任意の $\delta x(t)$ と任意の $\delta u(t)$ に対して $\delta\bar{J} = 0$ であるためには，それらの係数が 0 にならなければならないことから，停留条件が得られる。状態方程式とともにまとめると，以下のようになる。

[†] 特殊な場合として $\varphi = 0$ のときを**ラグランジュ問題**（Lagrange problem），$L = 0$ のときを**メイヤー問題**（Mayer problem）という。

【定理 5.1】 評価関数 (5.2) を最小にする最適制御 $u(t)$ ($t_0 \leq t \leq t_f$) が存在するとし，対応する最適軌道を $x(t)$ とする．このとき，n 次元ベクトル値関数 $\lambda(t)$ が存在して以下が成り立つ．

$$\dot{x} = f(x, u, t), \quad x(t_0) = x_0 \tag{5.4}$$

$$\dot{\lambda} = -\left(\frac{\partial H}{\partial x}\right)^{\mathrm{T}}(x, u, \lambda, t), \quad \lambda(t_f) = \left(\frac{\partial \varphi}{\partial x}\right)^{\mathrm{T}}(x(t_f)) \tag{5.5}$$

$$\frac{\partial H}{\partial u}(x, u, \lambda, t) = 0 \tag{5.6}$$

式 (5.4)～(5.6) を，**オイラー・ラグランジュ方程式**という[†]。また，式 (5.5) を**随伴方程式**という[††]。ハミルトン関数の定義より，状態方程式は

$$\dot{x} = \left(\frac{\partial H}{\partial \lambda}\right)^{\mathrm{T}}(x, u, \lambda, t)$$

とも表すことができ，随伴方程式とともにハミルトン関数の偏微分で表される．これは解析力学におけるハミルトンの正準方程式と同じ形である．したがって，オイラー・ラグランジュ方程式は**正準方程式**と呼ばれることもある．

つぎに，オイラー・ラグランジュ方程式がどのように未知量を決定するか見てみよう．まず，式 (5.6) は各時刻において入力 u と同じ次元の方程式になっているので，それを $u(t)$ について解くことができれば，$x(t)$, $\lambda(t)$ から $u(t)$ が決まることになる．したがって，状態方程式 (5.4) と随伴方程式 (5.5) から入力 $u(t)$ を消去して，それらを $x(t)$ と $\lambda(t)$ のみの連立微分方程式と見なすことができる．連立微分方程式 (5.4), (5.5) には未知関数 $x(t)$ と $\lambda(t)$ の次元と同じだけの境界条件が与えられているが，$x(t)$ は初期状態 $x(t_0)$ が与えられているのに対し，$\lambda(t)$ は終端値 $\lambda(t_f)$ に対する条件が与えられている．このように，初期条件と終端条件の両方が与えられている問題を **2 点境界値問題**という．多くの場合，非線形な微分方程式の解析解は得られないので，初期条件を

[†] オイラーの方程式ともいう．
[††] 随伴システムまたは共状態方程式ともいう．

未知パラメータとして終端条件が成り立つための条件を書き下すことはできない。また，非線形微分方程式の初期値問題を解くための数値解法は数多くあるが，2点境界値問題では初期条件の一部が未知なためそのままでは使用できない。このことが最適制御問題の数値解法を難しくしている。最適制御問題に限らない2点境界値問題の性質や数値解法については文献20), 21)が詳しい。

例 5.1（LQ 制御） 2点境界値問題が解ける場合として，制御対象が線形システムで評価関数が2次形式の場合，すなわち **LQ 制御問題**を考えよう。制御対象を

$$\dot{x} = A(t)x + B(t)u, \quad x(t_0) = x_0$$

とし，評価関数を

$$J = \frac{1}{2}x^{\mathrm{T}}(t_f)S_f x(t_f) + \int_{t_0}^{t_f} \frac{1}{2}(x^{\mathrm{T}}Q(t)x + u^{\mathrm{T}}R(t)u)dt$$

とする。ここで，$S_f, Q(t), R(t)$ は重み行列と呼ばれる。制御対象や重み行列は一般に時変でもよい。以後，引数の時刻 t は適宜省略する。また，1.3節で述べたように，重み行列は一般性を失うことなく対称行列と仮定できる。

さて，この場合のハミルトン関数は

$$H(x, u, \lambda, t) = \frac{1}{2}(x^{\mathrm{T}}Q(t)x + u^{\mathrm{T}}R(t)u) + \lambda^{\mathrm{T}}(A(t)x + B(t)u)$$

である。重み行列が対称であることに注意しながら計算すると

$$\frac{\partial H}{\partial x} = x^{\mathrm{T}}Q + \lambda^{\mathrm{T}}A, \quad \frac{\partial H}{\partial u} = u^{\mathrm{T}}R + \lambda^{\mathrm{T}}B$$

より，オイラー・ラグランジュ方程式が以下のように得られる。

$$\dot{x} = Ax + Bu, \quad x(t_0) = x_0 \tag{5.7}$$

$$\dot{\lambda} = -Qx - A^{\mathrm{T}}\lambda, \quad \lambda(t_f) = S_f x(t_f) \tag{5.8}$$

$$u^{\mathrm{T}}R + \lambda^{\mathrm{T}}B = 0 \tag{5.9}$$

この方程式は以下の手順で解くことができる．まず，R が正則ならば，式 (5.9) を u について解いて

$$u = -R^{-1}B^{\mathrm{T}}\lambda \tag{5.10}$$

のように u が λ で表される．これを式 (5.7) に代入して式 (5.8) とともにまとめると次式を得る．

$$\begin{bmatrix} \dot{x} \\ \dot{\lambda} \end{bmatrix} = \begin{bmatrix} A & -BR^{-1}B^{\mathrm{T}} \\ -Q & -A^{\mathrm{T}} \end{bmatrix} \begin{bmatrix} x \\ \lambda \end{bmatrix} \tag{5.11}$$

$$x(t_0) = x_0, \quad \lambda(t_f) = S_f x(t_f) \tag{5.12}$$

これは $x(t)$ と $\lambda(t)$ のみの連立線形常微分方程式であり，2 点境界値問題になっている．この 2 点境界値問題を解くために，発見的な方法ではあるが，式 (5.12) の終端条件を参考にして $x(t)$ と $\lambda(t)$ の間に線形な関係

$$\lambda(t) = S(t)x(t)$$

を仮定してみよう．$S(t_f) = S_f$ とすれば必ず終端条件は満たされるので，あとは $x(t)$ と $\lambda(t) = S(t)x(t)$ が微分方程式 (5.11) を満たすように行列 $S(t)$ を決めればよい．上の関係式を微分方程式 (5.11) に代入すると

$$\begin{bmatrix} \dot{x} \\ \dot{S}x + S\dot{x} \end{bmatrix} = \begin{bmatrix} (A - BR^{-1}B^{\mathrm{T}}S)x \\ (-Q - A^{\mathrm{T}}S)x \end{bmatrix}$$

となる．この式の上半分で与えられる $\dot{x}$ を下半分に代入して整理すると

$$\begin{bmatrix} \dot{x} \\ \dot{S}x \end{bmatrix} = \begin{bmatrix} (A - BR^{-1}B^{\mathrm{T}}S)x \\ (-A^{\mathrm{T}}S - SA + SBR^{-1}B^{\mathrm{T}}S - Q)x \end{bmatrix}$$

となる．この式の下半分は

$$\dot{S} + A^{\mathrm{T}}S + SA - SBR^{-1}B^{\mathrm{T}}S + Q = 0, \quad S(t_f) = S_f$$

を満たす $S(t)$ によってつねに成り立つ．この微分方程式は**リッカチ微分方程式**と呼ばれ，例えば，$S(t_f) = S_f$ から出発して逆時間方向へ数値的に解く

ことが考えられる。一方，上半分は $x(t)$ の常微分方程式であり，$x(t_0) = x_0$ を初期条件とする初期値問題として $x(t)$ を定める。このようにして定まる $x(t)$ と $\lambda(t) = S(t)x(t)$ が2点境界値問題の解であり，対応する制御入力は式 (5.10) で与えられる。特に，λ を Sx で置き換えると

$$u = -R^{-1}B^{\mathrm{T}}Sx$$

のように状態フィードバック制御として表される。リッカチ微分方程式の性質や解法に関する詳細は例えば文献22)～24) を参照されたい。

5.2 局所最適性の十分条件

停留条件だけでは実際に評価関数が最小になっているかどうかわからないが，第2変分を考えることで局所最適性をいえる場合がある。制御入力がどのように変動しても，状態方程式が満たされている限り式 (5.2) の評価関数 J と式 (5.3) のように拡張された評価関数 $\bar{J}$ は同じ値をとるから，両者の第2変分も一致する。そこで，拡張された評価関数 $\bar{J}$ の第2変分を考えると，以下のようになる。

$$\delta^2 \bar{J} = \frac{1}{2}\delta x(t_f)^{\mathrm{T}}\frac{\partial^2 \varphi}{\partial x^2}(x(t_f))\delta x(t_f)$$
$$+ \int_{t_0}^{t_f} \frac{1}{2} \begin{bmatrix} \delta x(t) \\ \delta u(t) \end{bmatrix}^{\mathrm{T}} \begin{bmatrix} \dfrac{\partial^2 H}{\partial x^2} & \dfrac{\partial^2 H}{\partial x \partial u} \\ \dfrac{\partial^2 H}{\partial u \partial x} & \dfrac{\partial^2 H}{\partial u^2} \end{bmatrix} \begin{bmatrix} \delta x(t) \\ \delta u(t) \end{bmatrix} dt$$

ここで，$\delta x(t)$ と $\delta u(t)$ は完全に自由なわけではなく，微小変化後の状態 $x(t) + \delta x(t)$ と制御入力 $u(t) + \delta u(t)$ も状態方程式を満たさなければならないから

$$\frac{d}{dt}(x + \delta x) = f(x + \delta x, u + \delta u, t), \quad x(t_0) + \delta x(t_0) = x_0$$

となる。この右辺を $(x(t), u(t))$ においてテイラー展開して元の状態方程式との差を取ると次式を得る。

5. 連続時間システムの最適制御

$$\delta \dot{x} = \frac{\partial f}{\partial x}\delta x + \frac{\partial f}{\partial u}\delta u, \quad \delta x(t_0) = 0 \tag{5.13}$$

式 (5.13) の初期条件が $\delta x(t_0) = 0$ であるため，$\delta x(t) = 0$, $\delta u(t) = 0$ ($t_0 \leq t \leq t_f$) は式 (5.13) を満たし，かつ，そのとき $\delta^2 \bar{J} = 0$ であることに注意する。オイラー・ラグランジュ方程式を満たす停留解が存在するとき，**定理 4.1** によれば，ある定数 $\gamma > 0$ が存在して，任意の 0 でない $\delta u(t)$ に対して

$$\delta^2 \bar{J}[u, \delta u] \geq \gamma \|\delta u\|_{C^0}^2 \tag{5.14}$$

が成り立てば，$u(t)$ は孤立局所最適解である[†]。ただし，$\delta^2 \bar{J}$ に含まれる $\delta x(t)$ は式 (5.13) によって $\delta u(t)$ から決まる。

第 2 変分 $\delta^2 \bar{J}$ と $\delta u(t)$ との関係を明らかにするための変形を以下で行っていく。まず，$\delta x(t_0) = 0$ であるから，微分可能な任意の行列値関数 $S(t)$ ($t_0 \leq t \leq t_f$) に対して

$$\int_{t_0}^{t_f} \frac{d}{dt}(\delta x(t)^{\mathrm{T}} S(t)\delta x(t))dt = \left[\delta x(t)^{\mathrm{T}} S(t)\delta x(t)\right]_{t_0}^{t_f} = \delta x(t_f)^{\mathrm{T}} S(t_f)\delta x(t_f)$$

が成り立つ。したがって

$$-\delta x(t_f)^{\mathrm{T}} S(t_f)\delta x(t_f) + \int_{t_0}^{t_f} \left\{ \delta x(t)^{\mathrm{T}} \dot{S}(t)\delta x(t) \right.$$
$$\left. + \left(\frac{\partial f}{\partial x}\delta x + \frac{\partial f}{\partial u}\delta u\right)^{\mathrm{T}} S(t)\delta x(t) + \delta x(t)^{\mathrm{T}} S(t)\left(\frac{\partial f}{\partial x}\delta x + \frac{\partial f}{\partial u}\delta u\right) \right\} dt = 0$$

となる。これを $\delta^2 \bar{J}$ に加えて整理すると

$$\delta^2 \bar{J} = \frac{1}{2}\delta x(t_f)^{\mathrm{T}} \left(\frac{\partial^2 \varphi}{\partial x^2}(x(t_f)) - S(t_f)\right)\delta x(t_f)$$
$$+ \int_{t_0}^{t_f} \frac{1}{2} \begin{bmatrix} \delta x(t) \\ \delta u(t) \end{bmatrix}^{\mathrm{T}} \begin{bmatrix} \bar{H}_{11} & \bar{H}_{12} \\ \bar{H}_{12}^{\mathrm{T}} & \bar{H}_{22} \end{bmatrix} \begin{bmatrix} \delta x(t) \\ \delta u(t) \end{bmatrix} dt$$
$$\bar{H}_{11} = \dot{S} + \left(\frac{\partial f}{\partial x}\right)^{\mathrm{T}} S + S\frac{\partial f}{\partial x} + \frac{\partial^2 H}{\partial x^2}$$

[†] ここでは汎関数に u の導関数が含まれないので，u は連続関数とし，そのノルムを $\|u\|_{C^0} := \max_{t_0 \leq t \leq t_f} \|u(t)\|$ とする。

$$\bar{H}_{12} = \frac{\partial^2 H}{\partial x \partial u} + S\frac{\partial f}{\partial u}$$

$$\bar{H}_{22} = \frac{\partial^2 H}{\partial u^2}$$

となる。被積分項の行列の $(1,1)$ ブロック以外で平方完成する（2次形式を作る）ため，以下の2次形式を考える。

$$(\bar{H}_{22}^{-1}\bar{H}_{12}^{\mathrm{T}}\delta x + \delta u)^{\mathrm{T}}\bar{H}_{22}(\bar{H}_{22}^{-1}\bar{H}_{12}^{\mathrm{T}}\delta x + \delta u)$$
$$= \begin{bmatrix} \delta x \\ \delta u \end{bmatrix}^{\mathrm{T}} \begin{bmatrix} \bar{H}_{12}\bar{H}_{22}^{-1}\bar{H}_{12}^{\mathrm{T}} & \bar{H}_{12} \\ \bar{H}_{12}^{\mathrm{T}} & \bar{H}_{22} \end{bmatrix} \begin{bmatrix} \delta x \\ \delta u \end{bmatrix}$$

これを $\delta^2 \bar{J}$ と見比べると，$S(t)$ が

$$\bar{H}_{11} = \bar{H}_{12}\bar{H}_{22}^{-1}\bar{H}_{12}^{\mathrm{T}}, \quad S(t_f) = \frac{\partial^2 \varphi}{\partial x^2}(x(t_f)) \tag{5.15}$$

を満たせば

$$\delta^2 \bar{J} = \int_{t_0}^{t_f} \frac{1}{2}(\bar{H}_{22}^{-1}\bar{H}_{12}^{\mathrm{T}}\delta x + \delta u)^{\mathrm{T}}\bar{H}_{22}(\bar{H}_{22}^{-1}\bar{H}_{12}^{\mathrm{T}}\delta x + \delta u)dt$$

と表せることがわかる。したがって，停留解に沿って $\bar{H}_{22} > 0$ が成り立つとき，$\delta^2 \bar{J}$ が最小値 0 を取るのは

$$\delta u = -\bar{H}_{22}^{-1}\bar{H}_{12}^{\mathrm{T}}\delta x \tag{5.16}$$

のときに限る。それ以外では $\delta^2 \bar{J} > 0$ となる。この条件と式 (5.13), (5.15) とを整理すると，$\delta^2 \bar{J}$ が最小値 0 を取るための条件は以下のようになる。

$$\delta \dot{x} = (A(t) - B(t)S(t))\delta x, \quad \delta x(t_0) = 0 \tag{5.17}$$
$$\dot{S}(t) + A^{\mathrm{T}}(t)S(t) + S(t)A(t) - S(t)B(t)S(t) + C(t) = 0 \tag{5.18}$$
$$S(t_f) = \frac{\partial \varphi}{\partial x}(x(t_f)) \tag{5.19}$$

ここで，時変の行列 $A(t)$, $B(t)$, $C(t)$ は，以下のように定義され，オイラー・ラグランジュ方程式の解 $(x(t), u(t), \lambda(t))$ に沿って評価されている。

$$A(t) = \frac{\partial f}{\partial x} - \frac{\partial f}{\partial u}\left(\frac{\partial^2 H}{\partial u^2}\right)^{-1}\frac{\partial^2 H}{\partial u \partial x}$$

$$B(t) = \frac{\partial f}{\partial u}\left(\frac{\partial^2 H}{\partial u^2}\right)^{-1}\left(\frac{\partial f}{\partial u}\right)^{\mathrm{T}}$$

$$C(t) = \frac{\partial^2 H}{\partial x^2} - \frac{\partial^2 H}{\partial x \partial u}\left(\frac{\partial^2 H}{\partial u^2}\right)^{-1}\frac{\partial^2 H}{\partial u \partial x}$$

式 (5.17) は線形微分方程式で，初期条件が $\delta x(t_0) = 0$ だから，その解は $\delta x(t) = 0$ $(t_0 \leq t \leq t_f)$ しかない．したがって，式 (5.16) より，$\delta^2 \bar{J}$ が最小値 0 を取るのは $\delta u(t) = 0$ $(t_0 \leq t \leq t_f)$ のときに限る．さらに，4.3 節と同じ議論によって，式 (5.14) が成立することも示せる（演習問題【7】）．ただし，ここまでの議論は，行列 $S(t)$ が評価区間 $t_0 \leq t \leq t_f$ にわたって定義されていることが前提である．そして，$S(t)$ を決定する条件 (5.18), (5.19) は LQ 制御のリッカチ微分方程式と同じ形になっていることがわかる．以上をまとめると，変分法における**定理 4.3** と類似の形で，孤立局所最適性の十分条件が得られる．

【**定理 5.2**】（**2 次の十分条件**）　オイラー・ラグランジュ方程式を満たす停留解 $(x(t), u(t), \lambda(t))$ が孤立局所最適解であるための十分条件は，以下が成り立つことである．

(1) 停留解に沿って

$$\frac{\partial^2 H}{\partial u^2}(x(t), u(t), \lambda(t), t) > 0$$

がすべての時刻 t $(t_0 \leq t \leq t_f)$ で成り立つ．

(2) 停留解に沿って与えられたリッカチ微分方程式 (5.18), (5.19) の解 $S(t)$ がすべての時刻 t $(t_0 \leq t \leq t_f)$ で存在する（発散しない）．

条件 (1) を**強いクレブシュ条件**（strengthened Clebsch condition）といい[†]，

[†] **強いルジャンドル・クレブシュ条件**（strengthened Legendre-Clebsch condition）ともいう．また，等号を含む場合を**弱いクレブシュ条件**（weakened Clebsch condition）という．弱いクレブシュ条件は局所最適性の必要条件である．

条件(2)を**ヤコビ条件**（Jacobi condition）という。また，行列 $S(t)$ が発散する場合，発散する時刻を**共役点**（conjugate point）という。

5.3 最適解の摂動

つぎに，最適制御問題の設定がわずかに変わったとき，最適解がどのように変化するかを調べてみよう。例えば，初期状態 $x(t_0)$ の微小変化によって最適制御入力がどのくらい変化するかが容易に評価できれば役立つ場合がある。一般に，問題設定に応じて変化する停留曲線の族を**隣接停留曲線**（neighboring extremals）という。いま，$u(t)$ が最適制御であり，対応する最適軌道 $x(t)$ および随伴変数 $\lambda(t)$ とともにオイラー・ラグランジュ方程式 (5.4)～(5.6) が成り立つものとする。そして，初期状態 $x(t_0)$ が x_0 から $x_0 + \delta x_0$ へ δx_0 だけ微小変化したものとする。その結果生じる最適制御，最適軌道および随伴変数の微小変化をそれぞれ $\delta u(t)$, $\delta x(t)$, $\delta \lambda(t)$ ($t_0 \leq t \leq t_f$) とする。微小変化後もオイラー・ラグランジュ方程式が成り立つので次式を得る。

$$\frac{d}{dt}(x + \delta x) = f(x + \delta x, u + \delta u, t)$$

$$x(t_0) + \delta x(t_0) = x_0 + \delta x_0$$

$$\frac{d}{dt}(\lambda + \delta \lambda) = -\left(\frac{\partial H}{\partial x}\right)^{\mathrm{T}}(x + \delta x, u + \delta u, \lambda + \delta \lambda, t)$$

$$\lambda(t_f) + \delta \lambda(t_f) = \left(\frac{\partial \varphi}{\partial x}\right)^{\mathrm{T}}(x(t_f) + \delta x(t_f))$$

$$\frac{\partial H}{\partial u}(x + \delta x, u + \delta u, \lambda + \delta \lambda, t) = 0$$

これらの右辺を $(x(t), u(t), \lambda(t))$ においてテイラー展開して元のオイラー・ラグランジュ方程式との差をとると，以下を得る。

$$\delta \dot{x} = \frac{\partial f}{\partial x} \delta x + \frac{\partial f}{\partial u} \delta u \tag{5.20}$$

$$\delta x(t_0) = \delta x_0 \tag{5.21}$$

5. 連続時間システムの最適制御

$$\delta\dot\lambda = -\frac{\partial^2 H}{\partial x^2}\delta x - \frac{\partial^2 H}{\partial x\partial u}\delta u - \frac{\partial^2 H}{\partial x\partial \lambda}\delta\lambda \tag{5.22}$$

$$\delta\lambda(t_f) = \left(\frac{\partial^2 \varphi}{\partial x^2}\right)(x(t_f))\delta x(t_f) \tag{5.23}$$

$$\frac{\partial^2 H}{\partial u\partial x}\delta x + \frac{\partial^2 H}{\partial u^2}\delta u + \frac{\partial^2 H}{\partial u\partial \lambda}\delta\lambda = 0 \tag{5.24}$$

ここで,右辺の f や H の偏導関数は元の最適解 $(x(t), u(t), \lambda(t))$ において評価されている.微小変化 $\delta u(t)$, $\delta x(t)$, $\delta \lambda(t)$ は変分のように任意ではなく,これらの関係式を満たさなければならない.

式 (5.24) より

$$\delta u = -\left(\frac{\partial^2 H}{\partial u^2}\right)^{-1}\left(\frac{\partial^2 H}{\partial u\partial x}\delta x + \frac{\partial^2 H}{\partial u\partial \lambda}\delta\lambda\right) \tag{5.25}$$

であり,また,$\partial H/\partial \lambda = f^{\mathrm T}$ なので,式 (5.22) の $\delta\lambda$ の係数行列は

$$\frac{\partial^2 H}{\partial x\partial \lambda} = \left(\frac{\partial^2 H}{\partial \lambda\partial x}\right)^{\mathrm T} = \left\{\frac{\partial}{\partial x}\left(\frac{\partial H}{\partial \lambda}\right)^{\mathrm T}\right\}^{\mathrm T} = \left(\frac{\partial f}{\partial x}\right)^{\mathrm T}$$

と変形できる.式 (5.24) の $\delta\lambda$ の係数行列も同様に変形できる.これらを用いて整理すると,以下のように,微小変化 $(\delta x(t), \delta\lambda(t))$ に対する時変線形 2 点境界値問題が得られる.

$$\frac{d}{dt}\begin{bmatrix}\delta x \\ \delta \lambda\end{bmatrix} = \begin{bmatrix} A(t) & -B(t) \\ -C(t) & -A^{\mathrm T}(t) \end{bmatrix}\begin{bmatrix}\delta x \\ \delta \lambda\end{bmatrix} \tag{5.26}$$

$$\delta x(t_0) = \delta x_0, \quad \delta\lambda(t_f) = \left(\frac{\partial^2 \varphi}{\partial x^2}\right)(x(t_f))\delta x(t_f) \tag{5.27}$$

ここで,時変の行列 $A(t)$, $B(t)$, $C(t)$ は,前節とまったく同じである.

線形な常微分方程式の 2 点境界値問題は非線形の場合と異なり容易に解くことができる.解法として遷移行列を使う方法と,いわゆる **backward sweep** と呼ばれる方法があるが,ここでは LQ 制御とも関連する backward sweep を用いよう.実際,式 (5.26), (5.27) は,**例 5.1** の LQ 制御問題に現れた式 (5.11), (5.12) とよく似た形をしている.LQ 制御のときと同様に

5.3 最適解の摂動

$$\delta\lambda(t) = S(t)\delta x(t), \quad S(t_f) = \frac{\partial^2 \varphi}{\partial x^2}(x(t_f)) \tag{5.28}$$

という関係を仮定して，微分方程式 (5.26) に代入すると

$$\begin{bmatrix} \delta\dot{x} \\ \dot{S}\delta x + S\delta\dot{x} \end{bmatrix} = \begin{bmatrix} (A - BS)\delta x \\ (-C - A^\mathrm{T}S)\delta x \end{bmatrix}$$

となる．また，上半分の式で決まる $\delta\dot{x}$ を下半分の式に代入して整理すると

$$\begin{bmatrix} \delta\dot{x} \\ \dot{S}\delta x \end{bmatrix} = \begin{bmatrix} (A - BS)\delta x \\ (-A^\mathrm{T}S - SA + SBS - C)\delta x \end{bmatrix}$$

となる．この式の下半分は，リッカチ微分方程式

$$\dot{S} + A^\mathrm{T}S + SA - SBS + C = 0 \tag{5.29}$$

を満たす $S(t)$ によってつねに成り立つ．この微分方程式と終端条件 (5.28) から $S(t)$ が決まれば，上半分の

$$\delta\dot{x}(t) = (A(t) - B(t)S(t))\delta x(t)$$

は $\delta x(t)$ の常微分方程式であり，初期条件 $\delta x(t_0) = \delta x_0$ とあわせて $\delta x(t)$ を決める．そして，式 (5.25) より，最適制御の微小変化 δu は

$$\delta u(t) = -\left(\frac{\partial^2 H}{\partial u^2}\right)^{-1} \left\{ \frac{\partial^2 H}{\partial u \partial x} + \left(\frac{\partial f}{\partial u}\right)^\mathrm{T} S(t) \right\} \delta x(t) \tag{5.30}$$

で与えられる．右辺は状態の微小変化 $\delta x(t)$ に時変なゲイン行列をかけた状態フィードバックの形になっている．ここまで現れた式は前節と同じものが多い．ただし，第 2 変分では初期状態が固定されたため $\delta x(t_0) = 0$ だった点が異なる．

以上の結果を利用して，ある基準となる最適軌道 $\bar{x}(t)$ から実際の軌道がわずかにずれたときの最適制御を容易に近似できる．基準となる最適制御 $\bar{u}(t)$ と随伴変数 $\bar{\lambda}(t)$ を 7 章で述べるような数値解法で求めておき，上述の行列 $S(t)$ も求めて，時変のゲイン行列 $K(t)$ を

$$K(t) := -\left(\frac{\partial^2 H}{\partial u^2}\right)^{-1} \left\{ \frac{\partial^2 H}{\partial u \partial x} + \left(\frac{\partial f}{\partial u}\right)^\mathrm{T} S(t) \right\}$$

によって計算しておく．その際，右辺の f や H の偏導関数は基準となる軌道 $(\bar{x}(t), \bar{u}(t), \bar{\lambda}(t))$ に沿って評価する．そして，実際の制御対象の状態 $x(t)$ を測定して，それに対する制御入力を

$$u(t) = \bar{u}(t) + K(t)(x(t) - \bar{x}(t))$$

によって与えれば，基準となる軌道からずれた $x(t)$ に対しても近似的に最適制御が行える．このような制御方法は，初期状態 $x(t_0)$ が厳密には固定されないもののある程度範囲が限定される場合や，制御の途中でわずかに外乱が入る場合などに有効である．初期状態以外の問題設定がわずかに変動した場合にも同じ考え方が適用できる．

5.4 一般的な問題設定

最後に，より一般的な問題設定を考えてみよう．以下のように，状態方程式に加えて，等式拘束条件，一般的な初期条件と終端条件を考え，さらに初期時刻と終端時刻も自由とする．

$$\dot{x}(t) = f(x(t), u(t), t) \tag{5.31}$$

$$C(x(t), u(t), t) = 0 \tag{5.32}$$

$$\chi(x(t_0), t_0) = 0 \tag{5.33}$$

$$\psi(x(t_f), t_f) = 0 \tag{5.34}$$

なお，不等式拘束条件の場合は，非線形計画問題に対する KKT 条件（**定理 2.3**）と同様，対応するラグランジュ乗数の符号に関する条件と相補性条件を加えればよいので省略する．一般的な問題設定では初期状態 $x(t_0)$ が必ずしも指定されないので，評価関数 J にも以下のように初期状態のコストを含める．

$$J = \eta(x(t_0), t_0) + \varphi(x(t_f), t_f) + \int_{t_0}^{t_f} L(x(t), u(t), t) dt$$

この場合，図 **5.1** のように，初期状態と初期時刻は固定されておらず，式 (5.33)

5.4 一般的な問題設定

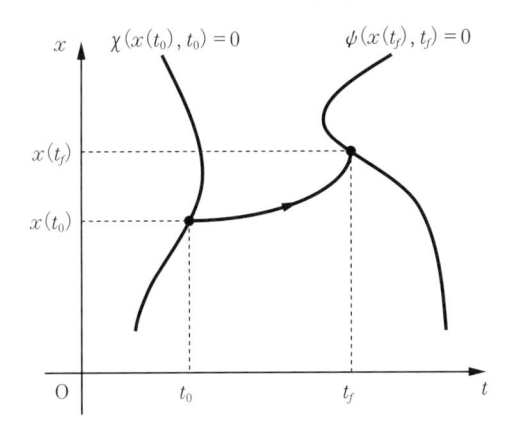

図 5.1 初期条件と終端条件が超曲面に拘束される場合

で与えられる超曲面上にありさえすればよい．終端状態と終端時刻も同様である．そして，それらの自由度も使って評価関数を最小にすることを考える．

評価関数 J が $x(t)$ と $u(t)$ の汎関数であることは前と同じだが，初期条件や終端条件も含めて拘束条件に対応するラグランジュ乗数をすべて考える必要がある．まず，状態方程式 (5.31) に対応するラグランジュ乗数は前と同様に随伴変数 $\lambda(t)$ である．式 (5.32)〜(5.34) に対応するラグランジュ乗数のベクトルをそれぞれ $\rho(t), \mu, \nu$ として，停留条件を求めるための汎関数を構成すると

$$\bar{J} = \eta(x(t_0), t_0) + \mu^{\mathrm{T}} \chi(x(t_0), t_0) + \varphi(x(t_f), t_f) + \nu^{\mathrm{T}} \psi(x(t_f), t_f) \\ + \int_{t_0}^{t_f} (H(x, u, \lambda, \rho, t) - \lambda^{\mathrm{T}} \dot{x}) dt$$

となる．ただし，この場合のハミルトン関数は

$$H(x, u, \lambda, \rho, t) = L(x, u, t) + \lambda^{\mathrm{T}} f(x, u, t) + \rho^{\mathrm{T}} C(x, u, t)$$

と定義している．変分計算では，$\lambda^{\mathrm{T}} \delta \dot{x}$ の部分積分のほかに，初期時刻 t_0 と終端時刻 t_f の変化も考慮するのがポイントである．例えば，終端時刻での変分 $\delta x(t_f)$ はあくまでも時刻 t_f での微小変化なので，終端時刻 t_f そのものの微小変化による効果は含まれない．終端時刻のみが dt_f だけ変化したとき，状態は $\dot{x}(t_f) dt_f$ だけ変化するから，終端時刻での変分と終端時刻の微小変化の両

5. 連続時間システムの最適制御

方による終端状態の正味の変化を $dx(t_f)$ と書くと

$$dx(t_f) = \delta x(t_f) + \dot{x}(t_f)dt_f$$

が成り立つ（図 **5.2**）。

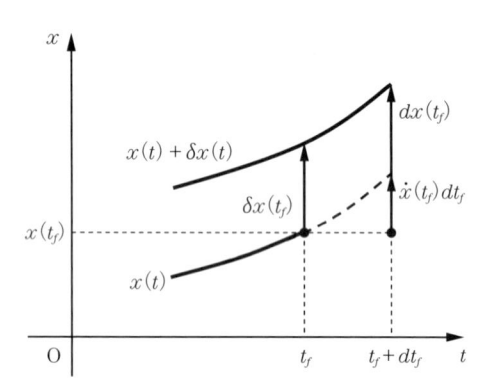

図 5.2 終端時刻の微小変化を考慮した終端状態の変化

汎関数の変分は，終端時刻も含めてすべてが同時に微小変化したときの汎関数の変化だから，終端ペナルティ $\varphi(x(t_f), t_f)$ の変分では $\delta x(t_f)$ ではなく $dx(t_f)$ の影響を考えなければならない。初期コスト η に関しても同様である。さらに，初期時刻と終端時刻の変化による積分項の微小変化も生じることに注意する。式を見やすくするため

$$\bar{\eta}(x(t_0), \mu, t_0) = \eta(x(t_0), t_0) + \mu^{\mathrm{T}} \chi(x(t_0), t_0)$$
$$\bar{\varphi}(x(t_f), \nu, t_f) = \varphi(x(t_f), t_f) + \nu^{\mathrm{T}} \psi(x(t_f), t_f)$$

と定義し，以上を考慮して変分 $\delta \bar{J}$ を計算すると，以下のようになる。

$$\begin{aligned}\delta \bar{J} &= \frac{\partial \bar{\eta}}{\partial x}dx(t_0) + \frac{\partial \bar{\eta}}{\partial t}dt_0 + \frac{\partial \bar{\varphi}}{\partial x}dx(t_f) + \frac{\partial \bar{\varphi}}{\partial t}dt_f + (H - \lambda^{\mathrm{T}}\dot{x})dt_f \\ &\quad - (H - \lambda^{\mathrm{T}}\dot{x})dt_0 + \int_{t_0}^{t_f}\left(\frac{\partial H}{\partial x}\delta x + \frac{\partial H}{\partial u}\delta u - \lambda^{\mathrm{T}}\delta \dot{x}\right)dt \\ &= \frac{\partial \bar{\eta}}{\partial x}dx(t_0) + \left(\frac{\partial \bar{\eta}}{\partial t} - H\right)dt_0 + \frac{\partial \bar{\varphi}}{\partial x}dx(t_f) + \left(\frac{\partial \bar{\varphi}}{\partial t} + H\right)dt_f\end{aligned}$$

5.4 一般的な問題設定

$$-\lambda^{\mathrm{T}}\dot{x}dt_f + \lambda^{\mathrm{T}}\dot{x}dt_0 - \left[\lambda^{\mathrm{T}}\delta x\right]_{t_0}^{t_f} + \int_{t_0}^{t_f}\left\{\left(\frac{\partial H}{\partial x} + \dot{\lambda}^{\mathrm{T}}\right)\delta x + \frac{\partial H}{\partial u}\delta u\right\}dt$$

$$= \left(\frac{\partial \bar{\eta}}{\partial x} + \lambda^{\mathrm{T}}\right)dx(t_0) + \left(\frac{\partial \bar{\eta}}{\partial t} - H\right)dt_0 + \left(\frac{\partial \bar{\varphi}}{\partial x} - \lambda^{\mathrm{T}}\right)dx(t_f)$$

$$+ \left(\frac{\partial \bar{\varphi}}{\partial t} + H\right)dt_f + \int_{t_0}^{t_f}\left\{\left(\frac{\partial H}{\partial x} + \dot{\lambda}^{\mathrm{T}}\right)\delta x + \frac{\partial H}{\partial u}\delta u\right\}dt$$

途中,積分区間の変化による項 $-\lambda^{\mathrm{T}}\dot{x}dt_f + \lambda^{\mathrm{T}}\dot{x}dt_0$ と部分積分による項 $-\left[\lambda^{\mathrm{T}}\delta x\right]_{t_0}^{t_f}$ とをまとめて $-\lambda^{\mathrm{T}}dx(t_f) + \lambda^{\mathrm{T}}dx(t_0)$ で表していることに注意されたい。また,式を簡潔にするため引数を省略しているが,変分との対応で明らかであろう。

任意の変分および初期時刻,終端時刻の変化に対して変分 $\delta\bar{J}$ が 0 になることから,対応する係数をすべて 0 と置いて停留条件が導かれる。元の状態方程式や拘束条件と合わせてすべての条件をまとめると,以下のようになる。

$$\dot{x} = f(x, u, t) \tag{5.35}$$

$$\chi(x(t_0), t_0) = 0, \quad \psi(x(t_f), t_f) = 0 \tag{5.36}$$

$$\dot{\lambda} = -\left(\frac{\partial H}{\partial x}\right)^{\mathrm{T}}(x, u, \lambda, \rho, t) \tag{5.37}$$

$$\lambda(t_0) = -\left(\frac{\partial \bar{\eta}}{\partial x}\right)^{\mathrm{T}}\bigg|_{t=t_0}, \quad \lambda(t_f) = \left(\frac{\partial \bar{\varphi}}{\partial x}\right)^{\mathrm{T}}\bigg|_{t=t_f} \tag{5.38}$$

$$\frac{\partial H}{\partial u}(x, u, \lambda, \rho, t) = 0 \tag{5.39}$$

$$C(x, u, t) = 0 \tag{5.40}$$

$$\left(\frac{\partial \bar{\eta}}{\partial t} - H\right)\bigg|_{t=t_0} = 0 \tag{5.41}$$

$$\left(\frac{\partial \bar{\varphi}}{\partial t} + H\right)\bigg|_{t=t_f} = 0 \tag{5.42}$$

条件が多く依存関係がわかりにくいが,順を追って見ていこう。まず,式 (5.39) と式 (5.40) は各時刻で入力 $u(t)$ の次元と等式拘束のラグランジュ乗数 $\rho(t)$ の次元との和に等しい数の条件を与えているから,それが解ければ $u(t)$ と $\rho(t)$ が $x(t)$ および $\lambda(t)$ の関数として決定される。すると,式 (5.35) と式 (5.37) は

$x(t)$ と $\lambda(t)$ の連立微分方程式と見なせる.これは前述の基本的な問題設定の場合と同様である.境界条件である式 (5.36) と式 (5.38) はやはり初期時刻と終端時刻で与えられており 2 点境界値問題になっている.未知関数 $x(t)$, $\lambda(t)$ の次元よりも境界条件の数が多いが,$\bar{\eta}$ と $\bar{\varphi}$ は初期条件と終端条件に対応するラグランジュ乗数 μ と ν を含んでいることに注意すると,境界で決まるべき未知量の数と境界条件の数とは一致していることがわかる.残る未知量は初期時刻 t_0 と t_f であるが,これらを決定する条件が式 (5.41), (5.42) である.以上,未知量の数と条件の数は一致することが確認できた.もしも,初期時刻や終端時刻が固定されている場合を考えるなら,対応する式 (5.41) や式 (5.42) を除けばよい.

なお,式 (5.40) が入力 u を陽に含まず,$C(x,t) = 0$ のような状態 x に対する等式拘束条件の場合,入力 u とラグランジュ乗数 ρ を決めるのに十分な数の条件が与えられない.しかし,$C(x(t),t)$ は恒等的に 0 だから,それを何回時間微分しても恒等的に 0 なはずである.簡単のため C と u はスカラーとして,まず 1 階微分を考えると

$$\frac{d}{dt}C(x(t),t) = \frac{\partial C}{\partial x}f(x,u,t) + \frac{\partial C}{\partial t} = 0$$

となる.もしもこの左辺に u が現れるなら,上式を新たに等式拘束条件と見なすとともに,例えば初期時刻において $C(x(t_0),t_0) = 0$ という拘束条件を付加すればよい.もしも左辺に u が現れないならば,u が現れるまで時間微分を続け,その階数を k として

$$\bar{C}(x(t),u(t),t) := \frac{d^k}{dt^k}C(x(t),t) = 0 \tag{5.43}$$

を新しい等式拘束条件とすればよい.そして

$$C(x(t_0),t_0) = 0,\ \frac{dC}{dt}(x(t_0),t_0) = 0,\ \ldots,$$
$$\frac{d^{k-1}C}{dt^{k-1}}(x(t_0),t_0) = 0 \tag{5.44}$$

を初期条件に加える.もしくは,初期条件の代わりに式 (5.44) と同様の終端条件が成り立ち,かつ,式 (5.43) が恒等的に成り立てば,$C, dC/dt, \ldots, d^{k-1}C/dt^{k-1}$

は恒等的に 0 である．状態に対する不等式拘束条件 $C(x,t) \leqq 0$ の場合，拘束条件が有効になる時刻 t_1 において，式 (5.44) と同様の条件が成り立ち，有効になっている間，式 (5.43) が恒等的に成り立つ．また，拘束条件が有効でなくなる時刻 t_2 でも式 (5.44) と同様の条件が成り立つ．これらを用いて停留条件を導くことができる（演習問題【8】）．また，C や u がベクトルの場合でも，要素ごとに微分回数が異なりうることに注意する以外は同様である．

********** 演 習 問 題 **********

【1】 LQ 制御問題のオイラー・ラグランジュ方程式から得られた式 (5.11) の遷移行列[†] を

$$\begin{bmatrix} \Phi_{11}(t,\tau) & \Phi_{12}(t,\tau) \\ \Phi_{21}(t,\tau) & \Phi_{22}(t,\tau) \end{bmatrix}$$

と置くと

$$\lambda(t) = (\Phi_{22}(t_f,t) - S_f \Phi_{12}(t_f,t))^{-1} (S_f \Phi_{11}(t_f,t) - \Phi_{21}(t_f,t)) x(t)$$

が成り立つことを示せ．

【2】 評価関数が x と u の積（交差項）を含む LQ 制御問題を考える．制御対象を

$$\dot{x} = A(t)x + B(t)u, \quad x(t_0) = x_0$$

評価関数を

$$J = \frac{1}{2} x^{\mathrm{T}}(t_f) S_f x(t_f) + \int_{t_0}^{t_f} \frac{1}{2} \begin{bmatrix} x(t) \\ u(t) \end{bmatrix}^{\mathrm{T}} \begin{bmatrix} Q(t) & N(t) \\ N^{\mathrm{T}}(t) & R(t) \end{bmatrix} \begin{bmatrix} x(t) \\ u(t) \end{bmatrix} dt$$

とする．ここで，$N(t)$ は $n \times m$ 行列とする．この最適制御問題に対してオイラー・ラグランジュ方程式とリッカチ微分方程式を導け．

[†] 一般に，n 次元線形時変システム $\dot{x}(t) = A(t)x(t)$ の**遷移行列**（transition matrix）$\Phi(t,\tau)$ とは，(1) $\partial \Phi(t,\tau)/\partial t = A(t)\Phi(t,\tau)$，(2) $\Phi(t,t) = I$，を満たす $n \times n$ 行列値関数である．性質 (1)，(2) と微分方程式の解の一意性から，(3) $\Phi(t_1,t_2)\Phi(t_2,t_3) = \Phi(t_1,t_3)$ もいえる．性質 (3) で $t_1 = t_3 = t, t_2 = \tau$ と置いて性質 (2) を使うと $\Phi^{-1}(t,\tau) = \Phi(\tau,t)$ がいえる．したがって，任意の t, τ に対して $\Phi(t,\tau)$ は正則である．行列 $A(t)$ が定数の場合，$\Phi(t,\tau) = e^{A(t-\tau)}$（指数関数行列）である．第 2 引数 τ が固定されるときや文脈から明らかなときは τ を省略することもある．

【3】 終端拘束付きの LQ 制御問題を考える．制御対象を

$$\dot{x} = A(t)x + B(t)u$$

とし，初期状態 $x(t_0) = x_0$ のみならず終端状態 $x(t_f) = x_f$ も与えられているとする．このとき，評価関数

$$J = \int_{t_0}^{t_f} \frac{1}{2}(x^\mathrm{T} Q(t)x + u^\mathrm{T} R(t)u)dt$$

を最小にする最適制御問題を考え，オイラー・ラグランジュ方程式とリッカチ微分方程式を導け．

【4】 問題【3】において終端時刻 t_f が自由なとき，評価関数 J を最小にする t_f の条件を導け．

【5】 最適制御問題のハミルトン関数が時刻 t を陽に含まず，かつ，制御入力 $u(t)$ が微分可能な場合，オイラー・ラグランジュ方程式の解軌道に沿ってハミルトン関数は一定であることを示せ．

【6】 式 (5.1) の状態方程式で表されるシステムに対して，パラメータ $\theta \in \mathbb{R}^\rho$ を含む適当な状態フィードバック制御則 $u(t) = k(x(t), \theta)$ を想定し，パラメータ θ の最適化を考える．与えられた初期状態 $x(0) = x_0$ に対して評価関数 (5.2) を最小にするパラメータ θ が満たすべき停留条件を求めよ．

【7】 式 (5.14) が成り立つことを示せ．

【8】 式 (5.1) のシステムにおいて，入力 u をスカラーとし，状態に対する不等式拘束条件 $C(x,t) \leq 0$ のもとで式 (5.2) の評価関数を最小化する最適制御問題を考える．初期時刻 t_0 と初期状態 $x(t_0) = x_0$ および終端時刻 t_f が与えられているものとする．拘束条件は，評価区間内のある時刻 t_1 $(t_0 < t_1 < t_f)$ において有効になり，その後終端時刻まで有効であり続けるものと仮定する．すなわち，$C(x(t),t) < 0$ $(t_0 \leq t < t_1)$ かつ $C(x(t),t) = 0$ $(t_1 \leq t \leq t_f)$ とする．このとき，停留条件を求めよ．ただし，$C(x(t),t)$ の時間微分を繰り返して $u(t)$ が初めて現れる階数を k とし，$\bar{C}$ を式 (5.43) のように定義し，$N(x,t) := [C \; dC/dt \; \cdots \; dC^{k-1}/dt^{k-1}]^\mathrm{T}$ と置く．

（ヒント）t_1 の微小変化も考えると，t_1 における境界条件が得られる．このような評価区間内の境界条件を**内部境界条件** (interior boundary condition) と呼ぶ．

6

動的計画法と最小原理

　変分法では，ある一つの停留曲線を考えて2点境界値問題を導くため，それを最適制御問題に適用して得られる解は時刻のみの関数となる．しかし，さまざまな初期状態に対する最適制御全体を考えれば，状態の関数として最適制御入力を表現することもできる．その際に使う手法が動的計画法である．ここでは，連続時間システムの最適制御問題に動的計画法を適用して，ハミルトン・ヤコビ・ベルマン方程式を導出する．また，ハミルトン・ヤコビ・ベルマン方程式を用いて，オイラー・ラグランジュ方程式を一般化した最小原理と呼ばれる条件を導出する．

6.1 ハミルトン・ヤコビ・ベルマン方程式

本章でも前章と同様に，制御対象の連続時間システムが状態方程式

$$\dot{x}(t) = f(x(t), u(t), t) \tag{6.1}$$

で表されているとし，与えられた初期時刻 t_0，終端時刻 t_f および初期状態 $x(t_0) = x_0$ に対して評価関数

$$J = \varphi(x(t_f)) + \int_{t_0}^{t_f} L(x(t), u(t), t) dt \tag{6.2}$$

を最小化する最適制御問題を考える．そして，この最適制御問題を含む一般的な問題として，ある時刻 t $(t_0 \leqq t \leqq t_f)$ にある状態 x を出発して終端時刻 t_f までの評価関数

6. 動的計画法と最小原理

$$J = \varphi(x(t_f)) + \int_t^{t_f} L(x(\tau), u(\tau), \tau) d\tau \tag{6.3}$$

を最小にする最適制御問題を考えよう。

図 6.1 のように，ある時刻 t ($t_0 \leqq t \leqq t_f$) で状態 x を出発する軌道は制御入力に依存してさまざまに変わり得る。そして，t から t_f までの評価関数も軌道ごとにさまざまな値をとる。しかし，その中の最小値は存在すれば一つである。つまり，最適軌道の評価関数値は，x と t に依存して決まる関数 $V(x,t)$ と見なせる。時間区間 $[t, t_f]$ の制御入力関数を $u[t, t_f]$ で表すと，関数 $V(x,t)$ は

$$V(x,t) = \min_{u[t,t_f]} \left(\varphi(x(t_f)) + \int_t^{t_f} L(x(\tau), u(\tau), \tau) d\tau \right)$$

で定義され，**値関数**と呼ばれる[†]。もちろん，値関数で $t = t_0$, $x = x_0$ としたときの値 $V(x_0, t_0)$ が元の最適制御問題における評価関数 (6.2) の最小値である。一方，時刻 $t = t_f$ のときを考えると，右辺の積分区間長さが 0 になり $x(t_f)$ は x そのものとなるので次式が成り立つ。

$$V(x, t_f) = \varphi(x) \tag{6.4}$$

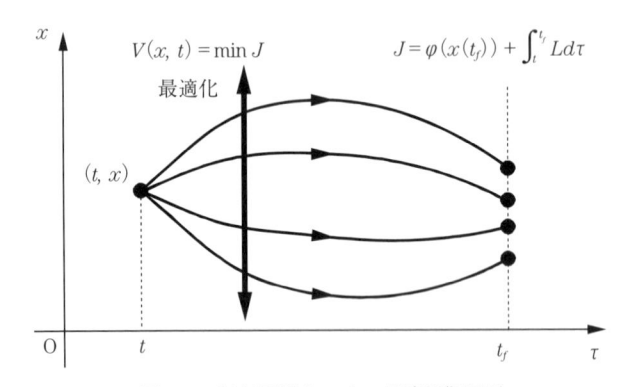

図 6.1 評価区間 $[t, t_f]$ の最適制御問題

[†] 離散時間のときと同様に，**価値関数**，**最適コスト関数**または **cost-to-go** とも呼ばれる。また，ここでは簡単のため下限値ではなく最小値として値関数を定義している。

6.1 ハミルトン・ヤコビ・ベルマン方程式

値関数 $V(x,t)$ が満たす方程式を導出するため，dt を無限小時間として，$V(x,t)$ の定義式を区間 $[t, t+dt]$ と 区間 $[t+dt, t_f]$ とに分割すると次式を得る．

$$V(x,t) = \min_{u[t,t_f]} \left(\int_t^{t+dt} L(x(\tau), u(\tau), \tau) d\tau \right.$$
$$\left. + \varphi(x(t_f)) + \int_{t+dt}^{t_f} L(x(\tau), u(\tau), \tau) d\tau \right)$$

右辺において，区間 $[t, t+dt]$ の積分である第1項は $u[t+dt, t_f]$ に依存せず，$t+dt$ 以降の部分のみが $u[t+dt, t_f]$ によって最小化される．そして，時刻 $t+dt$ に状態は $x + f(x,u,t)dt$ になっているから，$t+dt$ 以降の評価関数の最小値は $V(x + f(x,u,t)dt, t+dt)$ となる．つまり，図 **6.2** のように，時刻 $t+dt$ 以降は最適軌道を通るものとして，$V(x + fdt, t+dt)$ をあたかも終端コストのように扱って無限小区間 $[t, t+dt]$ の最適制御問題を考えても，評価関数の最小値はやはり $V(x,t)$ に等しくなる．以上の議論を数式で表現すると

$$V(x,t) = \min_{u[t,t+dt]} \left\{ \int_t^{t+dt} L(x(\tau), u(\tau), \tau) d\tau \right.$$
$$\left. + \min_{u[t+dt, t_f]} \left(\varphi(x(t_f)) + \int_{t+dt}^{t_f} L(x(\tau), u(\tau), \tau) d\tau \right) \right\}$$

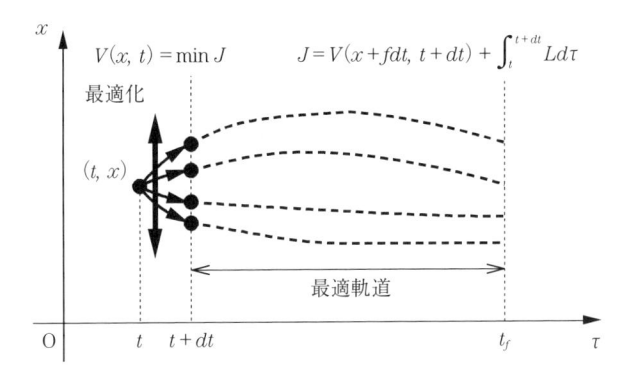

図 **6.2** 評価区間 $[t, t+dt]$ の最適制御問題

$$= \min_{u[t,t+dt]} \left(\int_t^{t+dt} L(x(\tau), u(\tau), \tau)d\tau + V(x + f(x,u,t)dt, t+dt) \right)$$
$$= \min_u \left(L(x,u,t)dt + V(x + f(x,u,t)dt, t+dt) \right) \quad (6.5)$$

となる．ここで，dt が無限小であることから，関数 $u[t, t+dt]$ による最小化を，時刻 t での関数値 $u(t)$ に相当するベクトル u による最小化で置き換えている．

さらに，$V(x + fdt, t + dt)$ を (x, t) においてテイラー展開して2次以上の項を無視すると

$$V(x + f(x,u,t)dt, t+dt) = V(x,t) + \frac{\partial V}{\partial x}(x,t)f(x,u,t)dt + \frac{\partial V}{\partial t}(x,t)dt$$

であるから，式 (6.5) 両辺の $V(x,t)$ が打ち消しあって，次式を得る．

$$\min_u \left(L(x,u,t) + \frac{\partial V}{\partial x}(x,t)f(x,u,t) + \frac{\partial V}{\partial t}(x,t) \right) = 0$$

ここで，5.1 節で導入したハミルトン関数 $H = L + \lambda^\mathrm{T} f$ を使うと

$$L(x,u,t) + \frac{\partial V}{\partial x}(x,t)f(x,u,t) = H\left(x, u, \left(\frac{\partial V}{\partial x}\right)^\mathrm{T}(x,t), t\right)$$

と表すことができるので，u に依存しない $\partial V/\partial t$ を移項すると，つぎの方程式を得る．

$$-\frac{\partial V}{\partial t}(x,t) = \min_u H\left(x, u, \left(\frac{\partial V}{\partial x}\right)^\mathrm{T}(x,t), t\right) \quad (6.6)$$

この方程式は，ハミルトン・ヤコビ・ベルマン方程式 (Hamilton–Jacobi–Bellman equation) と呼ばれ[†]，右辺の最小値が存在するとき，値関数 $V(x,t)$ の偏微分方程式になる．境界条件は，式 (6.4) である．

ここでのポイントは，最適制御の評価関数値を初期状態の関数と見なしたところと，区間 $[t, t_f]$ の値関数を部分区間 $[t+dt, t_f]$ の値関数によって再帰的に

[†] ハミルトン・ヤコビ方程式 (Hamilton–Jacobi equation) ということもある．これは，式 (6.6) が解析力学におけるハミルトン・ヤコビ方程式と同じ形をしているためである．ただし，解析力学の場合制御入力の最適化は考えないので，解析力学におけるハミルトン・ヤコビ方程式の右辺は最小化をしない単なるハミルトン関数そのものになる．

6.1 ハミルトン・ヤコビ・ベルマン方程式

表しているところである．3章で述べた離散時間の場合と同様，このような考え方を**動的計画法**という．以上の議論をまとめると以下の定理を得る．

【定理 6.1】 （最適制御の必要条件） 任意の時刻 t ($t_0 \leq t \leq t_f$) に対して，任意の状態 $x \in \mathbb{R}^n$ から出発し評価関数 (6.3) を最小化する最適制御問題の解が存在するとする．その値関数 $V(x,t)$ が微分可能なとき，終端条件 (6.4) のもとでハミルトン・ヤコビ・ベルマン方程式 (6.6) が成立する．また，最適制御は式 (6.6) 右辺の最小値を達成している．

逆に，ハミルトン・ヤコビ・ベルマン方程式が解ければ最適制御と値関数が得られることも，離散時間の場合と同様に示せる．まず，ハミルトン・ヤコビ・ベルマン方程式 (6.6) の右辺を最小化する入力 u を $u_{opt}(x,t)$ とすると，任意の u に対して

$$H\left(x, u, \left(\frac{\partial V}{\partial x}\right)^{\mathrm{T}}(x,t), t\right) \geq H\left(x, u_{opt}(x,t), \left(\frac{\partial V}{\partial x}\right)^{\mathrm{T}}(x,t), t\right) = -\frac{\partial V}{\partial t}(x,t)$$

が成り立つ．等号が成り立つのは $u = u_{opt}(x,t)$ のときである．この不等式とハミルトン関数の定義より次式を得る．

$$L(x,u,t) \geq -\frac{\partial V}{\partial x} f(x,u,t) - \frac{\partial V}{\partial t}(x,t) = -\dot{V}(x,t)$$

したがって，終端条件 (6.4) に注意して評価関数を計算すると

$$J = \varphi(x(t_f)) + \int_{t_0}^{t_f} L(x(t), u(t), t) dt$$
$$\geq V(x(t_f), t_f) + \int_{t_0}^{t_f} \left(-\dot{V}(x,t)\right) dt = V(x_0, t_0)$$

となる．等号が成り立つのは，すべての時刻で $u(t) = u_{opt}(x(t),t)$ が成り立つときである．以上より，つぎの定理が成り立つ．

【定理 6.2】 （最適制御の十分条件） 終端条件 (6.4) のもとでハミルトン・ヤコビ・ベルマン方程式 (6.6) の解 $V(x,t)$ が存在して微分可能だとし，各

x と t に対して式 (6.6) 右辺の最小値を達成する制御入力 $u = u_{opt}(x,t)$ が存在するとする。また，制御入力を $u = u_{opt}(x,t)$ で与えた閉ループシステム

$$\dot{\bar{x}}(t) = f(\bar{x}(t), u_{opt}(\bar{x}(t), t), t), \quad \bar{x}(t_0) = x_0$$

の解 $\bar{x}(t)$ が存在するとする。このとき，$u_{opt}(\bar{x}(t), t)$ は時刻 t_0 で状態 x_0 から出発する評価関数を最小にする最適制御であり，評価関数の最小値は $V(x_0, t_0)$ である。

制御入力に拘束条件が課せられ，ある集合 $\Omega \subset \mathbb{R}^m$ から制御入力を選ばなければならないときでも以上の議論はそのまま成り立つ。すなわち，式 (6.6) 右辺の最小値を $u \in \Omega$ の範囲で探せばよい。また，状態に対する拘束条件が評価区間全体や終端時刻において課せられているときは，そのような拘束条件のもとで評価関数が取り得る最小値として値関数を定義する。

式 (6.6) 右辺の最小値を達成する制御入力 $u_{opt}(x,t)$ は一般には陽に求められるとは限らない。しかし，つぎの例のように，入力に関して状態方程式が 1 次式，評価関数が 2 次式で，入力に拘束条件がない場合には陽に求めることができる。

例 6.1 （入力アフィンシステム）制御対象と評価関数を少し限定して

$$\dot{x} = f(x) + B(x)u \tag{6.7}$$

$$J = \varphi(x(t_f)) + \int_{t_0}^{t_f} \left(q(x(t)) + \frac{1}{2} u^\mathrm{T}(t) R u(t) \right) dt \tag{6.8}$$

とした場合を考える。ここで，$f(x) \in \mathbb{R}^n$，$B(x) \in \mathbb{R}^{n \times m}$，$q(x) \in \mathbb{R}$，$R \in \mathbb{R}^{m \times m}$ とする。式 (6.7) のような形のシステムを**入力アフィンシステム** (input-affine system) という[†]。ハミルトン関数は

[†] 線形写像と平行移動を組み合わせた写像をアフィン写像ということに由来している。すなわち，x を固定して u のみを変数と見なしたとき，行列 $B(x)$ を u に掛ける演算が線形写像で，それにベクトル $f(x)$ を加えるのが平行移動になっている。要するに，入力 u に関して 1 次式になっている。時変の場合もある。

6.1 ハミルトン・ヤコビ・ベルマン方程式

$$H\left(x, u, \left(\frac{\partial V}{\partial x}\right)^{\mathrm{T}}\right) = q(x) + \frac{1}{2} u^{\mathrm{T}} R u + \frac{\partial V}{\partial x}(f(x) + B(x)u)$$

である.これは入力 u に関して 2 次なので,R が正定ならば H の最小値を達成する u は一意に存在し

$$\frac{\partial H}{\partial u} = u^{\mathrm{T}} R + \frac{\partial V}{\partial x} B(x) = 0$$

を解いて

$$u_{opt}(x,t) = -R^{-1} B^{\mathrm{T}}(x) \left(\frac{\partial V}{\partial x}\right)^{\mathrm{T}}(x,t) \tag{6.9}$$

と求められる.これがハミルトン・ヤコビ・ベルマン方程式 (6.6) 右辺の最小値を与えるので

$$-\frac{\partial V}{\partial t} = \frac{\partial V}{\partial x} f(x) - \frac{1}{2} \frac{\partial V}{\partial x} B(x) R^{-1} B^{\mathrm{T}}(x) \left(\frac{\partial V}{\partial x}\right)^{\mathrm{T}} + q(x) \tag{6.10}$$

のように値関数 $V(x,t)$ の偏微分方程式が得られる.入力を消去した式 (6.10) をハミルトン・ヤコビ方程式ということも多い.特に,時刻 t に依存しない定常解 $V(x)$ が存在したとすると

$$\frac{\partial V}{\partial x} f(x) - \frac{1}{2} \frac{\partial V}{\partial x} B(x) R^{-1} B^{\mathrm{T}}(x) \left(\frac{\partial V}{\partial x}\right)^{\mathrm{T}} + q(x) = 0 \tag{6.11}$$

が成り立つ.これは,終端時刻 $t_f \to \infty$ で $\partial V/\partial t \to 0$ となった無限評価区間の問題に相当する.定常解が求められれば,最適制御 (6.9) も時刻に依存しない状態フィードバック制御になることがわかる.

入力 u は消去できたものの,式 (6.10) は依然として非線形の偏微分方程式であり,解析的に解くことは多くの場合不可能である.解析的に解ける例として LQ 制御がある.

例 6.2 (LQ 制御) 例 5.1 で取り上げた LQ 制御問題を動的計画法で見直してみよう.制御対象と評価関数はつぎの通りである.

$$\dot{x} = A(t)x + B(t)u, \quad x(t_0) = x_0$$
$$J = \frac{1}{2}x^{\mathrm{T}}(t_f)S_f x(t_f) + \int_{t_0}^{t_f} \frac{1}{2}(x^{\mathrm{T}}Q(t)x + u^{\mathrm{T}}R(t)u)dt$$

重み行列 S_f, $Q(t)$, $R(t)$ は対称とする。引数の時刻 t は適宜省略する。この場合のハミルトン関数は

$$H(x, u, \lambda, t) = \frac{1}{2}(x^{\mathrm{T}}Qx + u^{\mathrm{T}}Ru) + \lambda^{\mathrm{T}}(Ax + Bu)$$

である。ハミルトン・ヤコビ・ベルマン方程式と境界条件は

$$-\frac{\partial V}{\partial t} = \min_u \left\{ \frac{1}{2}(x^{\mathrm{T}}Qx + u^{\mathrm{T}}Ru) + \frac{\partial V}{\partial x}(Ax + Bu) \right\}$$
$$V(x, t_f) = \frac{1}{2}x^{\mathrm{T}}S_f x$$

となる。例 **6.1** と同様に R が正定ならば最小値を達成する u_{opt} が一意に存在し

$$\frac{\partial H}{\partial u} = u^{\mathrm{T}}R + \frac{\partial V}{\partial x}B = 0$$

より

$$u_{opt} = -R^{-1}B^{\mathrm{T}}\left(\frac{\partial V}{\partial x}\right)^{\mathrm{T}} \tag{6.12}$$

と求められる。これをハミルトン・ヤコビ・ベルマン方程式に代入して整理すると

$$-\frac{\partial V}{\partial t} = \frac{\partial V}{\partial x}Ax - \frac{1}{2}\frac{\partial V}{\partial x}BR^{-1}B^{\mathrm{T}}\left(\frac{\partial V}{\partial x}\right)^{\mathrm{T}} + \frac{1}{2}x^{\mathrm{T}}Qx \tag{6.13}$$

を得る。これが例 **6.1** の式 (6.10) に相当する。式 (6.13) は $\partial V/\partial x$ の2次の項を含む非線形偏微分方程式であるが，境界条件を参考にして

$$V(x, t) = \frac{1}{2}x^{\mathrm{T}}S(t)x \tag{6.14}$$

と置いて，式 (6.13) を満たすように対称行列 $S(t)$ を決定することができる。実際に式 (6.14) を式 (6.13) に代入すると

$$-\frac{1}{2}x^{\mathrm{T}}\dot{S}x = x^{\mathrm{T}}SAx - \frac{1}{2}x^{\mathrm{T}}SBR^{-1}B^{\mathrm{T}}Sx + \frac{1}{2}x^{\mathrm{T}}Qx$$
$$= \frac{1}{2}x^{\mathrm{T}}(A^{\mathrm{T}}S + SA - SBR^{-1}B^{\mathrm{T}}S + Q)x$$

となる．ここで，任意の x に対して $x^{\mathrm{T}}SAx = x^{\mathrm{T}}(A^{\mathrm{T}}S + SA)x/2$ であることを使っている．結局

$$-\dot{S} = A^{\mathrm{T}}S + SA - SBR^{-1}B^{\mathrm{T}}S + Q, \quad S(t_f) = S_f$$

とすれば，任意の x と t に対して境界条件も含めてハミルトン・ヤコビ・ベルマン方程式が満たされることになる．これは，**例 5.1** で変分法によって導いたリッカチ微分方程式にほかならない．そして，最適制御は式 (6.12) に式 (6.14) を代入して

$$u_{opt}(x,t) = -R^{-1}B^{\mathrm{T}}Sx$$

となり，やはり変分法から導かれた結果と一致する．式 (6.14) より，$x(t_0) = x_0$ から出発する最適軌道の評価関数値は

$$V(x_0, t_0) = \frac{1}{2}x_0^{\mathrm{T}}S(t_0)x_0 \tag{6.15}$$

と表せる．つまり，最適制御のみならず最適軌道の評価関数値もリッカチ微分方程式の解 $S(t)$ によって表される．

6.2 最小原理

変分法によって導かれたオイラー・ラグランジュ方程式が常微分方程式の2点境界値問題であるのに対し，動的計画法から導かれたハミルトン・ヤコビ・ベルマン方程式は偏微分方程式である．両者の関係は一見すると見えにくいが，もともと同じ最適制御問題から導かれたのだから，何らかのつながりがあるはずである．ここでは，動的計画法から**最小原理** (minimum principle)[†]と呼ば

[†] 提案された当初はハミルトン関数の定義が本書とは異なっており，最大原理 (maximum principle) と呼ばれていた．

れる条件を経由してオイラー・ラグランジュ方程式が導けることを示す．最小原理はオイラー・ラグランジュ方程式の拡張と見なすことができる．

ハミルトン関数の定義における随伴変数 λ がハミルトン・ヤコビ・ベルマン方程式 (6.6) では $(\partial V/\partial x)^{\mathrm{T}}$ に置き換わっていることから，両者の対応関係が推察できる．以下，最適軌道を $\bar{x}(t)$，最適制御を $\bar{u}(t) = u_{opt}(\bar{x}(t), t)$ $(t_0 \leqq t \leqq t_f)$ とし，$\partial V/\partial x$ などの引数は混乱のない範囲で適宜省略する．

まず，オイラー・ラグランジュ方程式の式 (5.4) はシステムの状態方程式と初期状態にほかならないので，最適軌道と最適制御に対して当然成り立つべきものである．つぎに，オイラー・ラグランジュ方程式の式 (5.5) は以下のように導くことができる．入力 $\bar{u}(t) = u_{opt}(\bar{x}(t), t)$ は他の $x \neq \bar{x}(t)$ に対して最適とは限らないから，式 (6.6) より，任意の x と t に対して

$$\eta(x, t) := \frac{\partial V}{\partial t} + H\left(x, \bar{u}, \left(\frac{\partial V}{\partial x}\right)^{\mathrm{T}}, t\right) \geqq 0$$

が成り立ち，各時刻において $\eta(x, t)$ は $x = \bar{x}(t)$ のときに最小値 0 をとる．したがって，$\partial \eta(\bar{x}(t), t)/\partial x = 0$ が成り立つ．実際に偏導関数を計算してみると

$$\frac{\partial \eta}{\partial x} = \frac{\partial^2 V}{\partial t \partial x} + \frac{\partial H}{\partial x} + \frac{\partial H}{\partial \lambda}\frac{\partial^2 V}{\partial x^2} = \frac{\partial^2 V}{\partial t \partial x} + \frac{\partial H}{\partial x} + f^{\mathrm{T}}\frac{\partial^2 V}{\partial x^2} = 0 \tag{6.16}$$

となる．ここで，$\partial H/\partial \lambda = f^{\mathrm{T}}$ を用いている．さらに

$$\frac{d}{dt}\left(\frac{\partial V}{\partial x}\right)^{\mathrm{T}} = \frac{\partial^2 V}{\partial x^2}f + \frac{\partial}{\partial t}\left(\frac{\partial V}{\partial x}\right)^{\mathrm{T}} = \left(f^{\mathrm{T}}\frac{\partial^2 V}{\partial x^2} + \frac{\partial^2 V}{\partial t \partial x}\right)^{\mathrm{T}}$$

を用いて式 (6.16) を整理すると，最適軌道 $\bar{x}(t)$ に沿って

$$\frac{d}{dt}\left(\frac{\partial V}{\partial x}\right)^{\mathrm{T}}(\bar{x}(t), t) = -\left(\frac{\partial H}{\partial x}\right)^{\mathrm{T}}\left(\bar{x}, \bar{u}, \left(\frac{\partial V}{\partial x}\right)^{\mathrm{T}}, t\right) \tag{6.17}$$

が成り立つ．また，式 (6.4) を x で偏微分し，$x = \bar{x}(t_f)$ を代入すると

$$\left(\frac{\partial V}{\partial x}\right)^{\mathrm{T}}(\bar{x}(t_f), t_f) = \left(\frac{\partial \varphi}{\partial x}\right)^{\mathrm{T}}(\bar{x}(t_f)) \tag{6.18}$$

を得る．式 (6.17)，(6.18) より

$$\lambda(t) = \left(\frac{\partial V}{\partial x}\right)^{\mathrm{T}}(\bar{x}(t), t) \tag{6.19}$$

はオイラー・ラグランジュ方程式の式 (5.5) を満たす。つまり，随伴変数は，値関数の勾配を最適軌道に沿って評価したものになっている。

一方，$u_{opt}(x,t)$ は式 (6.6) 右辺を最小にしているから，最適軌道 $\bar{x}$ と最適制御 $\bar{u}(t) = u_{opt}(\bar{x}(t),t)$，および式 (6.19) で与えられる随伴変数 λ に対して

$$H(\bar{x}, \bar{u}, \lambda, t) = \min_u H(\bar{x}, u, \lambda, t) \tag{6.20}$$

が各時刻で成り立つ。すなわち，最適制御は最適軌道に沿ってハミルトン関数を最小にしている。したがって，ハミルトン関数の u に関する偏導関数が 0 にならなくてはならず，オイラー・ラグランジュ方程式の式 (5.6) が得られる。

以上で，動的計画法からオイラー・ラグランジュ方程式が導出できたが，式 (5.6) を導出する前の式 (6.20) がより一般的な条件であることに注意しよう。例えば，制御入力 u がある集合に制約されていて $\partial H/\partial u = 0$ が成り立ち得ない場合でも，ハミルトン関数が最小になってさえいればよい。随伴変数に対する条件は同じである。式 (6.20) に基づく最適性の必要条件を最小原理という。

【定理 6.3】 （最小原理） $\mathbb{R}^m$ の閉集合 Ω に対して，$\bar{u}(t) \in \Omega$ ($t_0 \leq t \leq t_f$) という拘束条件のもとで評価関数 (6.2) を最小にする最適制御が存在するとし，対応する最適軌道を $\bar{x}(t)$ とする。値関数 $V(x,t)$ が 2 回連続微分可能であれば，n 次元ベクトル値関数 $\lambda(t)$ が存在して以下が成り立つ。

$$\dot{\bar{x}} = f(\bar{x}, \bar{u}, t), \quad \bar{x}(t_0) = x_0 \tag{6.21}$$

$$\dot{\lambda} = -\left(\frac{\partial H}{\partial x}\right)^{\mathrm{T}}(\bar{x}, \bar{u}, \lambda, t), \quad \lambda(t_f) = \left(\frac{\partial \varphi}{\partial x}\right)^{\mathrm{T}}(\bar{x}(t_f)) \tag{6.22}$$

$$H(\bar{x}, \bar{u}, \lambda, t) = \min_{u \in \Omega} H(\bar{x}, u, \lambda, t) \tag{6.23}$$

最小原理は動的計画法を用いずに導出することもできる[13]。したがって，値関数の 2 回連続微分可能性を仮定しなくても成り立つ。ただし，本節のように

動的計画法を用いると導出が容易だという利点がある。また，5.4 節で扱った一般的な問題設定の場合にも，式 (5.39) を式 (6.23) に置き換えればよい。

例 6.3　（バンバン制御）　1 入力 n 次元システム

$$\dot{x} = f(x) + g(x)u$$

において，制御入力 u に対して $|u| \leq 1$ という拘束条件が課せられているとする。すなわち，u は $\Omega = \{u : |u| \leq 1\}$ に属するものとする。そして，制御入力 u を含まない評価関数

$$J = \varphi(x(t_f)) + \int_{t_0}^{t_f} L(x(t))dt$$

を最小にすることを考える。この場合，ハミルトン関数は

$$H(x, u, \lambda) = L(x) + \lambda^{\mathrm{T}}(f(x) + g(x)u)$$

となる。制御入力に拘束条件が課せられているので，オイラー・ラグランジュ方程式の代わりに最小原理を適用する。ハミルトン関数 H が制御入力 u に関して 1 次関数なので，H を最小にする u は，u の係数 $\lambda^{\mathrm{T}} g(x)$ の符号に応じて以下のように決まる。

$$u = \begin{cases} 1 & (\lambda^{\mathrm{T}} g(x) < 0) \\ -1 & (\lambda^{\mathrm{T}} g(x) > 0) \end{cases}$$

このように，評価関数が制御入力の 2 次形式を含まない場合，最適制御は拘束条件の範囲で最大値か最小値を取ることになる。これを**バンバン制御**（bang-bang control）という。

上の例において，制御入力が最大値と最小値の間で切り替わるのは $\lambda(t)^{\mathrm{T}} g(x(t)) = 0$ が成り立つ瞬間である。この時刻を切替え時刻という。随伴変数 $\lambda(t)$ は値関数の勾配 $(\partial V / \partial x)^{\mathrm{T}} (x(t), t)$ に等しいから，結局，状態空間における曲面

$$S_{SW}(t) = \left\{ x \in \mathbb{R}^n : \frac{\partial V}{\partial x}(x, t) g(x) = 0 \right\}$$

を通過する際に入力の切替えが起きることになる。この曲面を**切替え曲面** (switching surface) という。もしも切替え曲面が求められれば、そこを境に入力を切り替えるという単純な規則によって最適制御が実現できることになる。

6.3 特異最適制御問題

前節で述べたバンバン制御において，切替え曲面上に沿って状態が動いていく場合には最小原理によって制御入力が決定できないことに注意しよう。つまり，$\lambda(t)^{\mathrm{T}} g(x(t)) = 0$ が一瞬だけ成り立つならそのときの入力をどう選ぼうとも状態の軌道に影響しないが，ある長さを持った時間区間にわたって恒等的に $\lambda(t)^{\mathrm{T}} g(x(t)) = 0$ が成り立つ場合，H における u の係数が 0 になってしまうため，最小原理から u を決めることができないのである。このような状態の軌道を**特異弧** (singular arc) といい，そこでの最適制御を**特異最適制御** (singular optimal control) という[†]。特異最適制御を決定するには最小原理以外の条件を導く必要がある。それについて以下で述べる。

H における u の係数が 0 になってしまう状況は，H が u に依存しなくなるということだから

$$\frac{\partial H}{\partial u} = 0 \tag{6.24}$$

が恒等的に成り立つことを意味する。これは前章で導いた最適性の必要条件における式 (5.6) にほかならない。つまり，制御入力によらず条件 (5.6) が成り立ってしまうのが特異弧である。しかし，式 (6.24) は特異弧にわたって恒等的に成り立つから，それを何回時間微分しても恒等的に 0 であるはずである。簡単のため入力 u はスカラーとして，まず 1 階微分を考えると

$$\begin{aligned}
\frac{d}{dt}\left(\frac{\partial H}{\partial u}\right) &= \frac{\partial^2 H}{\partial u \partial x}\dot{x} + \frac{\partial^2 H}{\partial u \partial \lambda}\dot{\lambda} \\
&= \frac{\partial^2 H}{\partial u \partial x}f - \frac{\partial^2 H}{\partial u \partial \lambda}\left(\frac{\partial H}{\partial x}\right)^{\mathrm{T}} = 0
\end{aligned} \tag{6.25}$$

[†] 評価区間全体で最適制御が特異最適制御になるとは限らない。

となる．もしも，式 (6.25) の左辺に u が現れるならば，式 (6.24) の代わりに式 (6.25) から $u(t)$ が決まる．式 (6.25) の左辺に u が現れない場合でも，さらに時間微分を続けて，ある階数 k において u が現れたならば

$$\frac{d^k}{dt^k}\left(\frac{\partial H}{\partial u}\right) = 0 \tag{6.26}$$

という条件から u を決めることができる．多入力の場合でも，入力ごとに上記の微分回数 k が異なる場合もあることに注意する以外は同様である．さらに，導出は省略するが，5.2 節における弱いクレブシュ条件を一般化した必要条件として

$$(-1)^l \frac{\partial}{\partial u}\left\{\frac{d^{2l}}{dt^{2l}}\left(\frac{\partial H}{\partial u}\right)^{\mathrm{T}}\right\} \geq 0 \quad (l = 0, 1, 2, \cdots)$$

が知られている．詳しくは文献 13), 25), 26) を参照されたい．

********** 演 習 問 題 **********

【1】例 **6.3** において，$t_0 = 0$, $x = [x_1\ x_2]^{\mathrm{T}}$, $f(x) = [x_2\ 0]^{\mathrm{T}}$, $g(x) = [0\ 1]^{\mathrm{T}}$ とし，終端状態に対して拘束条件 $x(t_f) = 0$ が課された場合を考える．

(a) 例 **1.3** のように評価関数が $J = t_f$ のとき，最小原理を満たす軌道 $x(t)$ と制御入力 $u(t)$ を求めよ．すなわち，最短時間で状態空間の原点に到達する軌道と制御入力を求めよ．これを**最短時間問題**（minimum-time problem）という．値関数の等高線は，原点に到達するまでの時間が等しい初期状態の集合を表し，**等時線**（isochrone）と呼ばれる．
（ヒント）評価関数は $J = \int_0^{t_f} dt$ と表される．すなわち，式 (6.2) で $\varphi = 0$, $L = 1$ の場合に相当する．

(b) 評価関数が

$$J = \int_0^{t_f} |u(t)| dt$$

で終端時刻 t_f が固定のとき，最小原理を満たす軌道 $x(t)$ と制御入力 $u(t)$ を求めよ．このような問題を**最小燃料問題**（minimum-fuel problem）という．

(c) 評価関数が
$$J = \int_0^{t_f} \frac{1}{2}\|x(t)\|^2 dt$$
で終端時刻 t_f が自由のとき，特異弧を求め，それが実際に最適軌道であることを示せ．
（ヒント）特異弧上の任意の 2 点を特異弧以外の軌道で結ぶと，必ず評価関数値が大きくなることを示せばよい．

【2】 問題【1】(a) と問題【1】(b) のそれぞれに対して，最小原理を満たす軌道から値関数の候補を求め，それらがハミルトン・ヤコビ・ベルマン方程式 (6.6) を満たすことを確かめよ．
（ヒント）時刻 t での値関数は，終端時刻が $t_f - t$ になったと考えれば求められる．

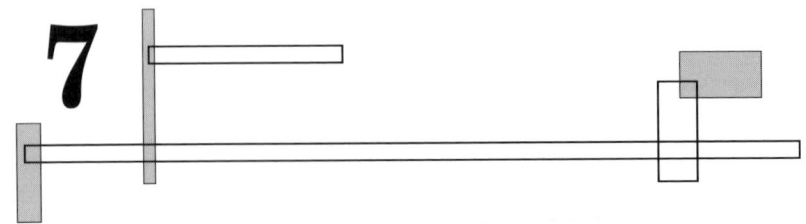

7 最適制御問題の数値解法

連続時間システムの最適制御問題に変分法を適用した場合，制御入力の時間関数が未知量となる．時間関数は無限次元のベクトルと見なせるので，有限次元の未知量を最適化する非線形計画法の拡張になっている．したがって，数値解法にも非線形計画法の基本的な考え方が使える．ただし，離散時間システムの場合と同様，最適制御問題に特有の構造が現れる．本章の数値解法はここまでの内容を総合したものになる．

7.1 数値解法の考え方

基本的な問題設定として，初期時刻 t_0，終端時刻 t_f および初期状態 $x(t_0) = x_0$ が与えられ，状態方程式

$$\dot{x}(t) = f(x(t), u(t), t)$$

のみが拘束条件として課されている場合を考える．最小化すべき評価関数は

$$J = \varphi(x(t_f)) + \int_{t_0}^{t_f} L(x(t), u(t), t) dt$$

で与えられているとする．これは，関数 $x(t)$ と $u(t)$ によって値が決まる汎関数である．

ハミルトン関数 H を

$$H(x, u, \lambda, t) = L(x, u, t) + \lambda^\mathrm{T} f(x, u, t)$$

で定義する。λ は随伴変数であり，状態 x と同じ次元のベクトルである。また，評価関数の被積分項 L と同様，H はスカラー値関数である。5 章で導出したように，最適解が満たすべきオイラー・ラグランジュ方程式は以下のようになる。

$$\dot{x} = f(x, u, t) \tag{7.1}$$

$$x(t_0) = x_0 \tag{7.2}$$

$$\dot{\lambda} = -\left(\frac{\partial H}{\partial x}\right)^{\mathrm{T}} (x, u, \lambda, t) \tag{7.3}$$

$$\lambda(t_f) = \left(\frac{\partial \varphi}{\partial x}\right)^{\mathrm{T}} (x(t_f)) \tag{7.4}$$

$$\frac{\partial H}{\partial u}(x, u, \lambda, t) = 0 \tag{7.5}$$

オイラー・ラグランジュ方程式は未知関数 $x(t)$, $\lambda(t)$, $u(t)$ を含むが，式 (7.1)～(7.5) のいずれかによって，ある関数が他の関数から決まってしまう場合がある。すると，実質的な未知関数の個数は減ることになる。何を未知量と考えるかにはさまざまなバリエーションがあり得るが，いずれの場合も，何らかの条件が成り立つように未知量を決定する問題に帰着され，それを数値的に解くことになる。代表的なケースとして以下のものが考えられる。

(1) 制御入力の関数 $u(t)$ ($t_0 \leq t \leq t_f$) を未知量とする。適当な制御入力の関数を与えると，状態変数は初期条件 (7.2) から状態方程式 (7.1) を数値的に解くことで求められる。すると，式 (7.4) によって随伴変数の終端条件が決まるので，式 (7.3) を逆時間方向へ数値的に解くことができる。あとは，式 (7.5) が成り立つか否かが問題となる。したがって，式 (7.5) が成り立つように制御入力の関数を修正していく反復法が考えられる。

(2) 随伴変数の初期値 $\lambda(t_0)$ を未知量とする。適当な $\lambda(t_0)$ を与えると，式 (7.2) と合わせた初期条件から式 (7.1), (7.3) の微分方程式を初期値問題として数値的に解くことができる。各時刻の制御入力 $u(t)$ は式 (7.5) によって $x(t)$ と $\lambda(t)$ から決定される。あとは，終端条件 (7.4) が成り立つか否かが問題となる。したがって，式 (7.4) が成り立つように随伴変数の初期

値 $\lambda(t_0)$ を修正していく反復法が考えられる。

(3) もちろん，関数 $x(t), \lambda(t), u(t)$ ($t_0 \leqq t \leqq t_f$) のすべてを未知量とすることも考えられる。その場合は，式 (7.1)〜(7.5) のすべてにおける誤差を全体的に減少させていくように未知量を修正していく。

本章では，オイラー・ラグランジュ方程式の構造を利用した最初の二つの場合を考える。

7.2 勾 配 法

まず，前節のケース(1)に相当する方法として，**勾配法**を取り上げる。評価関数を減少させるように制御入力の修正を繰り返し，勾配が 0 になった時点で終了する方法である。

状態方程式 (7.1) が成り立っているならば

$$\bar{J} = \varphi(x(t_f)) + \int_{t_0}^{t_f} \{L(x,u,t) + \lambda^{\mathrm{T}}(f - \dot{x})\}dt$$

の値は元の評価関数 J の値に等しい。そこで，J の代わりに $\bar{J}$ の微小変化を考える。制御入力を δu だけ微小変化させ，その結果生じる状態と評価関数の微小変化をそれぞれ $\delta x, \delta \bar{J}$ とすると，5章でオイラー・ラグランジュ方程式を導出したときと同様の計算により次式を得る。

$$\delta \bar{J} = \left(\frac{\partial \varphi}{\partial x}(x(t_f)) - \lambda^{\mathrm{T}}(t_f)\right)\delta x(t_f) + \int_{t_0}^{t_f}\left\{\left(\frac{\partial H}{\partial x} + \dot{\lambda}^{\mathrm{T}}\right)\delta x + \frac{\partial H}{\partial u}\delta u\right\}dt$$

ここで，$\lambda(t)$ がオイラー・ラグランジュ方程式のうち式 (7.3), (7.4) を満たすならば

$$\delta \bar{J} = \int_{t_0}^{t_f} \frac{\partial H}{\partial u}\delta u\, dt$$

となり，評価関数値の微小変化 $\delta \bar{J}$ が制御入力の微小変化 δu で簡潔に表せる。スカラー値関数の微小変化が関数の勾配ベクトルと変数の微小変化との内積で表せることから類推すると，関数 $\partial H/\partial u$ が評価関数の勾配に相当していること

とがわかる。そして

$$\int_{t_0}^{t_f} \frac{\partial H}{\partial u} s(t) dt < 0$$

を満たす関数 $s(t)$ が降下方向に相当する。非線形計画法では勾配や降下方向が有限次元のベクトルであったのに対して，連続時間最適制御問題ではそれらが関数という無限次元のベクトルになっている。非線形計画法と同様に，勾配を用いて探索方向を決定する反復解法を総称して勾配法といい，その代表的なものとして**最急降下法**と**共役勾配法**がある。

最急降下法では，探索方向として

$$s = -\left(\frac{\partial H}{\partial u}\right)^{\mathrm{T}} \tag{7.6}$$

を選ぶ。これは勾配にマイナスをつけたものであり，最急降下方向に相当する。例えば，十分小さな正のスカラー $\alpha > 0$ に対して

$$\delta u = -\alpha \left(\frac{\partial H}{\partial u}\right)^{\mathrm{T}} \tag{7.7}$$

とすれば，$\partial H/\partial u \neq 0$ である限り

$$\delta \bar{J} = -\alpha \int_{t_0}^{t_f} \left\| \frac{\partial H}{\partial u} \right\|^2 dt < 0$$

となり，$\bar{J}$ は減少する。$\bar{J}$ が減少しなくなるのは $\partial H/\partial u = 0$ となったときで，このとき，オイラー・ラグランジュ方程式 (7.1)〜(7.5) がすべて満たされる。以上をまとめると，最急降下法のアルゴリズムは以下のようになる。

アルゴリズム 7.1 （最急降下法）

1) 適当な時間関数 $u(t)$ ($t_0 \leq t \leq t_f$) を制御入力の初期推定解として与える。

2) 初期条件 (7.2) から状態方程式 (7.1) を終端時刻 t_f まで数値的に解き，状態 $x(t)$ ($t_0 \leq t \leq t_f$) を求める。

3) 終端条件 (7.4) から随伴方程式 (7.3) を初期時刻 t_0 まで逆時間方向へ数値的に解き，随伴変数 $\lambda(t)$ ($t_0 \leq t \leq t_f$) を求める。

4) 以上で求めた x, u, λ から, 各時刻 t ($t_0 \leq t \leq t_f$) における勾配 $\partial H/\partial u$ を計算する。勾配のノルム $\left(\int_{t_0}^{t_f} \|\partial H/\partial u\|^2 dt\right)^{1/2}$ が十分 0 に近ければ停止。そうでなければつぎのステップへ。

5) $s = -(\partial H/\partial u)^{\mathrm{T}}$ と置く。

6) 制御入力を $u + \alpha s$ としたときの評価関数値 $J[u + \alpha s]$ が最小になるスカラー $\alpha > 0$ を求め, それを α^* とする。

7) $u := u + \alpha^* s$ として, ステップ 2) へ。

評価関数を減らすのに式 (7.7) でどのくらいの α を選べばよいのか事前にはわからない。もちろん, 十分小さければ確実に減るが, あまり小さいと入力 u がごくわずかしか変化せず, 計算の効率が悪い。そこで, ステップ 6) において, さまざまな α に対して $J[u + \alpha s]$ を実際に計算し, それを最小にする α^* を見つける直線探索を行う。最適制御問題であっても, 固定された u と s に対して, $J[u + \alpha s]$ はスカラー α の関数なので, 直線探索のアルゴリズムは 2.6 節で述べた非線形計画法の場合とまったく同じでよい。

ステップ 4) において, 勾配のノルムによってアルゴリズム停止の判定を行っているのは, 勾配が 0 となってオイラー・ラグランジュ方程式がすべて満たされるようにするためである。実際に知りたいのは制御入力なので, 代わりに u の修正量 $\alpha^* s$ のノルムが十分小さければ停止することなども考えられる。

非線形計画法と同様, 最急降下法の代わりに, 共役勾配法を考えることもできる。まず, 非線形計画問題に対する共役勾配法のアルゴリズム 2.2 で必要なスカラー β_k は, 関数同士の内積さえ定義されていれば計算できることに注意する。なぜなら, β_k の計算に現れるベクトルのノルムは, ベクトルとそれ自身との内積の平方根として定義できるからである。したがって, サイズの等しい二つのベクトル値関数 $v(t)$ と $w(t)$ の内積を

$$(v, w) := \int_{t_0}^{t_f} v^{\mathrm{T}}(t) w(t) dt$$

と定義すれば, そのまま連続時間最適制御問題へ拡張できる。

共役勾配法の k 回目の反復で得られている制御入力の時間関数を $u_k(t)$,それを用いて状態方程式と随伴方程式とから計算された状態と随伴変数をそれぞれ $x_k(t)$, $\lambda_k(t)$ として,最急降下方向を $d_k(t)$ と置くと,$t_0 \leq t \leq t_f$ において

$$d_k(t) = -\left(\frac{\partial H}{\partial u}\right)^{\mathrm{T}}(x_k(t), u_k(t), \lambda_k(t), t) \tag{7.8}$$

と与えられる。そして,**ポラック・リビエ・ポリャック法**の場合は,式 (2.27) を関数の場合に拡張して

$$\beta_k = \frac{(d_{k+1}, d_{k+1} - d_k)}{(d_k, d_k)} \tag{7.9}$$

となり,**フレッチャー・リーブス法**の場合は,式 (2.28) を関数の場合に拡張して

$$\beta_k = \frac{(d_{k+1}, d_{k+1})}{(d_k, d_k)} \tag{7.10}$$

となる。まとめると,以下のようになる。

アルゴリズム 7.2 (共役勾配法)

1) $k = 0$ として,適当な時間関数 $u_0(t)$ ($t_0 \leq t \leq t_f$) を制御入力の初期推定解として与える。

2) 初期条件 (7.2) から状態方程式 (7.1) を終端時刻 t_f まで数値的に解き,状態 $x_k(t)$ ($t_0 \leq t \leq t_f$) を求める。

3) 終端条件 (7.4) から随伴方程式 (7.3) を初期時刻 t_0 まで逆時間方向へ数値的に解き,随伴変数 $\lambda_k(t)$ ($t_0 \leq t \leq t_f$) を求める。

4) 以上で求めた u_k, x_k, λ_k から,式 (7.8) によって各時刻 t ($t_0 \leq t \leq t_f$) における最急降下方向 $d_k(t)$ を計算する。$k = 0$ ならば $s_0 = d_0$ とする。

5) 勾配のノルム $\left(\int_{t_0}^{t_f} \|d_k(t)\|^2 dt\right)^{1/2}$ が十分 0 に近ければ停止。そうでなければつぎのステップへ。

6) 評価関数値 $J[u_k + \alpha s_k]$ が最小になるスカラー $\alpha > 0$ を求めてそれを α_k とし,$u_{k+1} = u_k + \alpha_k s_k$ と置く。

7) ステップ 2)~4) と同様にして d_{k+1} を計算する。

8) 式 (7.9) または (7.10) によって β_k を決定する。

9) $s_{k+1} = d_{k+1} + \beta_k s_k$ と置き，$k := k+1$ としてステップ 5) へいく．

上のアルゴリズムでは未知変数である時間関数 $u(t)$ が無限次元のため，探索方向を最急降下方向に取り直す操作が含まれていないが，実際には共役方向に数値計算誤差が累積していくので，ときどき，計算結果を初期推定解としてアルゴリズム全体を再出発（restart）したほうがよい．

多くの場合，勾配法は初期推定解が最適解から離れていても計算に失敗しにくく，アルゴリズムの開始直後は急速に解が改善されていく．しかし，解の近傍では後述する他の方法に比べて収束が遅くなることがある．

7.3 シューティング法

つぎに，7.1 節のケース(2)に相当する方法として，**シューティング法**（shooting method）を述べる．随伴変数の初期値 $\lambda(t_0) = \lambda_0$ を未知量として，それを少しずつ修正して終端条件 $\lambda(t_f) = (\partial \varphi/\partial x)^{\mathrm{T}}(x(t_f))$ が成り立つようにする方法である．初期値の調整で終端条件を合わせるさまが射撃に似ていることから，シューティング法と呼ばれる．

随伴変数の初期値が $\delta \lambda_0$ だけ変化したとき，終端時刻における状態 $x(t_f)$ と随伴変数 $\lambda(t_f)$ とが，どれだけ変化するかを調べてみよう．$x(t), \lambda(t), u(t)$ がそれぞれ $\delta x(t), \delta \lambda(t), \delta u(t)$ だけ変動して，なおかつオイラー・ラグランジュ方程式のうち終端条件 (7.4) 以外すべてを満たすとしよう．すわなち

$$\frac{d}{dt}(x + \delta x) = f(x + \delta x, u + \delta u, t)$$

$$\frac{d}{dt}(\lambda + \delta \lambda) = -\left(\frac{\partial H}{\partial x}\right)^{\mathrm{T}}(x + \delta x, u + \delta u, \lambda + \delta \lambda, t)$$

$$\frac{\partial H}{\partial u}(x + \delta x, u + \delta u, \lambda + \delta \lambda, t) = 0$$

とする．ただし，$x(t_0) = x_0$ は固定なので $\delta x(t_0) = 0$ でなければならず，随伴変数に関しては $\delta \lambda(t_0) = \delta \lambda_0$ と与えるものとする．終端条件 (7.4) における

7.3 シューティング法

誤差が減るように $\delta\lambda_0$ をうまく与えるのがここでの目標である。軌道の微小変化を考えるという意味では 5 章の 5.3 節と似ているが，与えられている条件が一部異なることに注意する。

上式の右辺を $(x(t), u(t), \lambda(t))$ においてテイラー展開して式 (7.1), (7.3), (7.5) との差をとると

$$\delta\dot{x} = \frac{\partial f}{\partial x}\delta x + \frac{\partial f}{\partial u}\delta u$$

$$\delta\dot{\lambda} = -\frac{\partial^2 H}{\partial x^2}\delta x - \frac{\partial^2 H}{\partial x \partial u}\delta u - \frac{\partial^2 H}{\partial x \partial \lambda}\delta\lambda$$

$$\frac{\partial^2 H}{\partial u \partial x}\delta x + \frac{\partial^2 H}{\partial u^2}\delta u + \frac{\partial^2 H}{\partial u \partial \lambda}\delta\lambda = 0$$

となる。第 3 式より

$$\delta u = -\left(\frac{\partial^2 H}{\partial u^2}\right)^{-1}\left(\frac{\partial^2 H}{\partial u \partial x}\delta x + \frac{\partial^2 H}{\partial u \partial \lambda}\delta\lambda\right)$$

でなければならない。また，第 2 式と第 3 式に含まれる $\delta\lambda$ の係数行列は 5.3 節と同様にそれぞれ変形できる。これらを用いて整理すると以下の線形微分方程式が得られる。

$$\frac{d}{dt}\begin{bmatrix}\delta x \\ \delta\lambda\end{bmatrix} = \begin{bmatrix}A(t) & -B(t) \\ -C(t) & -A^{\mathrm{T}}(t)\end{bmatrix}\begin{bmatrix}\delta x \\ \delta\lambda\end{bmatrix}$$

$$\delta x(t_0) = 0, \quad \delta\lambda(t_0) = \delta\lambda_0$$

ここで，時変の行列 $A(t), B(t), C(t)$ は 5.2 節で定義されたものと同じであり，オイラー・ラグランジュ方程式の終端条件 (7.4) 以外を満たす解 $(x(t), u(t), \lambda(t))$ に沿って評価されている。

以上の計算により，随伴変数の初期値 $\lambda(t_0)$ を $\delta\lambda_0$ だけ変化させたときの解の変化が線形微分方程式の解として求められることがわかった。線形微分方程式の解は**遷移行列**を使って表すことができる。$\Phi(t)$ を以下の関係を満たす遷移行列とする。

$$\frac{d}{dt}\Phi(t) = \begin{bmatrix}A(t) & -B(t) \\ -C(t) & -A^{\mathrm{T}}(t)\end{bmatrix}\Phi(t) \tag{7.11}$$

$$\Phi(t_0) = I \tag{7.12}$$

遷移行列 $\Phi(t)$ を係数行列と同様のブロックに分割して

$$\Phi(t) = \begin{bmatrix} \Phi_{11}(t) & \Phi_{12}(t) \\ \Phi_{21}(t) & \Phi_{22}(t) \end{bmatrix}$$

と表すと，初期条件 $\delta x(t_0) = 0, \delta\lambda(t_0) = \delta\lambda_0$ を使って，終端時刻での状態と随伴変数の微小変化が

$$\begin{bmatrix} \delta x(t_f) \\ \delta\lambda(t_f) \end{bmatrix} = \Phi(t_f) \begin{bmatrix} \delta x(t_0) \\ \delta\lambda(t_0) \end{bmatrix} = \begin{bmatrix} \Phi_{12}(t_f) \\ \Phi_{22}(t_f) \end{bmatrix} \delta\lambda_0$$

と表される．したがって，終端条件 (7.4) の誤差

$$E := \lambda(t_f) - \left(\frac{\partial \varphi}{\partial x}\right)^{\mathrm{T}} (x(t_f)) \tag{7.13}$$

の微小変化は

$$\begin{aligned} dE &= \delta\lambda(t_f) - \frac{\partial^2 \varphi}{\partial x^2}(x(t_f))\delta x(t_f) \\ &= \left(\Phi_{22}(t_f) - \frac{\partial^2 \varphi}{\partial x^2}(x(t_f))\Phi_{12}(t_f)\right)\delta\lambda_0 \end{aligned}$$

と表すことができる．この関係を使って，誤差の修正量 dE が望ましい値になるような $\delta\lambda_0$ を求めることができる．例えば，$dE = -E$ とすればニュートン法に相当し

$$\delta\lambda_0 = -\left(\Phi_{22}(t_f) - \frac{\partial^2 \varphi}{\partial x^2}(x(t_f))\Phi_{12}(t_f)\right)^{-1} E \tag{7.14}$$

と $\lambda(t_0)$ の修正量が決まる．$\lambda(t_0)$ の修正を繰り返して $E = 0$ となれば，オイラー・ラグランジュ方程式 (7.1)〜(7.5) がすべて満たされたことになる．以上をまとめると，つぎのようになる．

アルゴリズム 7.3（シューティング法：遷移行列による方法）

1) 適当なベクトル λ_0 を随伴変数の初期値に対する初期推定解として与える．

7.3 シューティング法

2) 式 (7.2) と $\lambda(t_0) = \lambda_0$ を初期条件として連立微分方程式 (7.1), (7.3) を終端時刻 t_f まで数値的に解き, 状態 $x(t)$ と随伴変数 $\lambda(t)$ ($t_0 \leq t \leq t_f$) を求める. その際, 各時刻の制御入力 $u(t)$ は方程式 (7.5) を $u(t)$ について解いて求める.

3) 終端条件の誤差 E を式 (7.13) によって計算する. $\|E\|$ が十分 0 に近ければ停止し, そうでなければつぎのステップへ.

4) 式 (7.11) を式 (7.12) の初期条件から終端時刻 t_f まで数値的に解いて遷移行列のブロック $\Phi_{12}(t_f)$ と $\Phi_{22}(t_f)$ を求める.

5) 式 (7.14) によって $\delta\lambda_0$ を求める.

6) $\lambda_0 := \lambda_0 + \delta\lambda_0$ としてステップ 2) へ.

このアルゴリズムでは遷移行列のうち Φ_{12} と Φ_{22} のみを用いるので, ステップ 4) において Φ_{11} と Φ_{21} は計算する必要がない.

なお, 誤差の変化 dE が望ましい値 $-E$ に等しくなるという条件は, 終端における $\delta x(t_f), \delta\lambda(t_f)$ に対する条件とも見なせるので, シューティング法は線形微分方程式の2点境界値問題と考えることもできる. そして, 5章で示したように線形2点境界値問題の解がリッカチ微分方程式の解を使って表せることを使うと, 遷移行列を直接用いないアルゴリズムも導出できる. この場合, 解くべき線形2点境界値問題はつぎのようになる.

$$\frac{d}{dt}\begin{bmatrix} \delta x \\ \delta\lambda \end{bmatrix} = \begin{bmatrix} A(t) & -B(t) \\ -C(t) & -A^{\mathrm{T}}(t) \end{bmatrix} \begin{bmatrix} \delta x \\ \delta\lambda \end{bmatrix} \tag{7.15}$$

$$\delta x(t_0) = 0 \tag{7.16}$$

$$\delta\lambda(t_f) = \frac{\partial^2 \varphi}{\partial x^2}(x(t_f))\delta x(t_f) + dE \tag{7.17}$$

これは, 5章に例題として取り上げた LQ 制御に現れた2点境界値問題と似ているが, 終端条件の誤差を修正するための項 dE が終端条件 (7.17) の右辺に追加されている. 先ほどと同様, $dE = -E$ などとする.

終端条件 (7.17) が成り立つように

$$\delta\lambda(t) = S(t)\delta x(t) + c(t) \tag{7.18}$$

$$S(t_f) = \frac{\partial^2 \varphi}{\partial x^2}(x(t_f)), \quad c(t_f) = dE \tag{7.19}$$

という関係を仮定して，微分方程式 (7.15) に代入すると

$$\begin{bmatrix} \delta \dot{x} \\ \dot{S}\delta x + S\delta \dot{x} + \dot{c} \end{bmatrix} = \begin{bmatrix} (A - BS)\delta x \\ (-C - A^{\mathrm{T}}S)\delta x \end{bmatrix} + \begin{bmatrix} -Bc \\ -A^{\mathrm{T}}c \end{bmatrix}$$

を得る．上半分の式で決まる $\delta \dot{x}$ を下半分の式に代入して整理すると

$$\begin{bmatrix} \delta \dot{x} \\ \dot{S}\delta x + \dot{c} \end{bmatrix} = \begin{bmatrix} (A - BS)\delta x \\ (-A^{\mathrm{T}}S - SA + SBS - C)\delta x \end{bmatrix} + \begin{bmatrix} -Bc \\ (-A^{\mathrm{T}} + SB)c \end{bmatrix}$$

となる．この式の下半分は

$$\dot{S} + A^{\mathrm{T}}S + SA - SBS + C = 0 \tag{7.20}$$

$$\dot{c} + (A^{\mathrm{T}} - SB)c = 0 \tag{7.21}$$

を満たす $S(t)$ と $c(t)$ によってつねに成り立つ．これらの微分方程式と終端条件 (7.19) から $S(t)$ と $c(t)$ が決まれば，上半分の

$$\delta \dot{x}(t) = (A(t) - B(t)S(t))\delta x(t) - B(t)c(t) \tag{7.22}$$

は $\delta x(t)$ の常微分方程式であり，初期条件 $\delta x(t_0) = 0$ とあわせて $\delta x(t)$ を決める．そして，式 (7.18) より，求める $\lambda(t_0) = \lambda_0$ の修正量 $\delta \lambda_0$ は

$$\delta \lambda_0 = c(t_0) \tag{7.23}$$

で与えられる．なお，$\delta x(t_0) = 0$ により $S(t_0)$ の項は消えている．以上のように，遷移行列を使わず微分方程式 (7.20), (7.21) を逆時間で解くことにより線形 2 点境界値問題を解く手法は，**backward sweep** と呼ばれる．まとめると，つぎのようになる．

アルゴリズム 7.4 （シューティング法：backward sweep による方法）

1) 適当なベクトル λ_0 を随伴変数の初期値に対する初期推定解として与える．

2) 式 (7.2) と $\lambda(t_0) = \lambda_0$ を初期条件として連立微分方程式 (7.1), (7.3) を終端時刻 t_f まで数値的に解き，状態 $x(t)$ と随伴変数 $\lambda(t)$ ($t_0 \leqq t \leqq t_f$) を求める。その際，各時刻の制御入力 $u(t)$ は方程式 (7.5) を $u(t)$ について解いて求める。

3) 終端条件の誤差 E を式 (7.13) によって計算する。$\|E\|$ が十分 0 に近ければ停止し，そうでなければつぎのステップへ。

4) 式 (7.20), (7.21) を終端条件 (7.19) から初期時刻 t_0 まで逆時間方向へ数値的に解き，行列 $S(t)$ とベクトル $c(t)$ ($t_0 \leqq t \leqq t_f$) を求める。

5) 式 (7.23) によって $\delta\lambda_0$ を求める。

6) $\lambda_0 := \lambda_0 + \delta\lambda_0$ としてステップ 2) へ。

シューティング法では，制御入力の関数という無限次元の量を求める最適制御問題が有限次元の初期随伴変数 $\lambda(t_0) = \lambda_0$ を求める問題に帰着されている。また，ここでは，$\lambda(t_0)$ の変化に対する $x(t_f)$ と $\lambda(t_f)$ の変化を線形 2 点境界値問題の解によって厳密に表したが，差分近似で表すことも可能である。

式 (7.11), (7.15) の係数行列は**ハミルトン行列**（Hamiltonian matrix）と呼ばれ，ある固有値 σ に対して必ず $-\sigma$ も固有値になる[24]。つまり，時不変の場合なら安定な固有値と不安定な固有値の両方を持つことになり，遷移行列 $\Phi(t)$ は 0 に収束する要素と発散していく要素と両方を持つことになる。これは，随伴変数の初期値を同じ大きさだけ変化させたとしても，終端条件の誤差がほとんど変わらない場合と非常に大きく変化する場合とが混在することを意味している。数学的に等価な backward sweep でもこの性質は同じである。そのため，シューティング法は数値的困難に陥りやすく，初期推定解が解に十分近くないと使えないことがある。

7.4 入力関数のニュートン法

勾配法では制御入力の修正によって評価関数が減少する方向を見つけたのに

148   7. 最適制御問題の数値解法

対し，シューティング法では随伴変数の初期値に対するニュートン法を考えた。他の方法として，制御入力に対するニュートン法と見なせる方法も考えられる。これも 7.1 節のケース (1) に区分される。

制御入力が満たさなければならない条件は式 (7.5) であり，その誤差 $\partial H/\partial u$ が 0 になるよう，制御入力を修正できればよい。しかし，ハミルトン関数は状態変数と随伴変数にも依存し，かつ，それらは式 (7.1), (7.3) によって制御入力に依存するから，その影響を考慮する必要がある。

まず，勾配法のときと同様に，式 (7.1), (7.3) は満たされ，$\partial H/\partial u$ が 0 でないものとする。制御入力の微小変化 δu とその結果生じる状態および随伴変数の微小変化 δx, $\delta \lambda$ とによって $\partial H(x+\delta x, u+\delta u, \lambda+\delta \lambda, t)/\partial u$ が 0 になればよいから，これを (x, u, λ) においてテイラー展開して δu, δx, $\delta \lambda$ の 2 次以上の項を無視すると

$$\left(\frac{\partial H}{\partial u}\right)^{\mathrm{T}} + \frac{\partial^2 H}{\partial u \partial x}\delta x + \frac{\partial^2 H}{\partial u^2}\delta u + \frac{\partial^2 H}{\partial u \partial \lambda}\delta \lambda = 0 \tag{7.24}$$

という条件が得られる。また，$x+\delta x$ と $\lambda+\delta \lambda$ は式 (7.1), (7.3) を満たさなければならないから，シューティング法のときと同様，δx と $\delta \lambda$ は以下の条件を満たす。

$$\delta \dot{x} = \frac{\partial f}{\partial x}\delta x + \frac{\partial f}{\partial u}\delta u \tag{7.25}$$

$$\delta \dot{\lambda} = -\frac{\partial^2 H}{\partial x^2}\delta x - \frac{\partial^2 H}{\partial x \partial u}\delta u - \frac{\partial^2 H}{\partial x \partial \lambda}\delta \lambda \tag{7.26}$$

ただし，シューティング法の場合と異なり，境界条件 (7.2), (7.4) はつねに満たされるとするので，δx と $\delta \lambda$ の境界条件は以下のようになる。

$$\delta x(t_0) = 0 \tag{7.27}$$

$$\delta \lambda(t_f) = \frac{\partial^2 \varphi}{\partial x^2}(x(t_f))\delta x(t_f) \tag{7.28}$$

式 (7.24) を δu について解くと

$$\delta u = -\left(\frac{\partial^2 H}{\partial u^2}\right)^{-1}\left\{\frac{\partial^2 H}{\partial u \partial x}\delta x + \frac{\partial^2 H}{\partial u \partial \lambda}\delta \lambda + \left(\frac{\partial H}{\partial u}\right)^{\mathrm{T}}\right\} \tag{7.29}$$

となるから，これを式 (7.25), (7.26) に代入して整理すると

$$\frac{d}{dt}\begin{bmatrix}\delta x \\ \delta \lambda\end{bmatrix} = \begin{bmatrix} A(t) & -B(t) \\ -C(t) & -A^{\mathrm{T}}(t)\end{bmatrix}\begin{bmatrix}\delta x \\ \delta \lambda\end{bmatrix} + \begin{bmatrix} v(t) \\ w(t)\end{bmatrix} \quad (7.30)$$

となる。ここで，行列 $A(t), B(t), C(t)$ は，シューティング法のときと同じであり，ベクトル $v(t), w(t)$ は以下のとおりである。

$$v(t) = -\frac{\partial f}{\partial u}\left(\frac{\partial^2 H}{\partial u^2}\right)^{-1}\left(\frac{\partial H}{\partial u}\right)^{\mathrm{T}}$$

$$w(t) = \frac{\partial^2 H}{\partial x \partial u}\left(\frac{\partial^2 H}{\partial u^2}\right)^{-1}\left(\frac{\partial H}{\partial u}\right)^{\mathrm{T}}$$

結局，シューティング法の場合と若干の違いはあるものの，式 (7.27), (7.28), (7.30) は線形 2 点境界値問題になっている。したがって，遷移行列もしくは backward sweep によって解くことができる。線形 2 点境界値問題を解く部分の詳細（演習問題【3】）を省略すると，制御入力に対するニュートン法は以下のようにまとめられる。

アルゴリズム 7.5（制御入力に対するニュートン法）

1) 適当な時間関数 $u(t)$ $(t_0 \leq t \leq t_f)$ を制御入力の初期推定解として与える。

2) 初期条件 (7.2) から状態方程式 (7.1) を終端時刻 t_f まで数値的に解き状態 $x(t)$ $(t_0 \leq t \leq t_f)$ を求める。

3) 終端条件 (7.4) から随伴方程式 (7.3) を初期時刻 t_0 まで逆時間方向へ数値的に解き随伴変数 $\lambda(t)$ $(t_0 \leq t \leq t_f)$ を求める。

4) 以上で求めた x, u, λ から，各時刻 t $(t_0 \leq t \leq t_f)$ における勾配 $\partial H/\partial u$ を計算する。勾配のノルム $\left(\int_{t_0}^{t_f}\|\partial H/\partial u\|^2\,dt\right)^{1/2}$ が十分 0 に近ければ停止。そうでなければつぎのステップへ。

5) 線形 2 点境界値問題 (7.27), (7.28), (7.30) を解いて，$\delta x(t), \delta \lambda(t)$ $(t_0 \leq t \leq t_f)$ を計算する。

6) 式 (7.29) によって $\delta u(t)$ $(t_0 \leq t \leq t_f)$ を計算する。$s = \delta u$ とおく。

7) 制御入力を $u+\alpha s$ としたときの評価関数値 $J[u+\alpha s]$ が最小になるスカラー $\alpha > 0$ を求め，それを α^* とする．

8) $u := u + \alpha^* s$ として，ステップ 2) へ．

このアルゴリズムは δJ を δx, δu の 2 次の項まで考えて最小化していると解釈することができ（演習問題【2】），**2 次の勾配法**とも呼ばれる[25]．最適解の近傍では評価関数が 2 次の項まででよく近似でき，1 次の項しか考えない勾配法よりニュートン法の収束は速い．ただし，H の 2 階偏導関数を含む線形 2 点境界値問題を解かなければならないので，各反復に必要な計算量は単純な勾配法よりも多い．また，初期推定解が最適解から離れていると，収束が遅い可能性もある．なお，本来のニュートン法にはステップ 7) の直線探索が含まれないが，ここでは直線探索を含めている．直線探索により，各反復で評価関数が増えることはないので，同じニュートン法でも，シューティング法と比べれば数値的に発散しにくいという利点がある．

アルゴリズム 7.5 のバリエーションとして，線形 2 点境界値問題を解く代わりに勾配 $\partial H/\partial u$ の情報から δx, δu の 2 次の項を推定して探索方向 s を計算する一種の準ニュートン法もある[13),19)]．非線形計画問題に対する準ニュートン法を最適制御問題へ拡張するには，アルゴリズム 2.4 における行列 H_k やその逆行列 B_k を関数に対する作用素と見なせばよい．

7.5 他の問題設定

いままでの計算方法では状態方程式以外の拘束条件を考慮せず，終端時刻も固定であった．問題設定に応じてアルゴリズムの導出過程を修正すれば，より一般的な場合の計算方法を得ることも可能である．しかし，2.5 節で述べたペナルティ法やバリア法を用いれば，基本的な問題設定に対する前述の計算方法によってさまざまな拘束条件を扱うこともできる．例えば，終端状態に対して

$$\psi(x(t_f)) = 0$$

という拘束条件が課せられた場合，評価関数を
$$J = \frac{r}{2}\|\psi(x(t_f))\|^2 + \varphi(x(t_f)) + \int_{t_0}^{t_f} L(x(t), u(t), t) dt$$
と修正して終端拘束条件なしの問題を考える．ここで，右辺第1項がペナルティ関数であり，r は正の実数である．**定理 2.5** で述べたように，適当な仮定のもとで，修正された拘束なし問題の最適解が $r \to \infty$ で拘束条件付き問題の最適解へ収束することが示せる．実際の計算では，小さい値から徐々に r を増やしながら最適解の探索を繰り返し，十分大きな r によって近似解を得ることになる．また，2.5.3 項で述べたように，ラグランジュ乗数に相当する項 $\nu^\mathrm{T}\psi$ も付加することでペナルティ関数の重み r の大きさを抑える乗数法を用いてもよい．

不等式拘束条件に対しては，対数関数によるバリア関数がよく用いられる．例えば，$C(x, u, t) \geqq 0$ という拘束条件が課せられた場合，評価関数を
$$J = \varphi(x(t_f)) + \int_{t_0}^{t_f} \left(L(x(t), u(t), t) - \frac{1}{r} \log C(x, u, t) \right) dt$$
と修正する．この場合は積分に含まれる対数項がバリア関数である．ただし，$C(x, u, t) \geqq 0$ を満たすように初期推定解をうまく与えないと，バリア関数が定義されず計算が開始できない．適切な初期推定解を与えるのが困難な場合は，バリア関数の代わりにペナルティ関数を用いる．例えば，ペナルティ関数を
$$P(x, u, t) = \begin{cases} \dfrac{r}{2} C(x, u, t)^2 & (C(x, u, t) < 0) \\ 0 & (C(x, u, t) \geqq 0) \end{cases}$$
などとして被積分項 L に加える．その他，2.3.4 項で述べたように，問題を変換して拘束条件なしの問題に帰着できる場合もある．例えば，制御入力が陽に現れない不等式拘束条件 $C(x, t) \geqq 0$ に対して，スラック変数を導入したり時間軸を変換したりして拘束なしの問題に帰着させる方法が提案されている[27), 28)]．また，制御入力の大きさに不等式拘束条件が課せられている場合，勾配法による制御入力の修正を拘束条件の範囲内に限定することで，最小原理を満足させる方法が提案されている[29)]．

終端時刻 t_f が固定でなく自由な場合は，5.4 節で導いた t_f に関する停留条件

$$\left(\frac{\partial \varphi}{\partial t} + H\right)\bigg|_{t=t_f} = 0$$

を用いて前節までの計算方法を修正することができる．例えば，上式の左辺は，評価関数の t_f に関する勾配でもあるので，u と t_f を同時に修正する勾配法を導くことができる．ただし，t_f はスカラーなので，さまざまな t_f に対する最適解を実際に計算して評価関数値を比較し，最適な t_f を探索する方法も有効である．

7.6 動的計画法

ここまでで述べた反復法とは異なるアプローチとして，6章の動的計画法によって得られたハミルトン・ヤコビ・ベルマン方程式を逆時間方向に解いていく数値解法も考えられる．すなわち，原理的には，ある時刻での値関数 $V(x,t)$ が状態の関数としてわかっており，その偏導関数 $\partial V/\partial x$ も計算できるのであれば，式 (6.6) より $\partial V/\partial t$ が決まるので，微小時間 Δt による差分近似を使って逆時間方向に値関数と最適状態フィードバック制御則を計算していくことができる．計算は境界条件 (6.4) から開始すればよい．アルゴリズムとしてまとめると，つぎのようになる．

アルゴリズム 7.6 （動的計画法）

1) 評価区間を十分小さい時間刻み Δt で分割し，$t = t_f$，$V(x, t_f) = \varphi(x)$ とおく．
2) 各状態 x に対して式 (6.6) 右辺のハミルトン関数 H を最小にする制御入力 $u_{opt}(x,t)$ を求める．
3) つぎの式で関数 $V(x, t - \Delta t)$ を求める．

$$V(x, t - \Delta t) = V(x, t) + H\left(x, u_{opt}(x, t), \left(\frac{\partial V}{\partial x}\right)^{\mathrm{T}}(x, t), t\right)\Delta t$$

4) $t := t - \Delta t$ とする．

5) $t = t_0$ であれば停止.そうでなければステップ 2) へ.

このアルゴリズムのように時間軸を離散化したとしても,制御入力 $u_{opt}(x,t)$ と値関数 $V(x,t)$ を数式として求めることは多くの場合困難である.なぜなら,アルゴリズムを繰り返すに従って $u_{opt}(x,t)$ と $V(x,t)$ が複雑な関数になっていき,ハミルトン関数を最小にする制御入力 $u_{opt}(x,t)$ が陽に求められなくなるからである.一方,制御入力 $u_{opt}(x,t)$ と値関数 $V(x,t)$ を数値的に求める場合,有限個の状態の組におけるそれらの値を記憶しておき,補間によって状態空間全体の関数を近似する.すなわち,状態空間の離散化も必要になる.したがって,x の次元が高いと,記憶すべきデータの量が膨大になり,このアルゴリズムは実行できなくなってしまうことがある.この困難は,3 章のベルマン方程式の場合と同じであり,**次元の呪い**と呼ばれる.ただし,状態の次元が小さい場合や状態と制御入力のとりうる値が有限個の場合,動的計画法は有効である.

最後に,本章で述べた数値解法の長所と短所,そしてどのような場合に適するかをまとめると**表 7.1** のようになる.数値解法にはさまざまなバリエーションがあり,個々の最適制御問題の性質によっても数値解法の挙動が変わってくるので,あくまで大まかな目安でしかない.数値解法の原理,システムの性質,そして,評価関数や拘束条件の意味をよく理解し,状況に応じて数値解法を使

表 **7.1** 数値解法のまとめ

数値解法	長所	短所	適する用途
勾配法	H の高階偏導関数が不要	最適解近傍での収束が遅い	最適解のおおよその様子を手軽に知りたいとき
シューティング法	未知量が有限次元	計算が発散しやすい	良好な初期推定解が選べるとき
入力関数のニュートン法 (2 次の勾配法)	最適解近傍での収束が速い	H の 2 階偏導関数が必要で,各反復での計算量が多い	最適解を精度よく求めたいとき
動的計画法	状態フィードバック制御が得られる	状態の次元が高いと記憶量が膨大	状態の次元が低いか,狭い範囲だけ考慮すればよいとき

い分けたり修正したりすることが重要である．例えば，勾配法である程度収束するまで計算して得た解を，入力関数のニュートン法に対する初期推定解として用いるという組み合わせが考えられる．ごく簡単な問題であれば，どの数値解法でもわずかな反復回数で収束するが，いざ実際の問題を解こうとすると収束せず行き詰ることが間々ある．そこからは問題固有の工夫が必要になり，万能な数値解法はないと言わざるを得ない．

********** 演 習 問 題 **********

【1】 終端拘束条件 $x(t_f) = x_f$ が課せられている場合のシューティング法を，遷移行列と backward sweep それぞれを用いて導け．
(ヒント) $E = x(t_f) - x_f$ と置いて，$dE = -E$ となるよう，初期随伴変数 $\lambda(t_0) = \lambda_0$ の修正量 $\delta\lambda_0$ を求めればよい．

【2】 入力関数のニュートン法が，微小変化の 2 次評価関数を最小化していることを示せ．

【3】 入力関数のニュートン法における δx と $\delta \lambda$ を，遷移行列と backward sweep それぞれを用いて求めよ．

【4】 動的計画法において，状態 x がスカラーの場合を考える．状態空間の適当な区間 $[x_{min}, x_{max}]$ $(x_{max} > x_{min})$ を刻み Δx で M 分割したとし，$x_i = x_{min} + i\Delta x$ $(i = 0, \cdots, M)$ と置く．同様に，刻み Δt で N 分割した評価区間 $[t_0, t_f]$ 上の時刻を $t_j = t_0 + j\Delta t$ $(j = 0, \cdots, N)$ と置く．そして，$V_{ij} = V(x_i, t_j)$ と置き，値関数の勾配を

$$\frac{\partial V}{\partial x}(x_i, t_j) \simeq \frac{V_{i+1,j} - V_{ij}}{\Delta x} \quad (i = 0, \cdots, M-1)$$
$$\frac{\partial V}{\partial x}(x_M, t_j) \simeq \frac{V_{Mj} - V_{M-1,j}}{\Delta x}$$

で近似する．このとき，動的計画法に従って，$\{V_{ij}\}_{i=0}^{M}$ を $j = N$ から $j = 0$ まで決定する漸化式を導け．

8 モデル予測制御

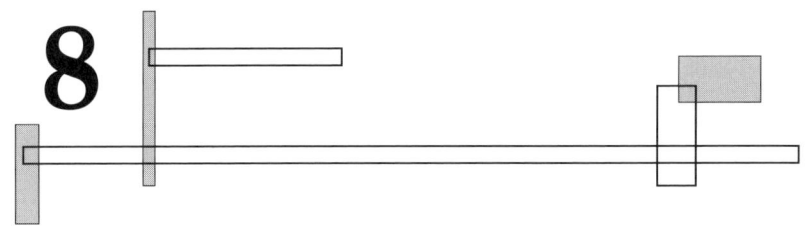

　計算機の飛躍的な進歩により，非線形システムの最適制御問題を数値的に解くのに必要な計算時間も短くなっている。そこで，最適制御問題を実時間で数値的に解いてフィードバック制御を行う問題設定が現実味を帯びてきた。それがモデル予測制御ないし receding horizon 制御と呼ばれる制御手法である。有限な評価区間を時間とともに移動させていくことで状態フィードバック制御則を定義していると見なせるが，実装上の問題点として，数値解法の計算時間と閉ループシステムの安定性とがある。本章ではそれらの問題点に対して近年得られてきた研究成果を述べる。

8.1 問題設定と停留条件

8.1.1 モデル予測制御の問題設定

　評価区間が有限な最適制御問題の解は，2点境界値問題を満たす時間関数として表される。しかし，時間関数として得られた最適制御は，各時刻における実際の状態を用いない開ループ制御になるため，モデル化誤差や外乱などでシステムの状態が最適軌道からずれたとしても，それを修正することはできない。一方，ハミルトン・ヤコビ・ベルマン方程式を満たす値関数が見つかれば，最適制御入力は状態と時刻の関数として得られる。しかし，ハミルトン・ヤコビ・

ベルマン方程式は非線形の偏微分方程式であるため，それを解いて状態フィードバック制御を求めることは困難である．また，たとえ解けたとしても，有限の終端時刻以降にどのような入力を加えればよいのかは決まらない．

実際のフィードバック制御では，いつ制御を終了するかあらかじめ決めておくことはせず，時刻に依存しないフィードバック制御則を継続的に用いることが多い．最適制御問題の評価区間を無限大にして，ハミルトン・ヤコビ・ベルマン方程式の定常解が得られれば，時不変な状態フィードバック制御則が決まるが，もちろん LQ 制御問題などのごく特殊な場合を除けば定常解を求めることも困難である．

有限評価区間の最適制御問題には前章で述べたようにさまざまな数値解法があり，システムの次元が高くなってもハミルトン・ヤコビ・ベルマン方程式における次元の呪いのような原理的困難はない．そこで，有限評価区間の最適制御問題を各時刻で解くことによって，時不変な状態フィードバック制御則を決定するような問題設定を考える．それが**モデル予測制御**である．モデル予測制御は，後述のように評価区間（horizon）が時刻とともに後ずさって（recede）いくため **receding horizon 制御**と呼ばれることもある．モデル予測制御では，プロセス制御を中心に離散時間の問題設定が用いられることが多い．さらに，線形システムを対象にした場合でもモデルの表し方や評価関数の与え方によって異なる呼び方がされることもある．それらについては文献30),31) を参照されたい．ここでは最適制御問題との関連性を重視して連続時間のモデル予測制御を説明する[†]．

制御対象として以下のように一般的な非線形システムを考える．

$$\dot{x}(t) = f(x(t), u(t), t)$$

これまでの章と同様，$x(t) \in \mathbb{R}^n$ は状態ベクトル，$u(t) \in \mathbb{R}^m$ は制御入力のベクトルである．そして，各時刻 t においてつぎのような最適制御問題を考える．

[†] 単にモデル予測制御という場合，線形システムを制御対象とすることが多いため，本章のように非線形システムを制御対象とする場合，非線形モデル予測制御（nonlinear model predictive control; NMPC）ということも多い．

8.1 問題設定と停留条件

$$\begin{cases} 評価関数 : J = \varphi\left(\bar{x}(t+T), t+T\right) + \int_t^{t+T} L\left(\bar{x}(\tau), \bar{u}(\tau), \tau\right) d\tau \\ 状態方程式 : \dot{\bar{x}}(\tau) = f(\bar{x}(\tau), \bar{u}(\tau), \tau), \quad \bar{x}(t) = x(t) \end{cases}$$

ここで，$\bar{x}(\tau)$ と $\bar{u}(\tau)$ $(t \leq \tau \leq t+T)$ はあくまでも最適制御問題における状態と制御入力であり，必ずしも現実のシステムにおける状態および制御入力とは一致しないことに注意する．ただし，最適制御問題の初期時刻である時刻 t においてのみ，$\bar{x}(t) = x(t)$ が成り立つ．つまり，最適制御問題の初期状態を現実のシステムの状態で与えている（図 **8.1**）．

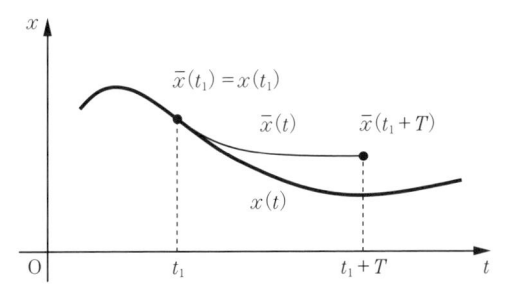

図 8.1 現実の状態 $x(t)$ と最適制御問題の状態 $\bar{x}(t)$

この最適制御問題に対する最適制御は，評価区間上の時刻 τ に依存する時間関数であるが，最適制御問題自体の初期時刻である t と初期状態である $x(t)$ にも依存する．そこで，最適制御を $\bar{u}_{\text{opt}}(\tau; t, x(t))$ $(t \leq \tau \leq t+T)$ と表すことにする．通常の最適制御ではこれを評価区間に渡って入力するが，その代わりに時刻 t での値のみを用いることにして実際の制御入力を

$$u(t) = u_{\text{opt}}(t; t, x(t))$$

と与えると，これは現在の時刻と状態に依存したフィードバック制御則になる．このようなフィードバック制御がモデル予測制御である．各時刻 t において求めた最適制御のうち使うのはその時刻 t での値のみだが，T だけ未来までの応答を最適化して入力を決めているという意味において合理的なフィードバック制御が行えると期待できる．

もしも，システムと評価関数が時刻に陽に依存しないのであれば，最適制御の初期値である $u_{\mathrm{opt}}(t;t,x(t))$ は実際には状態 $x(t)$ だけに依存する時不変な状態フィードバック制御則になる．また，たとえ時変な状態フィードバック制御則であっても，最適制御問題に解がある限りいつまでも制御入力を決定することができる．つねに各時刻から有限時間未来までの最適制御問題を解いているので，有限な評価区間が未来に向かって後ずさっていることになり，その結果，評価区間が有限であるにもかかわらずフィードバック制御自体はいつまでも続けられるようになっている．

8.1.2 モデル予測制御の課題

モデル予測制御には二つの大きな課題がある．それは，計算時間と安定性である．まず，モデル予測制御を実装するには各サンプリング時刻でシステムの状態を計測したら即座に最適制御問題を解いて制御入力を決定する必要がある．したがって，最適制御問題の数値解法はサンプリング周期内に終わる必要がある．サンプリング周期は評価区間に比べて大幅に短いことが多く，計算時間の要求は非常に厳しくなる．例えば，ロボットアームなど機械システムの制御であればサンプリング周期は 1 ミリ秒程度であり，その時間内に，例えば数秒程度未来までの応答を最適化する最適制御問題を解かなければならない．

そして，有限時間未来までの最適制御問題を解いて制御入力を決定しても，閉ループシステムの安定性が必ずしも保証されないことは明らかであろう．安定性とは無限の時間が経過したときの状態の挙動に関する性質であるので，モデル予測制御の問題設定と直接の関係はない．しかし，さまざまなシステムの制御において安定性はもっとも重要な性質の一つであり，モデル予測制御によって安定性を保証するにはどのようにすればよいか，というのは重要な問題である．

このように計算時間と安定性ともに一般的な非線形モデル予測制御において解決が困難な課題であるが，近年ある程度の研究成果が出ている．計算時間に関しては，汎用的な数値解法を使う代わりにモデル予測制御に特化した数値解法を考えることで低減が試みられている．また，安定性に関しては，拘束条件

や評価関数の与え方によって保証できる場合もあることがわかってきている。
8.2 節以降ではそれらについて述べる。

8.1.3 停留条件

数値解法と安定性を述べる前に，問題設定の締めくくりとして，モデル予測制御で解くべき問題を評価区間固定の最適制御問題として定式化し直しておく。モデル予測制御では，各時刻 t において評価区間の長さが T である最適制御問題を解くので，評価区間上の時刻 τ と現実の時刻 t とに依存する 2 変数関数として状態や制御入力を考えることができる。そこで，時刻 t を初期時刻とする最適制御問題において，初期時刻から τ だけ後の状態と制御入力をそれぞれ $x^*(\tau,t)$，$u^*(\tau,t)$ と表すことにする（図 **8.2**）。

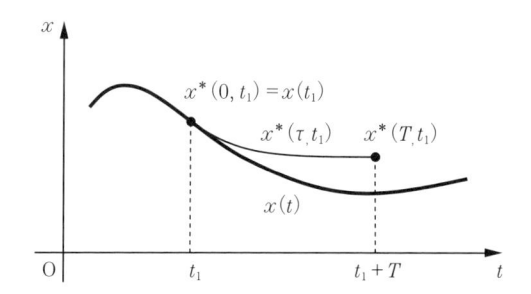

図 8.2 評価区間上の時刻 τ と現実の時刻 t に依存する
最適制御問題の状態 $x^*(\tau,t)$

以上のような変数を用いると，解くべき最適制御問題は，時刻 t をパラメータとして評価区間が $0 \leqq \tau \leqq T$ である以下のような最適制御問題になる。

$$\begin{cases} 評価関数: & J = \varphi\left(x^*(T,t), t+T\right) \\ & \quad + \int_0^T L\left(x^*(\tau,t), u^*(\tau,t), t+\tau\right) d\tau \\ 状態方程式: & \dfrac{\partial x^*}{\partial \tau}(\tau,t) = f\left(x^*(\tau,t), u^*(\tau,t), t+\tau\right), \\ & x^*(0,t) = x(t) \end{cases} \quad (8.1)$$

8. モデル予測制御

状態や制御入力が2変数関数になったため状態方程式の時間微分が偏微分になっているが，本質的には評価区間が固定された通常の最適制御問題である．8.1.1項の問題と異なり，τ は時刻そのものではなく時刻 t からの経過時間なので，状態方程式と評価関数の時間変数が $t+\tau$ になっていることに注意されたい．各時刻 t では，この最適制御問題を解いて最適制御 $u^*(\tau,t)$ $(0 \leq \tau \leq T)$ を求め，実際の制御入力としてはその初期値のみを用いて

$$u(t) = u^*(0,t) \tag{8.2}$$

とする．

式 (8.1) の最適制御問題に対する停留条件は τ 軸上のオイラー・ラグランジュ方程式で与えられ，以下のようになる．

$$\frac{\partial x^*}{\partial \tau} = f(x^*, u^*, t+\tau) \tag{8.3}$$

$$x^*(0,t) = x(t) \tag{8.4}$$

$$\frac{\partial \lambda^*}{\partial \tau} = -\left(\frac{\partial H}{\partial x}\right)^{\mathrm{T}}(x^*, u^*, \lambda^*, t+\tau) \tag{8.5}$$

$$\lambda^*(T,t) = \left(\frac{\partial \varphi}{\partial x}\right)^{\mathrm{T}}(x^*(T,t), t+T) \tag{8.6}$$

$$\frac{\partial H}{\partial u}(x^*, u^*, \lambda^*, t+\tau) = 0 \tag{8.7}$$

なお，$\lambda^*(\tau,t)$ は τ 軸上の随伴変数，H は

$$H(x, u, \lambda, t) = L(x, u, t) + \lambda^{\mathrm{T}} f(x, u, t)$$

で定義されるハミルトン関数であり，引数の時間変数 (τ,t) は適宜省略している．各時刻で上記の2点境界値問題を解くために前章で述べた反復法を用いることもできるが，サンプリング周期の間に反復が収束するとは限らない．また，何回の反復で収束するかも事前にはわからないので，一定のサンプリング周期で実装する通常のフィードバック制御には向かない．

なお，等式拘束条件 $C(x(t), u(t), t) = 0$ が課されている場合は，5.4 節にしたがってハミルトン関数を

$$H(x,u,\lambda,\rho,t) = L(x,u,t) + \lambda^{\mathrm{T}} f(x,u,t) + \rho^{\mathrm{T}} C(x,u,t)$$

と定義すればよい．拘束条件に対するラグランジュ乗数 ρ は制御入力の u と同じように扱うことができる．また，不等式拘束条件や終端拘束条件が課される場合，7.5 節と同様にペナルティ関数やバリア関数を用いる方法もある．評価区間上の軌道は必ずしも実際のシステムの軌道と一致しないものの，つねに評価区間全体で拘束条件が満たされていれば，各時刻 t でも拘束条件が満たされることに注意しよう．

8.2 数 値 解 法

本節ではモデル予測制御に特化した数値解法を述べる．前述の通り各時刻では評価区間の固定された通常の最適制御問題を解くので，前章で述べた反復法を適用してもよいが，最適解の実時間方向への変化を追跡することで，反復法によらない効率的な数値解法を構成することができる．各時刻で最適制御問題を解くという一見して計算量の多そうな問題設定を逆手にとって，短いサンプリング周期の間に微小変化する解を正確に計算することができるのである．以下では，具体的な数値解法として，評価区間上の初期随伴変数を実時間方向に追跡していく方法[32),33)] と，評価区間を有限個の時間ステップに離散化して制御入力の系列を実時間方向に追跡していく方法[34),35)] とを述べる．最適化における多くの数値解法が反復法を用いるのと異なり，解を実時間方向に追跡していく数値解法は，未知量の実時間に関する常微分方程式として表現される．それを実時間で数値積分することにより未知量を更新していくことができる．

8.2.1 最適解の実時間方向への変化

前節で述べたように，モデル予測制御における評価区間上の変数は，評価区間上の時刻 τ と実時間 t との 2 変数に依存する．実時間 t に関する未知量の変化を追跡するには，t に関する偏導関数がわかればよい．そこで，オイラー・

ラグランジュ方程式 (8.3)〜(8.7) 全体を t で微分してみると，偏微分の順序が交換できることを利用して以下の関係式が得られる．

$$\frac{\partial}{\partial \tau}\left(\frac{\partial x^*}{\partial t}\right) = \frac{\partial f}{\partial x}\frac{\partial x^*}{\partial t} + \frac{\partial f}{\partial u}\frac{\partial u^*}{\partial t} + \frac{\partial f}{\partial t}$$

$$\frac{\partial x^*}{\partial t}(0,t) = \dot{x}(t)$$

$$\frac{\partial}{\partial \tau}\left(\frac{\partial \lambda^*}{\partial t}\right) = -\frac{\partial^2 H}{\partial x^2}\frac{\partial x^*}{\partial t} - \frac{\partial^2 H}{\partial x \partial u}\frac{\partial u^*}{\partial t} - \frac{\partial^2 H}{\partial x \partial \lambda}\frac{\partial \lambda^*}{\partial t} - \frac{\partial^2 H}{\partial x \partial t}$$

$$\frac{\partial \lambda^*}{\partial t}(T,t) + \frac{\partial \lambda^*}{\partial \tau}(T,t)\frac{dT}{dt} = \frac{\partial^2 \varphi}{\partial x^2}\left(\frac{\partial x^*}{\partial t}(T,t) + \frac{\partial x^*}{\partial \tau}(T,t)\frac{dT}{dt}\right)$$

$$+ \frac{\partial^2 \varphi}{\partial x \partial t} + \frac{\partial^2 \varphi}{\partial x \partial t}\frac{dT}{dt}$$

$$\frac{\partial^2 H}{\partial u \partial x}\frac{\partial x^*}{\partial t} + \frac{\partial^2 H}{\partial u^2}\frac{\partial u^*}{\partial t} + \frac{\partial^2 H}{\partial u \partial \lambda}\frac{\partial \lambda^*}{\partial t} + \frac{\partial^2 H}{\partial u \partial t} = 0$$

省略されている引数のうち，x^*, u^*, λ^* の偏導関数の引数は (τ, t) であり，f の偏導関数の引数は $(x^*(\tau,t), u^*(\tau,t), t+\tau)$，$H$ の偏導関数の引数は $(x^*(\tau,t), u^*(\tau,t), \lambda^*(\tau,t), t+\tau)$，そして φ の偏導関数の引数は $(x^*(T,t), t+T)$ である．また，ここでは，評価区間の長さ T が時間関数 $T(t)$ として与えられている一般的な問題設定を考えることとし，その結果，導関数 $dT(t)/dt$ が終端条件を t で微分した式に現れている．最後の式を $\partial u^*/\partial t$ に関して解くと

$$\frac{\partial u^*}{\partial t} = -\left(\frac{\partial^2 H}{\partial u^2}\right)^{-1}\left(\frac{\partial^2 H}{\partial u \partial x}\frac{\partial x^*}{\partial t} + \frac{\partial^2 H}{\partial u \partial \lambda}\frac{\partial \lambda^*}{\partial t} + \frac{\partial^2 H}{\partial u \partial t}\right)$$

を得る．これを使って $\partial u^*/\partial t$ を消去し整理するとつぎのようになる．

$$\frac{\partial}{\partial \tau}\begin{bmatrix}\dfrac{\partial x^*}{\partial t} \\ \dfrac{\partial \lambda^*}{\partial t}\end{bmatrix} = \begin{bmatrix}A^*(\tau,t) & -B^*(\tau,t) \\ -C^*(\tau,t) & -A^{*\mathrm{T}}(\tau,t)\end{bmatrix}\begin{bmatrix}\dfrac{\partial x^*}{\partial t} \\ \dfrac{\partial \lambda^*}{\partial t}\end{bmatrix} + \begin{bmatrix}D^*(\tau,t) \\ -E^*(\tau,t)\end{bmatrix} \tag{8.8}$$

$$\frac{\partial x^*}{\partial t}(0,t) = \dot{x}(t) \tag{8.9}$$

$$\frac{\partial \lambda^*}{\partial t}(T,t) = \frac{\partial^2 \varphi}{\partial x^2}\frac{\partial x^*}{\partial t}(T,t)$$

$$+ \left[\frac{\partial^2 \varphi}{\partial x \partial t} + \left\{ \left(\frac{\partial H}{\partial x} \right)^{\mathrm{T}} + \frac{\partial^2 \varphi}{\partial x^2} f + \frac{\partial^2 \varphi}{\partial x \partial t} \right\} \frac{dT}{dt} \right] \bigg|_{\tau=T} \quad (8.10)$$

ただし，A^*, B^*, C^*, D^*, E^* はつぎのように定義される行列である．

$$A^*(\tau,t) = \frac{\partial f}{\partial x} - \frac{\partial f}{\partial u} \left(\frac{\partial^2 H}{\partial u^2} \right)^{-1} \frac{\partial^2 H}{\partial u \partial x}$$

$$B^*(\tau,t) = \frac{\partial f}{\partial u} \left(\frac{\partial^2 H}{\partial u^2} \right)^{-1} \left(\frac{\partial f}{\partial u} \right)^{\mathrm{T}}$$

$$C^*(\tau,t) = \frac{\partial^2 H}{\partial x^2} - \frac{\partial^2 H}{\partial x \partial u} \left(\frac{\partial^2 H}{\partial u^2} \right)^{-1} \frac{\partial^2 H}{\partial u \partial x}$$

$$D^*(\tau,t) = \frac{\partial f}{\partial t} - \frac{\partial f}{\partial u} \left(\frac{\partial^2 H}{\partial u^2} \right)^{-1} \frac{\partial^2 H}{\partial u \partial t}$$

$$E^*(\tau,t) = \frac{\partial^2 H}{\partial x \partial t} - \frac{\partial^2 H}{\partial x \partial u} \left(\frac{\partial^2 H}{\partial u^2} \right)^{-1} \frac{\partial^2 H}{\partial u \partial t}$$

上式の右辺で省略されている引数は $(x^*(\tau,t), u^*(\tau,t), t+\tau)$ もしくは $(x^*(\tau,t), u^*(\tau,t), \lambda^*(\tau,t), t+\tau)$ であるが，評価区間上のオイラー・ラグランジュ方程式 (8.3)〜(8.7) を満たす $x^*(\tau,t)$, $u^*(\tau,t)$, $\lambda^*(\tau,t)$ が時間関数として与えられたとき，A^*, B^*, C^*, D^*, E^* は (τ,t) の関数と見なせる．すると，式 (8.8)〜(8.10) は $(\partial x^*/\partial t, \partial \lambda^*/\partial t)$ に対する τ 軸上の線形 2 点境界値問題になっていることがわかる．したがって，前章で述べたシューティング法の場合と同様に，遷移行列や backward sweep で解ける．

ここでは，backward sweep で解いてみよう．シューティング法のときのように

$$\frac{\partial \lambda^*}{\partial t}(\tau,t) = S^*(\tau,t) \frac{\partial x^*}{\partial t}(\tau,t) + b^*(\tau,t) \quad (8.11)$$

と置いて，式 (8.8)〜(8.10) が成り立つように行列 $S^*(\tau,t)$ とベクトル $b^*(\tau,t)$ を決めればよい．式 (8.11) を式 (8.8), (8.10) に代入して，行列 $S^*(\tau,t)$ とベクトル $b^*(\tau,t)$ が満たすべき条件を求めると，つぎのようになる（演習問題【2】）．

$$\frac{\partial S^*}{\partial \tau} = -A^{*\mathrm{T}} S^* - S^* A^* + S^* B^* S^* - C^* \quad (8.12)$$

8. モデル予測制御

$$S^*(T,t) = \frac{\partial^2 \varphi}{\partial x^2}(x^*(T,t), t+T) \tag{8.13}$$

$$\frac{\partial b^*}{\partial \tau} = -(A^{*\mathrm{T}} - S^* B^*) b^* - (S^* D^* + E^*) \tag{8.14}$$

$$b^*(T,t) = \left[\frac{\partial^2 \varphi}{\partial x \partial t} + \left\{ \left(\frac{\partial H}{\partial x}\right)^{\mathrm{T}} + \frac{\partial^2 \varphi}{\partial x^2} f + \frac{\partial^2 \varphi}{\partial x \partial t} \right\} \frac{dT}{dt} \right] \bigg|_{\tau=T} \tag{8.15}$$

式 (8.13), (8.15) を境界条件として，微分方程式 (8.12), (8.14) を $\tau = T$ から $\tau = 0$ まで逆時間方向に数値積分することによって τ 軸上の $S^*(\tau,t)$ と $b^*(\tau,t)$ が決定できる．

特に，$\tau = 0$ のときに着目して $\lambda(t) = \lambda^*(0,t)$ とおくと

$$\dot{\lambda} = \frac{\partial \lambda^*}{\partial t}(0,t), \quad \frac{\partial x^*}{\partial t}(0,t) = \dot{x}(t) = f(x(t), u(t), t)$$

が成り立つから，式 (8.11) より

$$\dot{\lambda}(t) = S^*(0,t) f(x(t), u(t), t) + b^*(0,t)$$

が得られる．ここで，モデル予測制御の制御入力 $u(t)$ は $u(t) = u^*(0,t)$ として与えられ，それを決定する条件は，オイラー・ラグランジュ方程式の (8.7) より

$$\frac{\partial H}{\partial u}(x(t), u(t), \lambda(t), t) = 0 \tag{8.16}$$

である．これが $u(t)$ について解けると仮定すると，$u(t)$ は他の引数である $x(t)$, $\lambda(t)$, t の関数として $u(t) = u_{\mathrm{EL}}(x(t), \lambda(t), t)$ と表せる．したがって，モデル予測制御の閉ループシステムはつぎのように表されることになる．

$$\dot{x}(t) = f(x(t), u_{\mathrm{EL}}(x(t), \lambda(t), t), t) \tag{8.17}$$

$$\dot{\lambda}(t) = S^*(0,t) f(x(t), u_{\mathrm{EL}}(x(t), \lambda(t), t), t) + b^*(0,t) \tag{8.18}$$

制御対象であるシステムの初期状態 $x(0)$ に対して，τ 軸上のオイラー・ラグランジュ方程式が成立するような初期随伴変数 $\lambda^*(0,0) = \lambda(0)$ がわかれば，式 (8.17), (8.18) は実時間（t 軸）方向の初期値問題になる．つまり，評価区間である τ 軸上の非線形 2 点境界値問題に対する解の t 軸方向変化は初期値問題として決定していくことができる．初期値問題を解くのに反復法は必要ないことに注意されたい．

8.2.2 随伴変数を追跡する数値解法

現実のシステムではモデル化誤差や外乱が不可避なので，モデル予測制御の各時刻で数値的に求める解にも誤差が含まれると考えるべきである．したがって，式 (8.17), (8.18) の初期値問題を実際のフィードバック制御に用いるには，τ 軸上のオイラー・ラグランジュ方程式 (8.3)〜(8.7) が一時的に成り立たなくなっても，再び成り立つように初期条件 $\lambda^*(0,t) = \lambda(t)$ を修正していく仕組みが必要である．$(x^*(0,t), \lambda^*(0,t)) = (x(t), \lambda(t))$ から出発してオイラー・ラグランジュ方程式 (8.3)〜(8.5), (8.7) を初期値問題として解けば，終端条件 (8.6) 以外は満たされ，かつ，終端条件に現れる $x^*(T,t)$ と $\lambda^*(T,t)$ は $x(t)$ と $\lambda(t)$ に依存して決まる．そこで

$$F(\lambda(t), x(t), t) := \lambda^*(T,t) - \left(\frac{\partial \varphi}{\partial x}\right)^{\mathrm{T}} (x^*(T,t), t+T) \tag{8.19}$$

と置き，これが一時的に 0 からずれても時間とともに 0 へ収束していくような条件を課すことにする．状態 $x(t)$ はシステムによって与えられるので，終端条件 (8.19) が成り立つような初期随伴変数 $\lambda^*(0,t) = \lambda(t)$ が未知である点は 7.3 節のシューティング法と同じである．

例えば

$$\frac{d}{dt} F(\lambda(t), x(t), t) = -\zeta F(\lambda(t), x(t), t) \quad (\zeta > 0) \tag{8.20}$$

という条件を課すと，たとえ $F(\lambda(t), x(t), t)$ が一時的に 0 からずれても，時刻 t の増加とともに指数関数的に $F(\lambda(t), x(t), t) \to 0$ となる．まず，式 (8.19) の両辺を t で微分すると

$$\begin{aligned}\frac{d}{dt} F(\lambda(t), x(t), t) =& \frac{\partial \lambda^*}{\partial t}(T,t) + \frac{\partial \lambda^*}{\partial \tau}(T,t) \frac{dT}{dt} \\ &- \frac{\partial^2 \varphi}{\partial x^2}\left(\frac{\partial x^*}{\partial t}(T,t) + \frac{\partial x^*}{\partial \tau}(T,t) \frac{dT}{dt}\right) - \frac{\partial^2 \varphi}{\partial x \partial t}\left(1 + \frac{dT}{dt}\right)\end{aligned}$$

となる．これが式 (8.20) の条件を満たせばよいので

$$\frac{\partial \lambda^*}{\partial t}(T,t) = \frac{\partial^2 \varphi}{\partial x^2} \frac{\partial x^*}{\partial t}(T,t) + \left[\frac{\partial^2 \varphi}{\partial x \partial t} + \left\{\left(\frac{\partial H}{\partial x}\right)^{\mathrm{T}} + \frac{\partial^2 \varphi}{\partial x^2} f + \frac{\partial^2 \varphi}{\partial x \partial t}\right\} \frac{dT}{dt}\right]\bigg|_{\tau=T}$$

$$-\zeta F(\lambda(t), x(t), t) \tag{8.21}$$

が成り立てばよい．したがって，これを式 (8.10) の $\partial \lambda^*/\partial t$ に対する境界条件の代わりに用いればよい．境界条件が変わっても，式 (8.8)，(8.9)，(8.21) は線形2点境界値問題であり，backward sweep で解くことができる．

前と同様に式 (8.11) を仮定すると，式 (8.12)〜(8.14) は変わらず，b^* の境界条件である式 (8.15) だけ以下のように変更すればよいことがわかる．

$$\begin{aligned}b^*(T,t)=&\left[\frac{\partial^2\varphi}{\partial x\partial t}+\left\{\left(\frac{\partial H}{\partial x}\right)^{\mathrm{T}}+\frac{\partial^2\varphi}{\partial x^2}f+\frac{\partial^2\varphi}{\partial x\partial t}\right\}\frac{dT}{dt}\right]\bigg|_{\tau=T}\\&-\zeta F(\lambda(t),x(t),t)\end{aligned} \tag{8.22}$$

結局，最後の項が付加されただけである．閉ループシステムの方程式 (8.17)，(8.18) は変わらないので，システムの状態 $x(t)$ を観測し，式 (8.18) によって随伴変数 $\lambda(t)$ を更新していけばよい．

以上の方法によって，たとえ制御開始時に $F(\lambda(0),x(0),0) \neq 0$ であっても，時間とともに $F(\lambda(t),x(t),t) \to 0$ となるが，もしも制御開始時から $F(\lambda(0),x(0),0)=0$ としたいのであれば，例えば，制御開始前にシューティング法などの反復解法で $\lambda(0)$ を求めておくことが考えられる．この場合，初期状態 $x(0)$ があらかじめわかっている必要がある．もしくは，評価区間の長さを例えば $T=T_f(1-e^{-\alpha t})$ $(\alpha>0)$ のような時間関数として，$T(0)=0$ から出発して滑らかに増加させ，ある一定値 T_f へ収束させる方法も考えられる．この場合，制御開始時に評価区間の長さが 0 なので，オイラー・ラグランジュ方程式を満たす自明な解

$$\lambda(0)=\left(\frac{\partial\varphi}{\partial x}\right)^{\mathrm{T}}(x(0),0)$$

が存在し，これを初期値 $\lambda(0)$ として用いればよい．アルゴリズムをまとめると，つぎのようになる．

アルゴリズム 8.1 （随伴変数の追跡）

1) サンプリング周期を Δt とする。$t = 0$ として $x(0)$ を測定し，上述の方法により $\lambda(0)$ を決定する。

2) 式 (8.16) を $u(t)$ について解き，制御入力 $u(t) = u_{\mathrm{EL}}(x(t), \lambda(t), t)$ を決定する。これをシステムへの制御入力とする。

3) $(x^*(0,t), \lambda^*(0,t)) = (x(t), \lambda(t))$ を初期条件として，連立微分方程式 (8.3), (8.5) を $\tau = 0$ から $\tau = T$ まで数値的に解き，状態 $x^*(\tau, t)$ と随伴変数 $\lambda^*(\tau, t)$ $(0 \leq \tau \leq T)$ を求める。その際，制御入力 $u^*(\tau, t)$ は方程式 (8.7) を $u^*(\tau, t)$ について解いて求める。

4) 式 (8.13), (8.22) を終端条件として，連立微分方程式 (8.12), (8.14) を $\tau = T$ から $\tau = 0$ まで逆時間方向へ数値的に解き，行列 $S^*(\tau, t)$ とベクトル $b^*(\tau, t)$ $(0 \leq \tau \leq T)$ を求める。

5) 式 (8.18) によって $\dot{\lambda}(t)$ を求め，それを積分して $\lambda(t + \Delta t)$ を求める。例えば，$\lambda(t + \Delta t) := \lambda(t) + \dot{\lambda}(t)\Delta t$ とする。

6) 時刻 $t + \Delta t$ において状態 $x(t + \Delta t)$ を測定する。

7) $t := t + \Delta t$ としてステップ 2) へ。

このアルゴリズムでは，式 (8.18) において状態方程式を用いて $\dot{x}$ を計算しているが，モデル化誤差や外乱の影響を受けた状態の実際の変化分 $\Delta x(t) := x(t + \Delta t) - x(t)$ を使って，$\dot{x}(t) \simeq \Delta x(t)/\Delta t$ と近似することも考えられる。その場合は，時刻 $t + \Delta$ まで待って $x(t + \Delta t)$ を測定してから

$$\Delta \lambda(t) := S^*(0, t)\Delta x(t) + b^*(0, t)\Delta t$$

$$\lambda(t + \Delta t) := \lambda(t) + \Delta \lambda(t)$$

を計算すればよい。随伴変数 $\lambda(t)$ の変化のうち，状態の変化の影響が行列 $S^*(0, t)$ によって表され，評価区間の長さなど問題設定の時間的な変化の影響がベクトル $b^*(0, t)$ によって表されることがわかる。

8.2.3 実時間オイラー・ラグランジュ方程式

前述のアルゴリズム 8.1 を導出する際にはオイラー・ラグランジュ方程式 (8.3)〜(8.7) 全体を t で微分したのに対して，今度は評価区間 τ 軸上の関係式 (8.3), (8.5), (8.7) を τ で微分してみると，同じ形の以下の関係式が得られる。

$$\frac{\partial}{\partial \tau}\left(\frac{\partial x^*}{\partial \tau}\right) = \frac{\partial f}{\partial x}\frac{\partial x^*}{\partial \tau} + \frac{\partial f}{\partial u}\frac{\partial u^*}{\partial \tau} + \frac{\partial f}{\partial \tau}$$

$$\frac{\partial}{\partial \tau}\left(\frac{\partial \lambda^*}{\partial \tau}\right) = -\frac{\partial^2 H}{\partial x^2}\frac{\partial x^*}{\partial \tau} - \frac{\partial^2 H}{\partial x \partial u}\frac{\partial u^*}{\partial \tau} - \frac{\partial^2 H}{\partial x \partial \lambda}\frac{\partial \lambda^*}{\partial \tau} - \frac{\partial^2 H}{\partial x \partial \tau}$$

$$\frac{\partial^2 H}{\partial u \partial x}\frac{\partial x^*}{\partial \tau} + \frac{\partial^2 H}{\partial u^2}\frac{\partial u^*}{\partial \tau} + \frac{\partial^2 H}{\partial u \partial \lambda}\frac{\partial \lambda^*}{\partial \tau} + \frac{\partial^2 H}{\partial u \partial \tau} = 0$$

先と同様に，省略されている引数のうち，x^*, u^*, λ^* の偏導関数の引数は (τ, t) であり，f の偏導関数の引数は $(x^*(\tau,t), u^*(\tau,t), t+\tau)$，$H$ の偏導関数の引数は $(x^*(\tau,t), u^*(\tau,t), \lambda^*(\tau,t), t+\tau)$ である。ここで，f と H には時間変数が $t+\tau$ という形でしか現れないので

$$\frac{\partial f}{\partial t} = \frac{\partial f}{\partial \tau}, \quad \frac{\partial^2 H}{\partial x \partial t} = \frac{\partial^2 H}{\partial x \partial \tau}, \quad \frac{\partial^2 H}{\partial u \partial t} = \frac{\partial^2 H}{\partial u \partial \tau}$$

が成り立つことに注意する。また，式 (8.3), (8.5) をそれぞれ $\tau=0$ と $\tau=T$ で考えると

$$\frac{\partial x^*}{\partial \tau}(0,t) = f(x^*(0,t), u^*(0,t), t) = \dot{x}(t) = \frac{\partial x^*}{\partial t}(0,t)$$

$$\frac{\partial \lambda^*}{\partial \tau}(T,t) = -\left(\frac{\partial H}{\partial x}\right)^{\mathrm{T}}(x^*(T,t), u^*(T,t), \lambda^*(T,t), t+T)$$

が成り立つ。

以上の関係式を使うと，$(\partial x^*/\partial t - \partial x^*/\partial \tau, \partial \lambda^*/\partial t - \partial \lambda^*/\partial \tau)$ に対する評価区間上の線形 2 点境界値問題がつぎのように導かれる。

$$\frac{\partial}{\partial \tau}\begin{bmatrix}\frac{\partial x^*}{\partial t} - \frac{\partial x^*}{\partial \tau} \\ \frac{\partial \lambda^*}{\partial t} - \frac{\partial \lambda^*}{\partial \tau}\end{bmatrix} = \begin{bmatrix} A^*(\tau,t) & -B^*(\tau,t) \\ -C^*(\tau,t) & -A^{*\mathrm{T}}(\tau,t) \end{bmatrix}\begin{bmatrix}\frac{\partial x^*}{\partial t} - \frac{\partial x^*}{\partial \tau} \\ \frac{\partial \lambda^*}{\partial t} - \frac{\partial \lambda^*}{\partial \tau}\end{bmatrix} \quad (8.23)$$

$$\frac{\partial x^*}{\partial t}(0,t) - \frac{\partial x^*}{\partial \tau}(0,t) = 0 \quad (8.24)$$

$$\frac{\partial \lambda^*}{\partial t}(T,t) - \frac{\partial \lambda^*}{\partial \tau}(T,t) = \frac{\partial^2 \varphi}{\partial x^2}\left(\frac{\partial x^*}{\partial t}(T,t) - \frac{\partial x^*}{\partial \tau}(T,t)\right)$$
$$+ \left\{\left(\frac{\partial H}{\partial x}\right)^{\mathrm{T}} + \frac{\partial^2 \varphi}{\partial x^2}f + \frac{\partial^2 \varphi}{\partial x \partial t}\right\}\bigg|_{\tau=T}\left(1 + \frac{dT}{dt}\right) \quad (8.25)$$

ただし,A^*,B^*,C^* は 8.2.1 項で定義した行列とまったく同じである.一方,t による微分と τ による微分との差をとった結果,前出の行列のうち D^* と E^* は現れない.

線形 2 点境界値問題を backward sweep によって解くために

$$\frac{\partial \lambda^*}{\partial t} - \frac{\partial \lambda^*}{\partial \tau} = S^*(\tau,t)\left(\frac{\partial x^*}{\partial t} - \frac{\partial x^*}{\partial \tau}\right) + c^*(\tau,t) \quad (8.26)$$

とおくと,S^* は前と同じく式 (8.12),(8.13) で決まる.一方,c^* はつぎの式で与えられる.

$$\frac{\partial c^*}{\partial \tau} = -(A^{*\mathrm{T}} - S^*B^*)c^* \quad (8.27)$$

$$c^*(T,t) = \left\{\left(\frac{\partial H}{\partial x}\right)^{\mathrm{T}} + \frac{\partial^2 \varphi}{\partial x^2}f + \frac{\partial^2 \varphi}{\partial x \partial t}\right\}\bigg|_{\tau=T}\left(1 + \frac{dT}{dt}\right) \quad (8.28)$$

式 (8.26) を $\tau = 0$ で考え,前と同様に $\lambda(t) = \lambda^*(0,t)$ とすると

$$\dot{\lambda}(t) = -\left(\frac{\partial H}{\partial x}\right)^{\mathrm{T}}(x(t),u(t),\lambda(t),t) + c^*(0,t) \quad (8.29)$$

を得る.ここで,式 (8.2),(8.4),(8.5),(8.24) を使っている.前と同じく式 (8.16) を解いて決まる制御入力を $u(t) = u_{\mathrm{EL}}(x(t),\lambda(t),t)$ と表すと,モデル予測制御の閉ループシステムがつぎのように表されることになる.

$$\dot{x}(t) = f(x(t),u_{\mathrm{EL}}(x(t),\lambda(t),t),t) \quad (8.30)$$
$$\dot{\lambda}(t) = -\left(\frac{\partial H}{\partial x}\right)^{\mathrm{T}}(x(t),u_{\mathrm{EL}}(x(t),\lambda(t),t),\lambda(t),t) + c^*(0,t) \quad (8.31)$$

式 (8.31) は式 (8.18) と等価であるが,リッカチ微分方程式の解 $S^*(0,t)$ は陽に現れず,実時間方向のオイラー・ラグランジュ方程式に $c^*(0,t)$ を付加した形になっている.ただし,式 (8.27) からわかるように,$c^*(0,t)$ を計算するために $S^*(\tau,t)$ $(0 \leqq \tau \leqq T)$ が必要である.

ここで，t による微分と τ による微分との差がどのような意味を持つか考えてみよう。例えば，$\partial x^*/\partial t - \partial x^*/\partial \tau$ は何を意味するだろうか。評価区間上の時間軸 τ は，初期時刻である現実の時刻 t からの経過時間を表しているから，現実の時刻では $t+\tau$ に対応している。ここで，$t+\tau = t_c$ (t_c は定数) となるような t と τ の組み合わせを考えると，$\tau = t_c - t$ であり，$x^*(t_c - t, t)$ を t で微分すると

$$\frac{d}{dt}x^*(t_c - t, t) = \frac{\partial x^*}{\partial t}(t_c - t, t) - \frac{\partial x^*}{\partial \tau}(t_c - t, t)$$

が得られる。つまり，$\partial x^*/\partial t - \partial x^*/\partial \tau$ は，現実の時刻に対応する $t+\tau$ を一定にして $x^*(\tau, t)$ の時間変化を見ていることになる（図 **8.3**）。

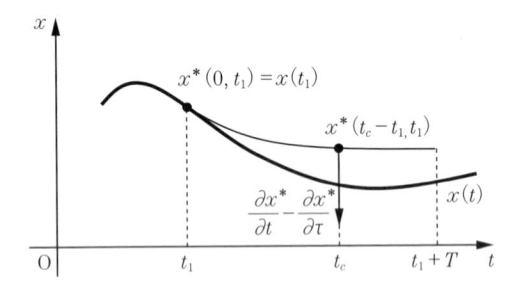

図 8.3 ある時刻 t_c における最適軌道の時間変化

実時間方向のオイラー・ラグランジュ方程式 (8.31) を数値解法に使う際には，アルゴリズム 8.1 と同様に条件 (8.20) を課せばよい。その条件から得られた式 (8.21) が成り立つには，backward sweep における c^* の境界条件だけを

$$c^*(T,t) = \left\{\left(\frac{\partial H}{\partial x}\right)^{\mathrm{T}} + \frac{\partial^2 \varphi}{\partial x^2}f + \frac{\partial^2 \varphi}{\partial x \partial t}\right\}\Bigg|_{\tau=T}\left(1 + \frac{dT}{dt}\right) \\ - \zeta F(\lambda(t), x(t), t) \tag{8.32}$$

と変更すればよい。アルゴリズムとしてまとめると，つぎのようになる。

アルゴリズム 8.2 （実時間オイラー・ラグランジュ方程式）

1) サンプリング周期を Δt とする。$t=0$ として $x(0)$ を測定し，アルゴ

8.2 数 値 解 法

リズム 8.1 と同様の方法により $\lambda(0)$ を決定する。

2) 式 (8.16) を $u(t)$ について解き，制御入力 $u(t) = u_{\mathrm{EL}}(x(t), \lambda(t), t)$ を決定する。これをシステムへの制御入力とする。

3) $(x^*(0,t), \lambda^*(0,t)) = (x(t), \lambda(t))$ を初期条件として，連立微分方程式 (8.3), (8.5) を $\tau = 0$ から $\tau = T$ まで数値的に解き，状態 $x^*(\tau, t)$ と随伴変数 $\lambda^*(\tau, t)$ $(0 \leq \tau \leq T)$ を求める。その際，制御入力 $u^*(\tau, t)$ は方程式 (8.7) を $u^*(\tau, t)$ について解いて求める。

4) 式 (8.13), (8.32) を終端条件として，連立微分方程式 (8.12), (8.27) を $\tau = T$ から $\tau = 0$ まで逆時間方向へ数値的に解き，行列 $S^*(\tau, t)$ とベクトル $c^*(\tau, t)$ $(0 \leq \tau \leq T)$ を求める。

5) 式 (8.31) によって $\dot{\lambda}(t)$ を求め，それを積分して $\lambda(t + \Delta t)$ を求める。例えば，$\lambda(t + \Delta t) := \lambda(t) + \dot{\lambda}(t)\Delta t$ とする。

6) 時刻 $t + \Delta t$ において状態 $x(t + \Delta t)$ を測定する。

7) $t := t + \Delta t$ としてステップ 2) へ。

このアルゴリズムでは，アルゴリズム 8.1 と異なり，$\dot{x}(t)$ が陽に現れないが，もしも，実際の状態の変化 $\Delta x(t) := x(t + \Delta t) - x(t)$ を使って $\lambda(t)$ を更新する場合は，式 (8.26) を $\tau = 0$ で考えることによって消えた $\partial x^*(0,t)/\partial t - \partial x^*(0,t)/\partial \tau$ を $\Delta x(t)/\Delta t - f(x(t), u(t), t)$ で置き換えればよい。これが実際のシステムとモデルとのずれを表している。

式 (8.28) や式 (8.32) に現れる $1 + dT/dt$ という項は，評価区間が移動することの影響を表しており，アルゴリズム 8.1 の式 (8.22) における dT/dt とは意味が異なる。なぜなら，$1 + dT/dt = 0$ のとき，$dT/dt = -1$ であるから，時間と共に評価区間の長さ T が短くなっていく†。具体的には $t + T$ が一定であることを意味する。つまり，終端時刻が固定された通常の最適制御問題になってしまう。式 (8.27), (8.28) から明らかなように，$1 + dT/dt = 0$ のときには $c^*(\tau, t) = 0$ $(0 \leq \tau \leq T)$ となり，式 (8.31) は通常のオイラー・ラグランジュ

---

† このように短くなっていく評価区間を shrinking horizon ということもある。

方程式に一致する。

8.2.4 制御入力系列を追跡する数値解法

いままで述べたアルゴリズム 8.1, 8.2 は，いずれも随伴変数 $\lambda(t) = \lambda^*(0,t)$ の時間変化を追跡していくものであった．それらは反復法ではないものの，評価区間上の初期随伴変数を更新していくという意味でシューティング法と似ている．実際，アルゴリズムの中にはオイラー・ラグランジュ方程式のうち状態方程式と随伴方程式をともに順時間方向に積分するという処理が含まれている．したがって，シューティング法と同様に，この順時間方向の積分が数値的に不安定化しやすいという欠点を持っている．さらに，$u^*(\tau,t)$ を決定するために評価区間上で式 (8.7) を解くのが容易ではない場合もあり得る．また，リッカチ微分方程式 (8.12) の未知変数は対称行列 S^* の要素であり，その個数は n 次元システムにおいて $n(n+1)/2$ というように n の 2 乗のオーダーになっている．そのため，システムが高次元になるほど計算量の増大が顕著になる．さらに，リッカチ微分方程式 (8.12) に現れる行列 A^*, B^*, C^* は，f のヤコビ行列や H のヘッセ行列を含んでいるため，状態方程式が複雑な場合は偏微分によってさらに複雑な関数が現れ，やはり計算量の増大が顕著になってしまう恐れがある．

以上のような観点から，随伴変数の代わりに制御入力関数の変化を追跡していくタイプの数値解法も考える意義がある．そして，実際の数値計算では有限次元の量しか扱えないので，最初から離散近似を導入して，数値計算上のさまざまなテクニックを適用して計算効率を追求することも実用上重要である．ここでは，そのような数値解法について述べる．

まず，各時刻 t におけるオイラー・ラグランジュ方程式 (8.3)〜(8.7) の評価区間（τ 軸）を N 分割して離散化する．刻み幅を $\Delta\tau := T/N$ として，前進差分で近似すると，以下の離散時間 2 点境界値問題が得られる．

$$x^*_{i+1}(t) = x^*_i(t) + f(x^*_i(t), u^*_i(t), t + i\Delta\tau)\Delta\tau \tag{8.33}$$

$$x^*_0(t) = x(t) \tag{8.34}$$

$$\lambda_i^*(t) = \lambda_{i+1}^*(t)$$
$$+ \left(\frac{\partial H}{\partial x}\right)^{\mathrm{T}}(x_i^*(t), u_i^*(t), \lambda_{i+1}^*(t), t+i\Delta\tau)\Delta\tau \tag{8.35}$$

$$\lambda_N^*(t) = \left(\frac{\partial \varphi}{\partial x}\right)^{\mathrm{T}}(x_N^*(t), t+T) \tag{8.36}$$

$$\frac{\partial H}{\partial u}(x_i^*(t), u_i^*(t), \lambda_{i+1}^*(t), t+i\Delta\tau) = 0 \tag{8.37}$$

ここで，$x_i^*(t)$ は，時刻 t において解くべき最適制御問題の評価区間における i 番目の時間ステップにおける状態を表し，他の変数も同様である（図 **8.4**）。連続なままの現実の時刻 t と離散化された時間を表す i とが混在するので，3 章とは異なる表記であるが離散時間 i を添え字で表している。

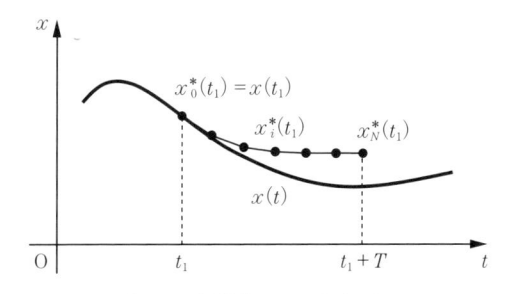

図 **8.4** 離散化された評価区間

モデル予測制御を実装するには，各時刻 t で上の離散時間 2 点境界値問題を数値的に解いて制御入力の系列 $u_0^*(t), \cdots, u_{N-1}^*(t)$ を求め，実際の制御入力は

$$u(t) = u_0^*(t)$$

で与える。離散時間 2 点境界値問題の解は，評価区間上の初期状態である $x_0^*(t) = x(t)$ に依存するので，やはり状態フィードバック制御を実行していることになる。

評価区間上の初期状態 $x_0^*(t) = x(t)$ と制御入力系列 $u_0^*(t), \cdots, u_{N-1}^*(t)$ が与えられると，式 (8.33) によって評価区間上の状態系列 $x_0^*(t), \cdots, x_N^*(t)$ が決まる。すると，式 (8.36) によって $\lambda_N^*(t)$ が決まるので，今度は式 (8.35) によって評価区間上の随伴変数系列 $\lambda_1^*(t), \cdots, \lambda_N^*(t)$ が逆時間方向に決まる。し

たがって，離散時間2点境界値問題に現れる変数はすべて $x(t)$ と制御入力系列 $u_0^*(t), \cdots, u_{N-1}^*(t)$ の関数として，式 (8.33)～(8.36) によって決定することができる．あとは，式 (8.37) さえ成り立てば，離散時間2点境界値問題が解けたことになる．

そこで，制御入力の系列をまとめたベクトルとして

$$U(t) := \begin{bmatrix} u_0^*(t) \\ \vdots \\ u_{N-1}^*(t) \end{bmatrix} \tag{8.38}$$

を定義し，式 (8.37) を $U(t)$, $x(t)$ の関数として

$$\begin{aligned} &F(U(t), x(t), t) \\ &:= \begin{bmatrix} \left(\dfrac{\partial H}{\partial u}\right)^{\mathrm{T}}(x_0^*(t), u_0^*(t), \lambda_1^*(t), t) \\ \vdots \\ \left(\dfrac{\partial H}{\partial u}\right)^{\mathrm{T}}(x_{N-1}^*(t), u_{N-1}^*(t), \lambda_N^*(t), t+T) \end{bmatrix} \end{aligned} \tag{8.39}$$

とおくと，離散時間2点境界値問題は，各時刻の $x(t)$ に対して非線形代数方程式 $F(U(t), x(t), t) = 0$ を解いて，未知量のベクトル $U(t)$ を求める問題になる．

解くべき問題が代数方程式に帰着されたので，それをニュートン法などの反復法で解いてもよいが，反復なしで計算量の少ない数値解法が望ましい．そのために，ここでも前と同様に実時間 t とともに変化していく解を反復計算なしに追跡していくことを考える．いまの場合，用いる条件は

$$\frac{d}{dt} F(U(t), x(t), t) = -\zeta F(U(t), x(t), t) \quad (\zeta > 0) \tag{8.40}$$

となる．この条件がすべての t について成り立ち，かつ制御開始時に

$$F(U(0), x(0), 0) = 0 \tag{8.41}$$

が成り立っていれば，すべての時刻で $F(U(t), x(t), t) = 0$ が成り立つ．さらに，もし外乱や数値計算誤差などによって一時的に $F(U(t), x(t), t) \neq 0$ となっ

てしまっても，時間の経過とともに指数関数的に $F(U(t), x(t), t)$ は 0 に収束していく。

式 (8.40) の条件を書き換えると

$$\frac{\partial F}{\partial U}\dot{U}(t) = -\zeta F - \frac{\partial F}{\partial x}\dot{x}(t) - \frac{\partial F}{\partial t} \tag{8.42}$$

となる。F の引数 $(U(t), x(t), t)$ は省略している。式 (8.42) は $\dot{U}(t)$ に関する連立 1 次方程式になっている。したがって，各時刻で式 (8.42) を解いて $\dot{U}(t)$ を求め，それを積分すれば，反復計算なしに未知変数 $U(t)$ を更新していくことができる。右辺の $\dot{x}(t)$ は，モデルを用いて $f(x(t), u(t), t)$ で与えたり，サンプリング周期 Δt の間に観測された状態の変化 $\Delta x(t)$ による差分近似 $\Delta x(t)/\Delta t$ で与えたりすることが考えられる。また，左辺のヤコビ行列 $\partial F/\partial U$ は，単に $\partial^2 H/\partial u^2$ からなるブロック対角行列ではないことに注意する。なぜなら，状態 x_i^* や随伴変数 λ_i^* はそれぞれ状態方程式と随伴方程式によって入力系列 $u_0^*(t), \cdots, u_{N-1}^*(t)$ から決まるため，同じ時間ステップの制御入力 u_i^* だけでなく，前後の時間ステップの入力系列にも依存するためである。すなわち，$\partial x_i^*/\partial u_j^*$, $\partial \lambda_i^*/\partial u_j$ $(i \neq j)$ のような偏導関数が $\partial F/\partial U$ の非対角ブロックに現れる。

初期条件 (8.41) を満たす初期入力系列のベクトル $U(0)$ を求めるには，制御開始前に勾配法やニュートン法を用いることが考えられる。ただし，その場合は初期状態 $x(0)$ があらかじめわかっている必要がある。また，先のアルゴリズム 8.1, 8.2 と同様に，評価区間の長さ T を $T = T_f(1 - e^{-\alpha t})$ $(\alpha > 0)$ のような時間関数として，$T(0) = 0$ から T_f へ滑らかに増加させることも考えられる。制御開始時に評価区間の長さが 0 のとき，$\Delta \tau = 0$ であり

$$x_i^*(0) = x(0) \quad (i = 0, \cdots, N)$$
$$\lambda_i^*(0) = \left(\frac{\partial \varphi}{\partial x}\right)^{\mathrm{T}}(x(0), 0) \quad (i = 1, \cdots, N)$$

が成り立つ。したがって，F よりサイズの小さい

8. モデル予測制御

$$\left(\frac{\partial H}{\partial u}\right)^{\mathrm{T}}\left(x(0), u(0), \left(\frac{\partial \varphi}{\partial x}\right)^{\mathrm{T}}(x(0), 0), 0\right) = 0 \tag{8.43}$$

という代数方程式をニュートン法などで解いて $u(0)$ を求め, $u_i^*(0) = u(0)$ ($i = 0, \cdots, N-1$) とすればよい. 元の代数方程式 (8.41) は評価区間上のすべての時間ステップにおける制御入力全体に関する方程式でサイズが大きかったのに比べ, 式 (8.43) は制御入力と同じサイズの方程式になっている. したがって, 初期状態を計測してからニュートン法などの反復解法で解いてもつぎのサンプリング時刻までに十分処理が間に合うと考えられる. また, 実際の制御では想定される初期状態がある程度限定されることも多く, その事前情報を使って初期推定解を与えることでニュートン法が速やかに収束することも期待できる. 制御入力系列を追跡していくアルゴリズムをまとめると, つぎのようになる.

アルゴリズム 8.3 (制御入力系列の追跡)

1) サンプリング周期を Δt とする. $t = 0$ として $x(0)$ を測定し, 上述の方法により $U(0)$ を決定する.

2) $u(t) = u_0^*(t)$ をシステムへの制御入力とする.

3) 式 (8.34) によって $x_0^*(t)$ を決定し, 式 (8.33) を $i = 0$ から $i = N-1$ まで計算し, 状態の系列 $x_i^*(t)$ ($i = 0, \cdots, N$) を求める.

4) 式 (8.36) によって $\lambda_N^*(t)$ を決定し, 式 (8.35) を $i = N-1$ から $i = 1$ まで計算して随伴変数の系列 $\lambda_i^*(t)$ ($i = 1, \cdots, N$) を求める.

5) 連立 1 次方程式 (8.42) を解いて $\dot{U}(t)$ を求め, それを積分して $U(t+\Delta t)$ を求める. 例えば, $U(t+\Delta t) := U(t) + \dot{U}(t)\Delta t$ とする.

6) 時刻 $t+\Delta t$ において状態 $x(t+\Delta t)$ を測定する.

7) $t := t + \Delta t$ としてステップ *2)* へ.

アルゴリズム 8.1, 8.2 と同様に, もしも式 (8.42) の $\dot{x}$ を状態測定値の差分で近似するのであれば, ステップ 5) とステップ 6) の順番が入れ替わる.

8.2.5 数値解法の実際

モデル予測制御はサンプリング周期内に最適制御問題を解かなければ実現で

きないので，他の最適化問題以上に計算時間が重要である．そこで，数値解法における実際上の注意点について詳しく考えてみよう．

最後まで時間を離散化せずに導かれたアルゴリズム 8.1, 8.2 では，条件 (8.20) が線形 2 点境界値問題に帰着したのに対して，評価区間を離散化して導かれたアルゴリズム 8.3 では，式 (8.42) という連立 1 次方程式が得られている．一見すると両者のつながりは見えにくいが，式 (8.42) は離散時間 2 点境界値問題の解を追跡するための条件なので，やはり実質的には線形 2 点境界値問題と等価である．実際，式 (8.42) の内部構造をよく調べると，離散時間の backward sweep によって解 $\dot{U}(t)$ を求めることも可能である．しかし，問題に固有の構造を必ずしも使う必要はなく，連立 1 次方程式に対してはさまざまな効率的数値解法が提案されているので，それを式 (8.42) に適用すればよい．

大規模な連立 1 次方程式の数値解法として代表的なものに，例 **2.5** で触れた**クリロフ部分空間法**と呼ばれるクラスがある[11),12)]．例えば，式 (8.42) を少ない計算量で解くには，**GMRES 法**（generalized minimal residual method）が適していると考えられる．行列 A を正定とも対称とも限らない一般の正則行列として $Ax = b$ という連立 1 次方程式を解く際，初期推定解を x_0，初期残差を $r_0 := b - Ax_0$ とするとき，GMRES 法の k 回目の反復では

$$\min_{x \in x_0 + \mathcal{K}_k} \|b - Ax\| \tag{8.44}$$

という最小 2 乗問題の解 x が計算される．ここで，$\mathcal{K}_k := \mathrm{span}\{r_0, Ar_0, \cdots, A^{k-1}r_0\}$ をクリロフ部分空間と呼ぶ．GMRES 法はつぎのような特徴を持つ．

（1）式 (8.44) の最小 2 乗問題が特殊な形に帰着できるため効率的に解ける．

（2）各反復において行列 A 自体は必要無く，行列 A と $\mathcal{K}_k$ の正規直交基底に属するベクトル v_k との積 Av_k を 1 回だけ計算すればよい．

（3）理論的には未知変数ベクトルの次元に等しい回数の反復で収束が保証されるが，実際にはより少ない反復で十分な精度の解が得られることが多く，大規模な問題に対して有効とされている．

モデル予測制御への適用では特に 2 番目の特徴が有効で，連立 1 次方程式 (8.42)

に現れる F のヤコビ行列を直接求める必要がなくなり，計算量を大幅に低減できる．すなわち，あるベクトル W，w およびスカラー ω に対し，それらとヤコビ行列との積を，つぎのように方向微分の前進差分で近似することができる．

$$\frac{\partial F}{\partial U}(U,x,t)W + \frac{\partial F}{\partial x}(U,x,t)w + \frac{\partial F}{\partial t}(U,x,t)\omega$$
$$\simeq \frac{F(U+hW, x+hw, t+h\omega) - F(U,x,t)}{h}$$

ここで，h は十分小さい正の実数である．関数 F を2回評価するだけでヤコビ行列とベクトルの積を近似できることに注意されたい．関数 F を評価するにはオイラー・ラグランジュ方程式 (8.33)～(8.37) を評価区間にわたって計算しなければならないので，F の評価回数を減らすことは計算量低減に有効である．また，F を評価するだけなので，アルゴリズム 8.1，8.2 とは異なり H の高次偏導関数も不要である．

モデル予測制御では式 (8.42) を各サンプリング時刻ごとに解くので，直前のサンプリング時刻における $\dot{U}$ を GMRES 法の初期推定解として用いることができる．したがって，前述した3番目の特徴ともあいまって，$\dot{U}$ の次元が数百でもわずか数回の反復で十分な精度が得られる場合が多い．GMRES 法内部での反復回数を固定しておけば，$U(t)$ の更新に要する時間はサンプリング時刻によらず一定である．また，問題のサイズ（未知量 U の次元）は状態の次元によらず，制御入力の次元と評価区間の分割数のみで決まる．

つぎに，サンプリング周期と評価区間の離散化刻み $\Delta\tau$ との関係について注意点を述べる．数値解法は時刻 t を連続として導かれるが，計算機で実装にするには当然 t もあるサンプリング周期 Δt で離散化されることになる．しかし，評価区間を離散化した刻み幅 $\Delta\tau$ とサンプリング周期 Δt は一般に等しくなくてもよい，ということが重要である．すなわち，$\Delta\tau$ はあくまでも評価区間上の最適制御問題をどの程度正確に離散近似するかを規定するものであり，どのくらいの頻度で制御入力を計算しなおすかを規定するサンプリング周期と同じである必然性がない．

例えば，評価区間の時間刻みが粗くても計算結果の制御入力 $u(t) = u_0^*(t)$ に

大きな違いが生じないならば，評価区間の長さ T を固定したまま $\Delta\tau$ を大きくして時間ステップ数 N を減らし，求める入力系列 $u_0^*(t),\cdots,u_{N-1}^*(t)$ の個数を減らすことができる．その結果，計算量が減れば，逆にサンプリング周期 Δt は小さくすることができる．

最後に，式 (8.40) におけるパラメータ ζ の選び方について述べる．式 (8.40) がすべての時刻で厳密に成り立つのであれば，ζ が大きいほど F はより速やかに 0 へ収束していく．しかし，実際にはサンプリング周期 Δt で離散化されるので誤差が生じる．詳細は省略するが，誤差解析[35]によれば，ζ の大きさには制限があり，オイラー法 $U(t+\Delta t) := U(t)+\dot{U}(t)\Delta t$ によって $U(t)$ を更新する場合は，適当な仮定の下で，$1 \leqq \gamma < 2$ を満たす定数 γ が存在し

$$0 < \zeta\Delta t \leqq \gamma$$

ならば最適性の誤差 $\|F\|$ の有界性が保証される．そのとき，$\zeta = 1/\Delta t$ は必ず上の条件を満たす．オイラー法における U の修正量を $\Delta U := \dot{U}\Delta t$ と置くと，式 (8.42) は

$$\frac{\partial F}{\partial U}\Delta U = -(\zeta\Delta t)F - \frac{\partial F}{\partial x}\Delta x - \frac{\partial F}{\partial t}\Delta t$$

と書き換えることができるので，$\zeta = 1/\Delta t$ のとき，修正量 ΔU はニュートン法に類似した条件によって決定されることになる．ただし，状態と時刻の変化 Δx と Δt を陽に考慮しているため，ニュートン法のような反復は必要ない．

例 8.1 (**数値シミュレーション例**)　制御対象として，つぎのシステムと評価関数を考える．

$$\begin{bmatrix} \dot{x}_1 \\ \dot{x}_2 \end{bmatrix} = \begin{bmatrix} x_2 \\ (1-x_1^2-x_2^2)x_2 - x_1 + u \end{bmatrix}, \quad |u| \leqq 0.5$$

$$J = \frac{1}{2}(x_1^2(t+T)+x_2^2(t+T)) + \int_t^{t+T}\frac{1}{2}(x_1^2+x_2^2+u^2)d\tau$$

入力に対する不等式拘束条件は，ダミー入力 v を導入することで，つぎのような等式拘束条件に書き換えられる．

$$u^2 + v^2 - 0.5^2 = 0$$

ただし，ダミー入力 v の符号は評価関数値に影響しないので，停留条件から v の符号を決定することができない．そこで，v が正になる方が評価関数が小さくなるように，評価関数を

$$J = \frac{1}{2}(x_1^2(t+T) + x_2^2(t+T)) + \int_t^{t+T} \left\{ \frac{1}{2}(x_1^2 + x_2^2 + u^2) - 0.01v \right\} d\tau$$

と修正する[†]．この場合のハミルトン関数は

$$\begin{aligned}H = &\frac{1}{2}(x_1^2 + x_2^2 + u^2) - 0.01v \\ &+ \lambda_1 x_2 + \lambda_2 \left\{ (1 - x_1^2 - x_2^2)x_2 - x_1 + u \right\} + \rho(u^2 + v^2 - 0.5^2)\end{aligned}$$

となる．ここで，ρ は等式拘束条件に対するラグランジュ乗数である．

アルゴリズム 8.3 を適用するため，サンプリング周期に相当するシミュレーションの時間刻みを $\Delta t = 0.01$ [s]，評価区間の長さを $T = 1 - e^{-0.5t}$ とする．アルゴリズムにおけるパラメータは，評価区間の分割数 $N = 10$，式 (8.40) において $\zeta = 100$，GMRES 法の反復回数は 2 回とする．シミュレーションプログラムを C 言語で作成すると[††]，一般的なパーソナルコンピュータでも制御入力の更新に必要な計算時間は 0.01 秒よりはるかに短い．したがって，実時間での実装は十分に可能である．

図 8.5 のシミュレーション結果では，制御入力の拘束条件を満たしつつ良好な応答が得られている．最適性の誤差を表す $\|F\|$ はつねに 10^{-3} のオーダーである．時間刻みを小さくしたり GMRES 法の反復回数を増やしたりしても状態や制御入力の応答はほとんど変わらず，十分な精度で計算が行えているといえる．ダミー入力 v とラグランジュ乗数 ρ の時間履歴は，制御入力 u と同様に評価区間上の初期値（時刻 t に対応する値）のみを示している．ラグランジュ乗数 ρ は，制御入力 u が不等式拘束条件の境界

[†] ここで述べた拘束条件の扱い方については文献1) を参照されたい．
[††] 数式処理言語 Mathematica の書式で状態方程式や評価関数を与えると自動的に C 言語のシミュレーションプログラムを生成する AutoGenU という Mathematica プログラムが公開されている[34),36)]．

図 8.5 シミュレーション結果

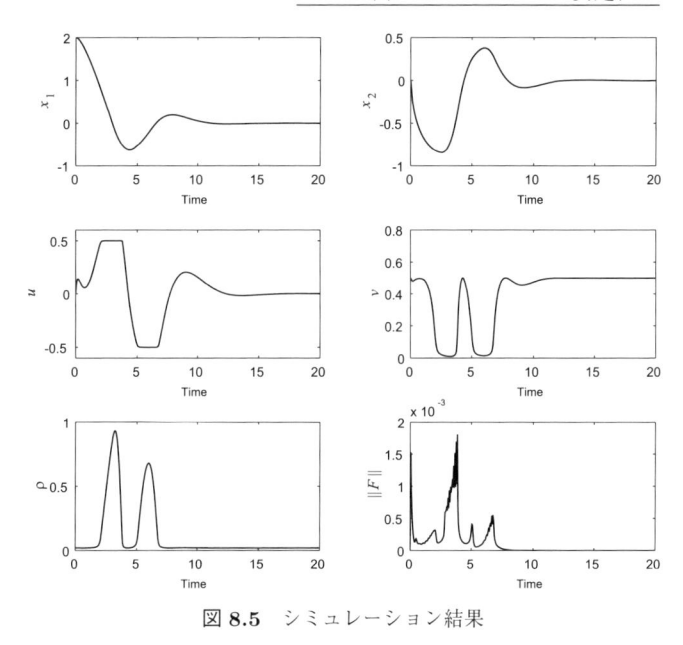

にあるとき（最大値や最小値をとるとき）大きくなり，それ以外では 0 に近い．これは，不等式拘束条件に対する相補性条件（2.3 節）に対応している．ただし，ダミー入力に対する重みを評価関数に加えた影響により，ρ が完全に 0 になることはなく，一種の近似になっている（演習問題【4】）．

8.3 閉ループシステムの安定性

8.3.1 想定する問題

モデル予測制御では，評価区間の長さが有限な最適制御問題を各時刻で解くことにより，いつまでも継続が可能な状態フィードバック制御を実現する．本章の最初に述べたように，そのようなフィードバック制御によって閉ループシステムの平衡点が安定になる保証はない．しかし，実際のフィードバック制御において安定性は非常に重要な性質である．どのような条件が満たされればモ

デル予測制御の安定性が保証されるか，という問題はまだ十分に解決されたとはいえないが，本節では，いままでに得られている基本的な結果として，終端拘束条件を用いる場合と終端コストを用いる場合について述べる．

簡単のため制御対象をつぎのような時不変システムとする．

$$\dot{x}(t) = f(x(t), u(t))$$

そして，評価関数も時刻には陽に依存しないとし，評価区間上の初期状態 $x^*(0) = x$ から出発して制御入力 $u^*(\tau)$ $(0 \leqq \tau \leqq T)$ を加えたときの評価関数値を

$$J[u^*](x, T) := \varphi(x^*(T)) + \int_0^T L(x^*(\tau), u^*(\tau))d\tau$$

と表すことにする．なお，前節までは，評価区間上の状態と制御入力をそれぞれ $x^*(\tau, t)$, $u^*(\tau, t)$ と表していたが，状態方程式と評価関数が時刻 t に陽に依存しないならば，最適解も時刻 t に陽に依存せず $x^*(0) = x$ のみに依存するので，本節では単に $x^*(\tau)$, $u^*(\tau)$ と表すことにする．

閉ループシステムの安定性を保証するために，状態方程式と評価関数に対してつぎの(1)，(2)を仮定する．

(1) $f(0,0) = 0$, $L(0,0) = 0$, $\varphi(0) = 0$ が成り立つ．

(2) 任意の評価区間長さ $T > 0$ と時刻 τ $(0 \leqq \tau \leqq T)$ に対して，任意の状態 $x \in \mathbb{R}^n$ から出発する最適制御問題の解が存在し，その値関数

$$V(x, \tau, T) := \min_{u^*[\tau, T]} \left(\varphi(x^*(T)) + \int_\tau^T L(x^*(\tau'), u^*(\tau'))d\tau' \right)$$

が微分可能である．

仮定(1)により，入力が 0 のとき状態空間の原点は平衡点であり，入力 0 で状態が原点に留まっているとき評価関数の値は 0 になる．また，仮定(2)より，値関数はハミルトン・ヤコビ・ベルマン方程式 (6.6) を満たす．その右辺の最小値を達成する制御入力を $u_{opt}(x, \tau, T)$ とすると，次式が成り立つ．

$$-\frac{\partial V}{\partial \tau}(x, \tau, T) = H\left(x, u_{\text{opt}}(x, \tau, T), \left(\frac{\partial V}{\partial x}\right)^{\text{T}}(x, \tau, T)\right) \quad (8.45)$$

$$V(x, T, T) = \varphi(x) \tag{8.46}$$

ここでのハミルトン関数 $H = L + \lambda^{\mathrm{T}} f$ は時刻 τ に陽に依存しない。ただし，値関数 V や最適制御入力 u_{opt} の引数に評価区間長さ T を陽に含めていることに注意されたい。

モデル予測制御における実際の入力は

$$u_{\mathrm{MPC}}(x) = u_{\mathrm{opt}}(x, 0, T)$$

で与えられ，評価区間の長さ T が固定されれば時不変な状態フィードバック制御則になる。状態空間の原点が漸近安定であることを保証するには，$\tau = 0$ での値関数 $V(x, 0, T)$ がリアプノフ関数（Lyapunov function）になることを示せばよい[†]。つまり，$V(x, 0, T)$ が正定関数であることと，その閉ループシステムの軌道に沿った時間微分 $\dot{V}(x, 0, T)$ が負定関数であることとがいえればよい[††]。これが，モデル予測制御の安定性を示すための基本的アイデアである。以下では制御入力に対する拘束条件がないものとするが，拘束条件が課された場合への拡張は容易である（演習問題【5】）。

8.3.2 終端拘束条件による安定性

漸近安定性を保証する一つの方法として，終端拘束条件 $x^*(T) = 0$ を課すことが提案されている[37]。二つの異なる評価区間の長さ T_1 と T_2 を考え，$0 < T_1 < T_2$ とする。仮定(1)により，状態を一度原点に到達させれば，その後は制御入力を 0 に保つことで，評価関数値を増やすことなく状態を原点に維持できる（図 **8.6**）。したがって，短い評価区間 $[0, T_1]$ に対する最適制御は長い評価区間 $[0, T_2]$ に対しても終端拘束条件を満たす許容制御入力になり，対応する評価関数値は評価区間 $[0, T_1]$ に対する値関数と一致する。ただし，評価区間 $[0, T_2]$ に対して最適とは限らない。つまり

[†] リアプノフ関数およびリアプノフの安定性定理については文献38) を参照のこと。
[††] スカラー値関数 $V(x)$ が**正定**であるとは，原点の適当な近傍で任意の $x \neq 0$ に対して $V(x) > 0$ であり，かつ $V(0) = 0$ であることをいう。また，$-V(x)$ が正定のとき，$V(x)$ は**負定**であるという。

184   8. モデル予測制御

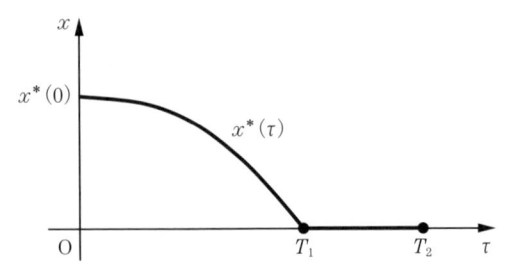

図 **8.6** 短い評価区間に対する最適軌道による終端拘束条件の成立

$$u^*(\tau) = \begin{cases} u_{\text{opt}}(x^*(\tau), \tau, T_1) & (0 \leq \tau \leq T_1) \\ 0 & (T_1 < \tau \leq T_2) \end{cases}$$

とおくと

$$J[u^*](x, T_1) = V(x, 0, T_1) \geq V(x, 0, T_2)$$

が成立し，値関数が評価区間の長さ T に関して単調減少することがわかる．したがって，いま仮定しているように値関数が微分可能であれば

$$\frac{\partial V}{\partial T}(x, 0, T) \leq 0 \tag{8.47}$$

が成り立つ．一方，時不変問題では値関数における τ の増加と T の減少はどちらも評価区間の長さが短くなることを意味し，互いに等価なので

$$\frac{\partial V}{\partial \tau}(x, \tau, T) = -\frac{\partial V}{\partial T}(x, \tau, T)$$

も成立する．以上がこの問題設定における値関数の性質である．

さて，ハミルトン・ヤコビ・ベルマン方程式 (8.45) を $\tau = 0$ で考えると

$$\begin{aligned}\frac{\partial V}{\partial T}(x, 0, T) &= H\left(x, u_{\text{MPC}}(x), \left(\frac{\partial V}{\partial x}\right)^{\text{T}}(x, 0, T)\right) \\ &= L(x, u_{\text{MPC}}(x)) + \frac{\partial V}{\partial x}(x, 0, T) f(x, u_{\text{MPC}}(x)) \end{aligned} \tag{8.48}$$

を得る．ここで，リアプノフ関数の候補として，$\tau = 0$ での値関数を考え

$$V_{\mathrm{MPC}}(x) = V(x, 0, T)$$

とおくと，閉ループシステムの軌道に沿った時間微分は

$$\dot{V}_{\mathrm{MPC}}(x) = \frac{\partial V_{\mathrm{MPC}}}{\partial x}(x) f(x, u_{\mathrm{MPC}}(x)) = \frac{\partial V}{\partial x}(x, 0, T) f(x, u_{\mathrm{MPC}}(x))$$

となるから，式 (8.47), (8.48) より

$$\frac{\partial V_{\mathrm{MPC}}}{\partial x}(x) f(x, u_{\mathrm{MPC}}(x)) = -L(x, u_{\mathrm{MPC}}(x)) + \frac{\partial V}{\partial T}(x, 0, T)$$
$$\leq -L(x, u_{\mathrm{MPC}}(x))$$

がいえる。あとは，$V_{\mathrm{MPC}}(x) = V(x, 0, T)$ と，$L(x, u_{\mathrm{MPC}}(x))$ がともに正定関数であるといえれば，リアプノフの安定性定理[38]により，$x = 0$ は漸近安定である。例えば，$L(x, u)$ が (x, u) の関数として正定関数であれば，$L(x, u_{\mathrm{MPC}}(x))$ も正定関数であるし，$L(x, u)$ を正の評価区間長さにわたって積分した評価関数の値関数 $V_{\mathrm{MPC}}(x)$ も正定関数になる。以上をまとめて，つぎの定理を得る。

【定理 8.1】 評価関数の被積分項 $L(x, u)$ が (x, u) の関数として正定関数であるとする。そのとき，終端拘束条件 $x^*(T) = 0$ と仮定(1),(2)のもとで，任意の評価区間長さ $T > 0$ に対してモデル予測制御の閉ループシステムにおける状態空間の原点は漸近安定である。

議論のポイントは，値関数が評価区間長さ T に対して単調減少する点である。それによって，有限評価区間のハミルトン・ヤコビ・ベルマン方程式に含まれる値関数の時間微分項の符号を規定でき，それを利用して閉ループシステムの軌道に沿った値関数の時間微分が負になることが示せている。また，議論の過程では状態を原点に到達させる評価区間上の制御入力 $u^*(\tau)$ を用いているが，その入力と実際の閉ループシステムにおける制御入力 $u_{\mathrm{MPC}}(x(t))$ は必ずしも一致しない。したがって，閉ループシステムの軌道が有限時間で原点に到達するとは限らない。それにもかかわらず漸近安定性がいえるのである。しか

し，終端時刻において状態を原点に到達させるという拘束条件付きの最適制御問題は，数値解法で扱いづらいという問題がある．

8.3.3 終端コストによる安定性

実際のモデル予測制御では終端拘束条件を用いないことがほとんどであるので，終端拘束条件なしに安定性を示せることが望ましい．そのような結果として，終端コストに**制御リアプノフ関数**（control Lyapunov function; CLF）を用いる方法が提案されている[39]．

半径方向非有界[†]で滑らかな大域的正定関数[††] $\varphi(x)$ が，任意の $x \neq 0$ に対して

$$\inf_u \left(\frac{\partial \varphi}{\partial x}(x) f(x, u) \right) < 0$$

を満たすとき，$\varphi(x)$ を制御リアプノフ関数という．8.3.1項の仮定(1), (2)に加えて，つぎの(3)を仮定する．

(3) 評価関数の終端コスト $\varphi(x)$ が半径方向非有界で滑らかな大域的正定関数であり，被積分関数 $L(x, u)$ に対して

$$\frac{\partial \varphi}{\partial x}(x) f(x, k(x)) \leq -L(x, k(x))$$

を満たす滑らかな状態フィードバック制御則 $u = k(x)$ が存在する．

この仮定により，$L(x, k(x))$ が大域的に正定ならば，終端コスト φ は制御リアプノフ関数であり，$\dot{x} = f(x, k(x))$ において $x = 0$ は大域的漸近安定である．すなわち，モデル予測制御を用いる前に，状態空間の原点を大域的漸近安定にする状態フィードバック制御則がわかっていることになる．

前と同様に，二つの異なる評価区間の長さ T_1 と T_2 を考え，$0 < T_1 < T_2$ とする．

[†] スカラー値関数 $\varphi(x)$ が**半径方向非有界**（radially unbounded）とは，任意の $x \neq 0$ に対して $\varphi(\alpha x)$ が $\alpha \to \infty$ のとき発散することをいう．つまり，原点からどの方向へ遠ざかっていっても発散することを意味する．

[††] スカラー値関数 $\varphi(x)$ が**大域的に正定**（globally positive definite）とは，すべての $x \neq 0$ に対して $\varphi(x) > 0$ かつ $\varphi(0) = 0$ であり，さらに任意の $x \neq 0$ に対して $\lim_{\alpha \to \infty} \varphi(\alpha x) \neq 0$ が成り立つことをいう．

8.3 閉ループシステムの安定性

$$u^*(\tau) = \begin{cases} u_{\mathrm{opt}}(x^*(\tau), \tau, T_1) & (0 \leq \tau \leq T_1) \\ k(x^*(\tau)) & (T_1 < \tau \leq T_2) \end{cases}$$

とおくとつぎのようになる。

$$\begin{aligned} V(x, 0, T_2) &\leq J[u^*](x, T_2) \\ &= \varphi(x^*(T_2)) + \int_0^{T_1} L(x^*, u_{\mathrm{opt}}) d\tau + \int_{T_1}^{T_2} L(x^*, k(x^*)) d\tau \\ &\leq \varphi(x^*(T_2)) + V(x, 0, T_1) - \varphi(x^*(T_1)) - \int_{T_1}^{T_2} \frac{\partial \varphi}{\partial x} f(x^*, k(x^*)) d\tau \\ &= \varphi(x^*(T_2)) + V(x, 0, T_1) - \varphi(x^*(T_1)) - \int_{T_1}^{T_2} \dot{\varphi}(x^*(\tau)) d\tau \\ &= V(x, 0, T_1) \end{aligned}$$

よって，この場合も値関数は評価区間長さに関して単調減少し，式 (8.47) が成立する。したがって，先と同様に，$V_{\mathrm{MPC}}(x) = V(x, 0, T)$ と置くと，ハミルトン・ヤコビ・ベルマン方程式 (8.45) より

$$\frac{\partial V_{\mathrm{MPC}}}{\partial x} f(x, u_{\mathrm{MPC}}(x)) \leq -L(x, u_{\mathrm{MPC}}(x))$$

がいえるので，$V_{\mathrm{MPC}}(x)$ と $L(x, u_{\mathrm{MPC}}(x))$ がともに正定なら，$x = 0$ は漸近安定である。先ほどと同様，例えば，$L(x, u)$ が (x, u) の関数として正定ならよい。さらに，$V_{\mathrm{MPC}}(x) = V(x, 0, T)$ が半径方向非有界かつ大域的に正定で，$L(x, u_{\mathrm{MPC}}(x))$ が大域的に正定ならば，$x = 0$ は大域的漸近安定である。制御則 $u_{\mathrm{MPC}}(x)$ があらかじめわからなくても，$L(x, u)$ が (x, u) の関数として大域的に正定ならば $V(x, 0, T)$ と $L(x, u_{\mathrm{MPC}}(x))$ も大域的に正定であることに注意する。以上をまとめて，つぎの定理を得る。

【定理 8.2】 評価関数の被積分項 $L(x, u)$ が (x, u) の関数として正定関数であるとする。そのとき，仮定(1)〜(3)のもとで，任意の評価区間長さ $T > 0$ に対してモデル予測制御の閉ループシステムにおける状態空間の原点は漸

近安定である．特に，$L(x,u)$ が (x,u) の関数として大域的正定関数で，値関数 $V(x,0,T)$ が半径方向非有界ならば，状態空間の原点は大域的漸近安定である．

この定理は終端拘束条件を用いない点で実際のモデル予測制御の一般的な問題設定に合致しているが，先述のとおり，モデル予測制御を用いるまでもなく原点を漸近安定化するような状態フィードバック制御則 $u = k(x)$ がわかっていないと，漸近安定性を検証できないという難点がある．ただし，モデル予測制御の制御入力を計算するときには $k(x)$ を用いない．また，たとえ安定化フィードバック制御則 $k(x)$ がわかっていても，それでは満足のいく応答が得られず，ある程度未来までの応答を最適化するモデル予測制御によってはじめて閉ループシステムの応答を改善できる可能性もある．

********** 演 習 問 題 **********

【1】 以下のように，制御対象が線形時不変システムで評価関数 J が2次形式の場合にモデル予測制御の制御入力を求めよ．

$$\dot{x} = Ax + Bu$$
$$J = \frac{1}{2}\bar{x}^{\mathrm{T}}(t+T)S_f\bar{x}(t+T) + \int_t^{t+T} \frac{1}{2}(\bar{x}^{\mathrm{T}}(\tau)Q\bar{x}(\tau) + \bar{u}^{\mathrm{T}}(\tau)R\bar{u}(\tau))d\tau$$

ここで，S_f と Q は準正定行列，R は正定行列とする．各時刻 t で解くのはLQ制御問題と同じであるが，LQ制御との違いは何か．

【2】 式 (8.11)〜(8.15) によって式 (8.8)〜(8.10) の線形2点境界値問題が解けることを示せ．

【3】 問題【1】に対して，随伴変数 $\lambda(t) = \lambda^*(0,t)$ の微分方程式 (8.18) および (8.31) を求めよ．

【4】 例 8.1 において，修正前と修正後それぞれの評価関数に対する停留条件がどのように違うか確認せよ．

【5】 制御入力 u がある集合 $\Omega \subset \mathbb{R}^m$ に属するという拘束条件が課せられている場合に，**定理 8.1** と **定理 8.2** を拡張せよ．ただし，$0 \in \Omega$ とする．また，終端拘束条件 $x^*(T) = 0$ が課せられる場合には，仮定(2)の評価区間長さは $T > 0$ の代わりにある正の値 T_{min} 以上であるとする．

引用・参考文献

1) H. Seguchi, T. Ohtsuka：Nonlinear Receding Horizon Control of an Underactuated Hovercraft, International Journal of Robust and Nonlinear Control, Vol. 13, Nos. 3–4, pp. 381～398 (2003)
2) 浜松正典, 加賀谷博昭, 河野行伸：非線形 Receding Horizon 制御の自動操船システムへの適用, 計測自動制御学会論文集, Vol. 44, No. 8, pp. 685～691 (2008)
3) 太田快人：システム制御のための数学 (1) — 線形代数編 — (システム制御工学シリーズ 7), コロナ社 (2000)
4) 高木貞治：解析概論, 改訂第三版, 岩波書店 (1983)
5) D. G. Luenberger：Optimization by Vector Space Methods, Wiley (1969)
6) 福島雅夫：非線形最適化の基礎, 朝倉書店 (2001)
7) 坂和正敏：非線形システムの最適化, 森北出版 (1986)
8) 今野 浩, 山下 浩：非線形計画法, 日科技連出版社 (1978)
9) 坂和愛幸：最適化と最適制御, 森北出版 (1980)
10) J. M. Ortega, W. C. Rheinboldt：Iterative Solution of Nonlinear Equations in Several Variables, SIAM (2000)
11) C. T. Kelley：Iterative Methods for Linear and Nonlinear Equations, SIAM (1995)
12) 藤野清次, 張 紹良：反復法の数理, 朝倉書店 (1996)
13) 嘉納秀明：システムの最適理論と最適化 (コンピュータ制御機械システムシリーズ 3), コロナ社 (1987)
14) J. E. Dennis, Jr., R. B. Schnabel：Numerical Methods for Unconstrained Optimization and Nonlinear Equations, SIAM (1996)
15) 萩原朋道：ディジタル制御入門 (システム制御工学シリーズ 5), コロナ社 (1999)
16) 福原満洲雄, 山中 健：変分学入門, 朝倉書店 (1978)
17) I. M. Gelfand, S. V. Fomin：Calculus of Variations, Dover (1963)
18) 川崎英文：極値問題, 横浜図書 (2004)
19) 志水清孝：最適制御の理論と計算法, コロナ社 (1994)
20) U. M. Ascher, R. M. M. Mattheji and R. D. Russel：Numerical Solution of Boundary Value Problems for Ordinary Differential Equations, SIAM (1995)
21) 山本哲朗：2 点境界値問題の数理 (現代非線形科学シリーズ 11), コロナ社 (2006)

22) 児玉慎三，須田信英：システム制御のためのマトリクス理論，計測自動制御学会 (1978)
23) 大住 晃：線形システム制御理論，森北出版 (2003)
24) 西村敏充，狩野弘之：制御のためのマトリクス・リカッチ方程式，朝倉書店 (1996)
25) A. E. Bryson, Jr., Y.-C. Ho：Applied Optimal Control, Hemisphere (1975)
26) D. J. Bell, D. H. Jacobson: Singular Optimal Control Problems, Academic Press (1975)
27) 加藤寛一郎：工学的最適制御，東京大学出版会 (1988)
28) D. Jacobson, M. Lele: A Transformation Technique for Optimal Control Problems with a State Variable Inequality Constraint, IEEE Transactions on Automatic Control, Vol. 14, No. 5, pp. 457〜464 (1969)
29) V. H. Quintana, E. J. Davison: Clipping-Off Gradient Algorithms to Compute Optimal Controls with Constrained Magnitude, International Journal of Control, Vol. 20, No. 2, pp. 1366〜5820 (1974)
30) E. F. Camacho, C. Bordons：Model Predictive Control, Springer (1999)
31) ヤン・M・マチエヨフスキー 著，足立修一，管野政明 訳：モデル予測制御，東京電機大学出版局 (2005)
32) T. Ohtsuka, H. A. Fujii：Real-Time Optimization Algorithm for Nonlinear Receding-Horizon Control, Automatica, Vol. 33, No. 6, pp. 1147〜1154 (1997)
33) T. Ohtsuka：Time-Variant Receding-Horizon Control of Nonlinear Systems, Journal of Guidance, Control, and Dynamics, Vol. 21, No. 1, pp. 174〜176 (1998)
34) 大塚敏之：非線形 Receding Horizon 制御の計算方法について，計測と制御，Vol. 41, No. 5, pp. 366〜371 (2002)
35) T. Ohtsuka：A Continuation/GMRES Method for Fast Computation of Nonlinear Receding Horizon Control, Automatica, Vol. 40, No. 4, pp. 563〜574 (2004)
36) T. Ohtsuka：AutoGenU, http://www.ids.sys.i.kyoto-u.ac.jp/~ohtsuka/code/index_j.htm, (2000)
37) C. C. Chen, L. Shaw：On Receding Horizon Feedback Control, Automatica, Vol. 18, No. 3, pp. 349〜352 (1982)
38) 井村順一：システム制御のための安定論（システム制御工学シリーズ 12），コロナ社 (2000)
39) A. Jadbabaie, J. Yu, J. Hauser：Unconstrained Receding Horizon Control of Nonlinear Systems, IEEE Transactions on Automatic Control, Vol. 46, No. 5, pp. 776〜783 (2001)

2 章

【1】 拘束条件は $g(r,h) := \pi r^2 h - V = 0$ である．ラグランジュ乗数を μ とすると，ラグランジュ関数は

$$L(r,h,\mu) = 2\pi rh + \pi r^2 + \mu(\pi r^2 h - V)$$

であり，定理 **2.3** の KKT 条件は

$$\frac{\partial L}{\partial r} = 2\pi h + 2\pi r + 2\pi \mu rh = 0$$
$$\frac{\partial L}{\partial h} = 2\pi r + \pi \mu r^2 = 0$$
$$g = \pi r^2 h - V = 0$$

となる．この連立方程式を解いて，$r^* > 0$ となる停留解 (r^*, h^*, μ^*) を求めると

$$r^* = h^* = (V/\pi)^{1/3}, \quad \mu^* = -2(V/\pi)^{-1/3}$$

を得る．停留解において

$$\begin{bmatrix} \dfrac{\partial g}{\partial r} & \dfrac{\partial g}{\partial h} \end{bmatrix} = (\pi V^2)^{1/3} \begin{bmatrix} 2 & 1 \end{bmatrix}$$

$$\begin{bmatrix} \dfrac{\partial^2 L}{\partial r^2} & \dfrac{\partial^2 L}{\partial r \partial h} \\ \dfrac{\partial^2 L}{\partial h \partial r} & \dfrac{\partial^2 L}{\partial h^2} \end{bmatrix} = -2\pi \begin{bmatrix} 1 & 1 \\ 1 & 0 \end{bmatrix}$$

となる．したがって

$$\frac{\partial g}{\partial r} y_1 + \frac{\partial g}{\partial h} y_2 = 0$$

を満たす任意の非零なベクトル $y = [y_1\ y_2]^\mathrm{T}$ はスカラー $\alpha \neq 0$ を用いて $y = \alpha[1\ -2]^\mathrm{T}$ と表すことができ，このような y に対して

$$y^\mathrm{T} \begin{bmatrix} \dfrac{\partial^2 L}{\partial r^2} & \dfrac{\partial^2 L}{\partial r \partial h} \\ \dfrac{\partial^2 L}{\partial h \partial r} & \dfrac{\partial^2 L}{\partial h^2} \end{bmatrix} y = 6\pi \alpha^2 > 0$$

が成り立つから,**定理 2.4** により, 停留解 (r^*, h^*, μ^*) は孤立局所最適解である.

【2】 拘束条件より, $h = V/\pi r^2$ と変数 h を消去することができる. すると, 評価関数は $\hat{f}(r) := J(r, V/\pi r^2) = 2V/r + \pi r^2$ と r のみの 1 変数関数になる. したがって, 停留解 r^* は, **定理 2.2** の停留条件 $\hat{f}'(r) = -2V/r^2 + 2\pi r = 0$ を解いて, $r^* = (V/\pi)^{1/3}$ となる. これより, $h^* = (V/\pi)^{1/3}$ も得られる. また, r^* における 2 次導関数は $\hat{f}''(r^*) = 6\pi > 0$ だから, **定理 2.2** により r^* は孤立局所最適解である.

【3】 1 次独立の定義より, スカラー $\alpha_0, \cdots, \alpha_{k-1}$ に対して

$$\alpha_0 s_0 + \cdots + \alpha_{k-1} s_{k-1} = 0$$

が成り立つとき $\alpha_0 = \cdots = \alpha_{k-1} = 0$ であることを示せばよい. 上式に左から $s_i^T Q$ をかけると, 共役性により $\alpha_i s_i^T Q s_i = 0$ を得る. ここで Q は正定で $s_i \neq 0$ だから $s_i^T Q s_i > 0$ である. したがって, $\alpha_i = 0$ でなければならない. これがすべての $i = 1, \cdots, k-1$ に対していえるので, $\alpha_0 = \cdots = \alpha_{k-1} = 0$ となって, $\{s_0, \cdots, s_{k-1}\}$ は 1 次独立である.

【4】 (a) $x_{k+1} = x_k + \alpha_k s_k$, $d_k = -Q(x_k - x^*)$ なので

$$d_{k+1} = -Q(x_{k+1} - x^*) = -Q(x_k - x^*) - \alpha_k Q s_k = d_k - \alpha_k Q s_k$$

がいえる.

(b) $f(x_k + \alpha s_k)$ が $\alpha = \alpha_k$ で最小になる条件を具体的に書くと, $(x_k + \alpha_k s_k - x^*)^T Q s_k = 0$ となる. ここで, $x_{k+1} = x_k + \alpha_k s_k$ と $d_{k+1} = -Q(x_{k+1} - x^*)$ だから, $d_{k+1}^T s_k = 0$ がいえる.

(c) $k = 0$ のときは $s_0 = d_0$ だから明らか. $k \geq 1$ のとき, $s_k = d_k + \beta_{k-1} s_{k-1}$ と d_k との内積をとり,**【4】**(b) を使う.

【5】 まず, 性質 (1) ~ (3) を帰納法で示す. $k = 0$ のとき,**【4】**(b) より $d_1^T s_0 = 0$ だから性質 (2) が成立する. また, $s_0 = d_0$ だから, $d_1^T d_0 = 0$ でもあり性質 (1) も成立する. β_0 の定義から $s_1^T Q s_0 = 0$ であり性質 (3) も成立する.

つぎに, ある k で性質 (1) ~ (3) が成り立つならば $k+1$ でも成り立つことを示す. $j = 0, \ldots, k+1$ に対して,**【4】**(a) を繰り返し使うと

$$d_{k+2} = d_j - \sum_{\ell=j}^{k+1} \alpha_\ell Q s_\ell \tag{1}$$

と表すことができる. これの両辺と $d_j = s_j - \beta_{j-1} s_{j-1}$ ($\beta_{-1} = 0$ とする) との内積をとり, k で性質 (3) が成り立つことと式 (2.24) および

【4】 (c) を用いると

$$d_{k+2}^T d_j = d_j^T d_j - \sum_{\ell=j}^{k+1} \alpha_\ell s_\ell^T Q(s_j - \beta_{j-1} s_{j-1})$$
$$= s_j^T d_j - \alpha_j s_j^T Q s_j = 0$$

となる。したがって，性質 (1) が $k+1$ でも成り立つ。また，**【4】** (a) とともに，k で性質 (2), (3) が成り立つことを使うと，$j = 0, \ldots, k$ に対して，$d_{k+2}^T s_j = d_{k+1}^T s_j - \alpha_{k+1} s_{k+1}^T Q s_j = 0$ が示せる。さらに，**【4】** (b) と上で示した $k+1$ での性質(1)を用いると，$d_{k+2}^T s_{k+1} = d_{k+2}^T (d_{k+1} + \beta_k s_k) = 0$ も示せる。したがって，性質 (2) が $k+1$ でも成り立つ。つぎに，k で性質 (1), (3) が成り立つことと**【4】** (a) を使うと，$j = 0, \ldots, k$ に対して，$s_{k+2}^T Q s_j = (d_{k+2} + \beta_{k+1} s_{k+1})^T Q s_j = d_{k+2}^T (d_j - d_{j+1})/\alpha_j = 0$ となる。また，β_{k+1} の定義より，$s_{k+2}^T Q s_{k+1} = 0$ だから，性質 (3) が $k+1$ でも成り立つ。以上で $k = 0, \ldots, n-1$ に対して性質 (1) ～ (3) がいえた。

性質 (4) を示すには，$x_0 + \mathrm{span}\{s_0, \ldots, s_k\}$ の元が $x = x_0 + \sum_{\ell=0}^{k} \hat{\alpha}_\ell s_\ell$ と表せることを使う。ここで，$\hat{\alpha}_\ell$ は実数である。そして，式 (2.24) で与えられた α_ℓ と $\hat{\alpha}_\ell$ との差を，$\varepsilon_\ell = \hat{\alpha}_\ell - \alpha_\ell$ と置く。$\varepsilon_0 = \cdots = \varepsilon_k = 0$ のときに $f(x)$ が最小となることを示せばよい。$e_0 = x_0 - x^*$ と置くと，性質 (3) より

$$f(x) = \frac{1}{2}\left\{e_0 + \sum_{\ell=0}^{k}(\alpha_\ell + \varepsilon_\ell)s_\ell\right\}^T Q \left\{e_0 + \sum_{\ell=0}^{k}(\alpha_\ell + \varepsilon_\ell)s_\ell\right\}$$
$$= \frac{1}{2}e_0^T Q e_0 + \sum_{\ell=0}^{k}\left\{(\alpha_\ell + \varepsilon_\ell)e_0^T Q s_\ell + \frac{1}{2}(\alpha_\ell + \varepsilon_\ell)^2 s_\ell^T Q s_\ell\right\}$$
$$= \frac{1}{2}e_0^T Q e_0 + \sum_{\ell=0}^{k}\left(-\alpha_\ell d_0^T s_\ell + \frac{1}{2}\alpha_\ell^2 s_\ell^T Q s_\ell + \frac{1}{2}\varepsilon_\ell^2 s_\ell^T Q s_\ell\right)$$

となる。ここで，途中の変形には $s_\ell^T Q s_\ell = d_\ell^T s_\ell / \alpha_\ell$ と式 (1) から得られる $(d_\ell - d_0)^T s_\ell = 0$ とを用いている。上式で ε_ℓ^2 の係数 $s_\ell^T Q s_\ell / 2$ は Q の正定性により正だから，$f(x)$ が最小値を取るのは $\varepsilon_0 = \cdots = \varepsilon_k = 0$ のときに限る。

【6】 式 (2.26) は，式 (2.24) に**【4】** (c) を使えばよい。また，式**【4】** (a) から得られる $Qs_k = -(d_{k+1} - d_k)/\alpha_k$ を式 (2.25) に代入し，式 (2.26) を使えば，式 (2.27) が得られる。

【7】 式 (2.33) の両辺に s_k をかけると

$$H_{k+1}s_k = H_k s_k + \frac{y_k(y_k^T s_k)}{y_k^T s_k} - \frac{H_k s_k(s_k^T H_k s_k)}{s_k^T H_k s_k}$$
$$= H_k s_k + y_k - H_k s_k = y_k$$

となる。また，式 (2.34) の両辺に s_k をかけると次式を得る。

$$H_{k+1}s_k = \frac{y_k(y_k^T s_k)}{y_k^T s_k} + \left(I - \frac{y_k s_k^T}{y_k^T s_k}\right) H_k \left(s_k - \frac{s_k(y_k^T s_k)}{y_k^T s_k}\right)$$
$$= y_k + \left(I - \frac{y_k s_k^T}{y_k^T s_k}\right) H_k (s_k - s_k) = y_k$$

【8】 H_{k+1}^{BFGS}, H_{k+1}^{DFP} それぞれのセカント方程式の凸結合によって H_{k+1}^{α} のセカント方程式が得られる。また，行列の対称性と正定性は凸結合で変わらないので，性質 (1)，(2) もいえる。

【9】 BFGS 法において H_k, B_k, y_k, s_k の添え字 k を省略し，$\hat{H} = H + \frac{yy^T}{y^T s}$ と置くと，逆行列補題により

$$B_{k+1} = \left(\hat{H} - \frac{H s s^T H}{s^T H s}\right)^{-1} = \hat{H}^{-1} + \frac{\hat{H}^{-1} H s s^T H \hat{H}^{-1}}{s^T H s - s^T H \hat{H}^{-1} H s}$$

となる。$\hat{H}^{-1}$ にも逆行列補題を用いると次式を得る。

$$\hat{H}^{-1} = H^{-1} - \frac{H^{-1}yy^T H^{-1}}{y^T s + y^T H^{-1} y} = B - \frac{Byy^T B}{\gamma}$$

ここで，$\gamma = y^T s + y^T B y$ と置いた。上式の右から Hs をかけると

$$\hat{H}^{-1} H s = s - \frac{y^T s}{\gamma} B y$$

を得る。さらに，左から $s^T H$ をかけて整理すると

$$s^T H s - s^T H \hat{H}^{-1} H s = \frac{(y^T s)^2}{\gamma}$$

を得る。以上より

$$B_{k+1} = B - \frac{Byy^T B}{\gamma} + \frac{\gamma}{(y^T s)^2}\left(s - \frac{y^T s}{\gamma}By\right)\left(s^T - \frac{y^T s}{\gamma}y^T B\right)$$
$$= \frac{ss^T}{y^T s} + B - \frac{sy^T}{y^T s}B - B\frac{ys^T}{y^T s} + \frac{y^T B y}{(y^T s)^2}ss^T$$
$$= \frac{ss^T}{y^T s} + \left(I - \frac{sy^T}{y^T s}\right) B \left(I - \frac{ys^T}{y^T s}\right)$$

となり，確かに DFP 法の更新式 (2.34) で H_k を B_k に置き換え，s_k と y_k を入れ替えた式が得られる．なお，最後の変形では，$y^\mathrm{T}By$ がスカラーであることから $y^\mathrm{T}Byss^\mathrm{T} = sy^\mathrm{T}Bys^\mathrm{T}$ と書き換えられることを利用している．逆に，上で得られた B_{k+1} の逆行列 H_{k+1} が BFGS 法の式 (2.33) になるので，適宜変数の置換えを行えば，BFGS 法の更新式 (2.33) で H_k を B_k に置換え s_k と y_k を入れ替えた式によって，DFP 法における B_{k+1} が与えられることもわかる．

【10】(a) $r_{k+1} > r_k > 0$ と x_k の最適性により，$\bar{f}_{r_{k+1}}(x_{k+1}) = f(x_{k+1}) + r_{k+1}P(x_{k+1}) \geqq f(x_{k+1}) + r_k P(x_{k+1}) = \bar{f}_{r_k}(x_{k+1}) \geqq \bar{f}_{r_k}(x_k)$ である．

(b) x_k と x_{k+1} それぞれの最適性により，$\bar{f}_{r_k}(x_k) \leqq \bar{f}_{r_k}(x_{k+1})$ と $\bar{f}_{r_{k+1}}(x_{k+1}) \leqq \bar{f}_{r_{k+1}}(x_k)$ が成り立つ．これらの左辺同士と右辺同士をそれぞれ加えて得られる不等式を整理すると，$(r_{k+1}-r_k)P(x_{k+1}) \leqq (r_{k+1} - r_k)P(x_k)$ を得る．ここで $r_{k+1} - r_k > 0$ だから $P(x_{k+1}) \leqq P(x_k)$ である．

(c) x_k の最適性 $\bar{f}_{r_k}(x_k) \leqq \bar{f}_{r_k}(x_{k+1})$ を整理して【10】(b) を使うと，$f(x_k) - f(x_{k+1}) \leqq r_k(P(x_{k+1}) - P(x_k)) \leqq 0$ がいえる．

(d) $x^* \in S$ より $P(x^*) = 0$ であることと x_k の最適性より，$f(x^*) = \bar{f}_{r_k}(x^*) \geqq \bar{f}_{r_k}(x_k) \geqq f(x_k)$ である．

(e) 【10】(a)，【10】(d) より，数列 $\{\bar{f}_{r_k}(x_k)\}_{k=0}^\infty$ は単調増加し上界 $f(x^*)$ を持つから極限を持つ．また，f の連続性により $f(x_\infty) = \lim_{k \to \infty} f(x_k)$ である．したがって，極限 $\lim_{k \to \infty} r_k P(x_k) = \lim_{k \to \infty}(\bar{f}_{r_k}(x_k) - f(x_k))$ も存在する．ここで，$r_k \to \infty\ (k \to \infty)$ だから，$\lim_{k \to \infty} r_k P(x_k)$ が存在するには $\lim_{k \to \infty} P(x_k) = 0$ でなければならない．

以上の性質を使って**定理 2.5** を証明する．まず，x_∞ が許容解であることを示す．P の連続性により $P(x_\infty) = \lim_{k \to \infty} P(x_k)$ であり，【10】(e) を使うと $P(x_\infty) = 0$ がいえる．したがって，$x_\infty \in S$ である．つぎに，x_∞ の最適性 $f(x_\infty) = f(x^*)$ を示す．f の連続性と【10】(d) より，$f(x_\infty) = \lim_{k \to \infty} f(x_k) \leqq f(x^*)$ がいえる．一方，$P(x_\infty) = 0$，$P(x^*) = 0$ （つまり $x_\infty, x^* \in S$）と x^* の最適性により，$f(x_\infty) \geqq f(x^*)$ となり，逆向きの不等号も成り立つから，$f(x_\infty)$ と $f(x^*)$ は等しくなければならない．

【11】(a) $r_{k+1} > r_k > 0$ と x_{k+1} の最適性により，$\bar{f}_{r_k}(x_k) = f(x_k) + B(x_k)/r_k \geqq f(x_k) + B(x_k)/r_{k+1} = \bar{f}_{r_{k+1}}(x_k) \geqq \bar{f}_{r_{k+1}}(x_{k+1})$ で

ある.

(b) x_k と x_{k+1} それぞれの最適性により, $\bar{f}_{r_k}(x_k) \leqq \bar{f}_{r_k}(x_{k+1})$ と $\bar{f}_{r_{k+1}}(x_{k+1}) \leqq \bar{f}_{r_{k+1}}(x_k)$ が成り立つ. これらの左辺同士と右辺同士をそれぞれ加えて得られる不等式を整理すると, $(1/r_k - 1/r_{k+1})B(x_k) \leqq (1/r_k - 1/r_{k+1})B(x_{k+1})$ を得る. ここで $1/r_k - 1/r_{k+1} > 0$ だから $B(x_k) \leqq B(x_{k+1})$ である.

(c) x_{k+1} の最適性 $\bar{f}_{r_{k+1}}(x_{k+1}) \leqq \bar{f}_{r_{k+1}}(x_k)$ を整理して【11】(b) を使うと, $f(x_{k+1}) - f(x_k) \leqq (B(x_k) - B(x_{k+1}))/r_{k+1} \leqq 0$ がいえる.

(d) $x_k \in \text{int} S \subset S$ だから, x^* の S における最適性により $f(x^*) \leqq f(x_k)$ である. また, $r_k > 0$, $B(x_k) \geqq 0$ より, $f(x_k) \leqq \bar{f}_{r_k}(x_k)$ である.

以上の性質を使って, バリア法でも定理2.5が成り立つことを示す. まず, $x_k \in \text{int} S$ なので, その極限 x_∞ は $\text{int} S$ の閉包である S に属する. したがって, x_∞ は許容解である. つぎに, 背理法を用いて x_∞ の最適性を示すため, $f(x_\infty) > f(x^*)$ と仮定する. このとき, x^* が $\text{int} S$ の閉包である S に属することと, f の連続性により, 十分小さい $\delta > 0$ に対して, ある $\hat{x} \in B(x^*, \delta) \cap \text{int} S$ が存在し, $f(x^*) \leqq f(\hat{x}) < f(x_\infty)$ が成り立つ. ここで, $\hat{x} \in \text{int} S$ だから, $B(\hat{x})$ は非負の有限な値を取る. また, $r_k \to \infty$ ($k \to \infty$) でもあるから, k を十分大きく取れば $B(\hat{x})/r_k$ はいくらでも小さくすることができ, $\bar{f}_{r_k}(\hat{x}) = f(\hat{x}) + B(\hat{x})/r_k < f(x_\infty)$ となる. 一方, 【11】(a), 【11】(d) より, $\bar{f}_{r_k}(x_k)$ は単調減少し, さらに, 下界 $f(x^*)$ を持つから極限を持つ. さらに, f の連続性により $f(x_\infty) = \lim_{k\to\infty} f(x_k)$ であることと, 【11】(d) より $f(x_k) \leqq \bar{f}_{r_k}(x_k)$ であることも用いると, 任意の k に対して, $f(x_\infty) = \lim_{k\to\infty} f(x_k) \leqq \lim_{k\to\infty} \bar{f}_{r_k}(x_k) \leqq \bar{f}_{r_k}(x_k)$ が成り立つ. 以上をまとめると, 十分大きい k に対して $\bar{f}_{r_k}(\hat{x}) < \bar{f}_{r_k}(x_k)$ が成り立つが, これは x_k の最適性に矛盾する. したがって, $f(x_\infty) = f(x^*)$ でなければならない.

【12】 x_k は与えられているとして, 不等式拘束と等式拘束のラグランジュ乗数をそれぞれ $\lambda = [\lambda_i] \in \mathbb{R}^m$, $\mu = [\mu_j] \in \mathbb{R}^p$ とする. ラグランジュ関数 $\hat{L}(\Delta x_k, \lambda, \mu)$ は

$$\hat{L}(\Delta x_k, \lambda, \mu) = f(x_k) + \frac{\partial f}{\partial x}(x_k)\Delta x_k + \frac{1}{2}\Delta x_k^\mathrm{T} H_k \Delta x_k$$
$$+ \lambda^\mathrm{T}\left(g(x_k) + \frac{\partial g}{\partial x}(x_k)\Delta x_k\right)$$
$$+ \mu^\mathrm{T}\left(h(x_k) + \frac{\partial h}{\partial x}(x_k)\Delta x_k\right)$$

となる。また，Δx_k に対する KKT 条件は

$$\frac{\partial f}{\partial x}(x_k) + \Delta x_k^{\mathrm{T}} H_k + \lambda^{\mathrm{T}} \frac{\partial g}{\partial x}(x_k) + \mu^{\mathrm{T}} \frac{\partial h}{\partial x}(x_k) = 0$$

$$g_i(x_k) + \frac{\partial g_i}{\partial x}(x_k) \Delta x_k \leqq 0, \ \lambda_i \geqq 0,$$

$$\lambda_i \left(g_i(x_k) + \frac{\partial g_i}{\partial x}(x_k) \Delta x_k \right) = 0 \qquad (i = 1, \ldots m)$$

$$h_j(x_k) + \frac{\partial h_j}{\partial x}(x_k) \Delta x_k = 0 \qquad (j = 1, \ldots p)$$

となる。$\Delta x_k = 0$ と置くと，確かに式 (2.9)〜(2.11) の KKT 条件と一致する。

3章

【1】 (a) 式 (3.9) を $\lambda(k+1)$ について解くと

$$\lambda(k+1) = -(A^{\mathrm{T}})^{-1} Q x(k) + (A^{\mathrm{T}})^{-1} \lambda(k) \tag{1}$$

を得る。式 (3.11) を $u(k)$ について解いて得られる
$u(k) = -R^{-1} B^{\mathrm{T}} \lambda(k+1)$ と式 (1) を式 (3.8) に代入すると

$$\begin{aligned} x(k+1) &= Ax(k) - BR^{-1}B^{\mathrm{T}}\{-(A^{\mathrm{T}})^{-1}Qx(k) + (A^{\mathrm{T}})^{-1}\lambda(k)\} \\ &= (A + BR^{-1}B^{\mathrm{T}}(A^{\mathrm{T}})^{-1}Q)x(k) \\ &\quad - BR^{-1}B^{\mathrm{T}}(A^{\mathrm{T}})^{-1}\lambda(k) \end{aligned} \tag{2}$$

を得る。式 (1), (2) をまとめると，示したい関係式が得られる。

(b) 【1】(a) の関係式より

$$\begin{bmatrix} x(N) \\ \lambda(N) \end{bmatrix} = \begin{bmatrix} \Phi_{11}(N-k) & \Phi_{12}(N-k) \\ \Phi_{21}(N-k) & \Phi_{22}(N-k) \end{bmatrix} \begin{bmatrix} x(k) \\ \lambda(k) \end{bmatrix}$$

を得る。これに式 (3.10) を使うと次式を得る。

$$\begin{bmatrix} S_f & -I \end{bmatrix} \begin{bmatrix} \Phi_{11}(N-k) & \Phi_{12}(N-k) \\ \Phi_{21}(N-k) & \Phi_{22}(N-k) \end{bmatrix} \begin{bmatrix} x(k) \\ \lambda(k) \end{bmatrix} = 0$$

これを $\lambda(k)$ について解くと，示したい関係式が得られる。

【2】 ハミルトン関数は

$$H = \frac{1}{2} x^{\mathrm{T}} Q x + x^{\mathrm{T}} N u + \frac{1}{2} u^{\mathrm{T}} R u + \lambda^{\mathrm{T}} (Ax + Bu)$$

であり，オイラー・ラグランジュ方程式は

$$x(k+1) = Ax(k) + Bu(k), \quad x(0) = x_0$$
$$\lambda(k) = Qx(k) + Nu(k) + A^T\lambda(k+1), \quad \lambda(N) = S_f x(N)$$
$$u^T(k)R + x^T(k)N + \lambda(k+1)^T B = 0$$

となる。$\lambda(k) = S(k)x(k)$ $(S(N) = S_f)$ と仮定して，まず，オイラー・ラグランジュ方程式の第3式から $u(k)$ を求めると，つぎのようになる。

$$u(k) = K(k)x(k)$$
$$K(k) = -(R + B^T S(k+1)B)^{-1}(N^T + B^T S(k+1)A)$$

また，オイラー・ラグランジュ方程式の第2式より

$$\begin{aligned}S(k)x(k) &= Qx(k) + A^T S(k+1)Ax(k) + (N + A^T S(k+1)B)u(k)\\ &= Qx(k) + A^T S(k+1)Ax(k) - (N + A^T S(k+1)B)\\ &\quad \times (R + B^T S(k+1)B)^{-1}(N^T + B^T S(k+1)A)x(k)\end{aligned}$$

を得る。これがすべての $x(k)$ に対して成り立つので，両辺の係数行列が等しくなるように $S(k)$ を決めればよい。したがって，$S(k)$ のリッカチ方程式が以下のように得られる。

$$\begin{aligned}S(k) &= Q + A^T S(k+1)A - (N + A^T S(k+1)B)\\ &\quad \times (R + B^T S(k+1)B)^{-1}(N^T + B^T S(k+1)A)\end{aligned}$$

【3】 終端拘束条件 $x(N) = 0$ に対するラグランジュ乗数を ν とすると，ラグランジュ関数 $\bar{J}$ は次式となる。

$$\begin{aligned}\bar{J} &= \nu^T x(N) + \sum_{k=0}^{N-1}\Big(H(x(k),u(k),\lambda(k+1)) - \lambda(k+1)^T x(k+1)\Big)\\ &= (\nu - \lambda(N))^T x(N) + \sum_{k=1}^{N-1}\Big(H(x(k),u(k),\lambda(k+1)) - \lambda(k)^T x(k)\Big)\\ &\quad + H(x(0),u(0),\lambda(1))\end{aligned}$$

ここで，ハミルトン関数 $H(x,u,\lambda)$ は3.2節と同じである。$x(1),\ldots,x(N)$ と $u(0),\ldots,u(N-1)$ それぞれに関する $\bar{J}$ の偏導関数が0になるという停留条件から，以下のようなオイラー・ラグランジュ方程式が得られる。

$$x(k+1) = Ax(k) + Bu(k), \quad x(0) = x_0, \quad x(N) = 0 \qquad (3)$$

$$\lambda(k) = Qx(k) + A^{\mathrm{T}}\lambda(k+1), \quad \lambda(N) = \nu \tag{4}$$

$$u^{\mathrm{T}}(k)R + \lambda(k+1)^{\mathrm{T}}B = 0 \tag{5}$$

ここで，ν は未知なので，$\lambda(N)$ は固定されず，実質的な境界条件は $x(0)$ と $x(N)$ に対する $2n$ 個である[†]。各時刻における $\lambda(k)$ は，$x(k)$ に加えて終端値 $\lambda(N) = \nu$ にも依存するから，3.2 節での関係を一般化して，$\lambda(k) = S(k)x(k) + U(k)\nu$ と置いてみる。また，x の終端値 $x(N)$ も $x(k)$ と ν に依存するから $x(N) = V(k)x(k) + W(k)\nu$ と置いてみる。終端拘束条件より，これが 0 に等しい。そして

$$S(N) = 0, \quad U(N) = I, \quad V(N) = I, \quad W(N) = 0 \tag{6}$$

と置けば，オイラー・ラグランジュ方程式の終端条件が満たされることもわかる。

以上の関係を式 (5) に代入すると

$$Ru(k) + B^{\mathrm{T}}\{S(k+1)(Ax(k) + Bu(k)) + U(k+1)\nu\} = 0$$

となる。これを $u(k)$ について解くと

$$\begin{aligned} u(k) =& -(R + B^{\mathrm{T}}S(k+1)B)^{-1}B^{\mathrm{T}}(S(k+1)Ax(k) \\ & + U(k+1)\nu) \end{aligned} \tag{7}$$

を得る。また，式 (4) より

$$\begin{aligned} & S(k)x(k) + U(k)\nu = \\ & Qx(k) + A^{\mathrm{T}}\{S(k+1)(Ax(k) + Bu(k)) + U(k+1)\nu\} \end{aligned}$$

を得る。これに，上で求めた $u(k)$ を代入し，$x(k)$ と ν それぞれの係数を両辺で比較すると，$S(k)$ がリッカチ方程式 (3.16) を満たし，かつ

$$\begin{aligned} U(k) =& \left\{ A^{\mathrm{T}} - A^{\mathrm{T}}S(k+1)B(R + B^{\mathrm{T}}S(k+1)B)^{-1}B^{\mathrm{T}} \right\} \\ & \times U(k+1) \end{aligned} \tag{8}$$

が成り立てば，式 (4) が満たされる。

最後に，ν を決定するために $x(N) = V(k)x(k) + W(k)\nu = 0$ がすべての $k = 0, \ldots, N$ で成り立つことを使う。時刻 k と $k+1$ での関係式

[†] ラグランジュ乗数 ν を導入しなくても，$x(N)$ が固定されている（つまり $dx(N) = 0$ である）ことから $\lambda(N)$ が固定されないことを示せる。

$$V(k)x(k) + W(k)\nu = V(k+1)(Ax(k) + Bu(k)) + W(k+1)\nu$$

に上で求めた $u(k)$ を代入し，$x(k)$ と ν それぞれの係数を両辺で比較すると

$$V(k) = V(k+1)\{A - B(R + B^{\mathrm{T}}S(k+1)B)^{-1}B^{\mathrm{T}} \\ \times S(k+1)A\} \tag{9}$$

$$W(k) = -V^{\mathrm{T}}(k+1)B(R + B^{\mathrm{T}}S(k+1)B)^{-1}B^{\mathrm{T}}U(k+1) \\ + W(k+1) \tag{10}$$

が成り立てばよい．そして，$0 = V(0)x_0 + W(0)\nu$ より，$W(0)$ が正則であれば

$$\nu = -W^{-1}(0)V(0)x_0 \tag{11}$$

とラグランジュ乗数 ν が決まる．式 (6), (8), (9) より，$V(k) = U^{\mathrm{T}}(k)$ であることがわかる．

　以上をまとめると，まず終端条件 (6) から出発してリッカチ方程式 (3.16) と式 (8) を $k=0$ まで解き，つぎに $V(k) = U^{\mathrm{T}}(k)$ として式 (10) を終端条件 (6) から $k=0$ まで解いて，式 (11) によって ν を得る．そして，式 (7) によって入力 $u(k)$ が決まる．

【4】評価関数は終端コストのみからなり，値関数 $V(x, k)$ の終端条件は $V(x, N) = |x|$ となる．$V(x, N-1)$ はつぎのベルマン方程式で決まる．

$$V(x, N-1) = \min_{|u| \leq 1} V(x+u, N)$$
$$= \min_{|u| \leq 1} |x+u| = \begin{cases} 0 & (|x| \leq 1) \\ |x| - 1 & (|x| > 1) \end{cases}$$

ここで，右辺の最小値を達成する制御入力は

$$u_{opt}(x, N-1) = \begin{cases} 1 & (x < -1) \\ -x & (|x| \leq 1) \\ -1 & (x > 1) \end{cases}$$

となり，同様の計算を繰り返すと，$k = 0, \ldots, N-1$ に対して

$$V(x, k) = \min_{|u| \leq 1} V(x+u, k+1) = \begin{cases} 0 & (|x| \leq N-k) \\ |x| - (N-k) & (|x| > N-k) \end{cases}$$

$$u_{opt}(x,k) = \begin{cases} 1 & (x < -1) \\ -x & (|x| \leq 1) \\ -1 & (x > 1) \end{cases}$$

となることがわかる。ただし，$u_{opt}(x,k)$ は唯一ではなく，$|x(k)| \leq N-k$ を満たす状態 $x(k)$ を $|x(k+1)| \leq N-k-1$ を満たす状態 $x(k+1)$ へ動かすような関数でありさえすればよい。

4章

【1】 $f(t)$ が区間 $[t_0, t_f]$ のどこかで 0 でないと仮定して，$\int_{t_0}^{t_f} f^{\mathrm{T}}(t)\eta(t)dt \neq 0$ となる 1 回連続微分可能な関数 $\eta(t)$ が存在することを示せばよい。まず，$f(t)$ と $\eta(t)$ がスカラー値の場合を考える。$f(t)$ の連続性により，$f(t)$ が 0 でない点 t_1 は開区間 (t_0, t_f) から選べる。そして，$\delta > 0$ を十分小さく選べば，$[t_1-\delta, t_1+\delta] \subset (t_0, t_f)$ が成り立ち，かつ $f(t)$ は $[t_1-\delta, t_1+\delta]$ で一定符号になる。そこで

$$\eta(t) = \begin{cases} 0 & t \in [t_0, t_1-\delta] \cup (t_1+\delta, t_f] \\ (t-t_1+\delta)^2(t_1+\delta-t)^2 & t \in [t_1-\delta, t_1+\delta] \end{cases}$$

と定義すると，$\eta(t)$ は $[t_0, t_f]$ で 1 回連続微分可能かつ $\eta(t_0) = \eta(t_f) = 0$ であり，$(t_1-\delta, t_1+\delta)$ で正である。したがって，$f(t)\eta(t)$ は $(t_1-\delta, t_1+\delta)$ で一定符号だから，$\int_{t_0}^{t_f} f(t)\eta(t)dt \neq 0$ である。なお，$\eta(t)$ が r 回連続微分可能 $(r \geq 0)$ だと仮定する場合は

$$\eta(t) = \begin{cases} 0 & t \in [t_0, t_1-\delta] \cup (t_1+\delta, t_f] \\ (t-t_1+\delta)^{(r+1)}(t_1+\delta-t)^{(r+1)} & t \in [t_1-\delta, t_1+\delta] \end{cases}$$

と定義すればよい。

つぎに，$f(t)$ と $\eta(t)$ がベクトル値の場合，$f(t)$ の要素 $f_i(t)$ が恒等的には 0 でないと仮定すると，対応する $\eta(t)$ の要素 $\eta_i(t)$ をスカラー値の場合と同様に構成し，$\eta(t)$ の他の要素をすべて 0 とすれば，$\int_{t_0}^{t_f} f(t)^{\mathrm{T}}\eta(t)dt \neq 0$ となる。

【2】 第 1 変分は

$$\delta J[x, \delta x] = \int_{t_0}^{t_f} \left(\frac{\partial L}{\partial x}\delta x + \frac{\partial L}{\partial \dot{x}}\delta \dot{x} + \frac{\partial L}{\partial \ddot{x}}\delta \ddot{x} \right) dt$$

$$= \left[\frac{\partial L}{\partial \dot{x}}\delta x + \frac{\partial L}{\partial \ddot{x}}\delta \dot{x}\right]_{t_0}^{t_f}$$
$$+ \int_{t_0}^{t_f} \left\{\frac{\partial L}{\partial x}\delta x - \frac{d}{dt}\left(\frac{\partial L}{\partial \dot{x}}\right)\delta x - \frac{d}{dt}\left(\frac{\partial L}{\partial \ddot{x}}\right)\delta \dot{x}\right\}dt$$
$$= \left[\frac{\partial L}{\partial \dot{x}}\delta x + \frac{\partial L}{\partial \ddot{x}}\delta \dot{x} - \frac{d}{dt}\left(\frac{\partial L}{\partial \ddot{x}}\right)\delta x\right]_{t_0}^{t_f}$$
$$+ \int_{t_0}^{t_f}\left\{\frac{\partial L}{\partial x} - \frac{d}{dt}\left(\frac{\partial L}{\partial \dot{x}}\right) + \frac{d^2}{dt^2}\left(\frac{\partial L}{\partial \ddot{x}}\right)\right\}\delta x\, dt$$

となる．したがって，停留条件は

$$\frac{d^2}{dt^2}\left(\frac{\partial L}{\partial \ddot{x}}\right) - \frac{d}{dt}\left(\frac{\partial L}{\partial \dot{x}}\right) + \frac{\partial L}{\partial x} = 0 \qquad (t_0 \leq t \leq t_f)$$

である．また，例えば $x(t_0)$ が自由なときは

$$\left[\frac{\partial L}{\partial \dot{x}} - \frac{d}{dt}\left(\frac{\partial L}{\partial \ddot{x}}\right)\right]\Bigg|_{t=t_0} = 0$$

が境界条件になり，$\dot{x}(t_0)$ が自由なときは

$$\frac{\partial L}{\partial \ddot{x}}\Bigg|_{t=t_0} = 0$$

が境界条件になる．$x(t_f)$, $\dot{x}(t_f)$ についても同様である．

【3】 パラメータ θ の微小変化 $d\theta$ によって関数 x が微小変化するので，$\delta x(t) = (\partial x(t,\theta)/\partial \theta)d\theta$ であり，また，$\dot{x}(t) = \partial x(t,\theta)/\partial t$, $\delta \dot{x}(t) = (\partial^2 x(t,\theta)/\partial t \partial \theta)d\theta$ である．したがって

$$\delta J[x] = \int_{t_0}^{t_f}\left(\frac{\partial L}{\partial x}\frac{\partial x}{\partial \theta} + \frac{\partial L}{\partial \dot{x}}\frac{\partial^2 x}{\partial t \partial \theta}\right)d\theta dt$$

と表せる．$d\theta$ は t に依存しないので積分の外に出すことができ，停留条件は，$d\theta$ の係数が 0 になることから

$$\int_{t_0}^{t_f}\left(\frac{\partial L}{\partial x}\frac{\partial x}{\partial \theta} + \frac{\partial L}{\partial \dot{x}}\frac{\partial^2 x}{\partial t \partial \theta}\right)dt = 0$$

となる．両辺は m 次元の横ベクトルである．

【4】 L が t を陽に含まないことに注意して，右辺の微分を実行すると

$$\frac{d}{dx}\left(\frac{\partial L}{\partial \dot{x}}\dot{x} - L\right) = \frac{d}{dt}\left(\frac{\partial L}{\partial \dot{x}}\right)\dot{x} + \frac{\partial L}{\partial \dot{x}}\ddot{x} - \frac{\partial L}{\partial x}\dot{x} - \frac{\partial L}{\partial \dot{x}}\ddot{x}$$
$$= \left\{\frac{d}{dt}\left(\frac{\partial L}{\partial \dot{x}}\right) - \frac{\partial L}{\partial x}\right\}\dot{x}$$

となる．オイラーの方程式によって $\dot{x}$ の係数は 0 になるから，求める方程式が得られる．

【5】 弧長が l であるという積分拘束条件に対するラグランジュ乗数を λ として
$$\bar{L}(y, y', \lambda) = y + \lambda\sqrt{1+(y')^2}$$
がオイラーの方程式を満たす。関数 $\bar{L}$ が x を陽に含まないので，【4】を使って次式を得る。
$$\frac{d}{dt}\left(\frac{\partial L}{\partial y'}y' - L\right) = 0$$
すなわち，かっこ内が定数なので，それを a と置いて整理すると
$$y + \frac{\lambda}{\sqrt{1+(y')^2}} = -a$$
が得られる。これを $(y')^2$ について解くと
$$(y')^2 = \left(\frac{\lambda}{y+a}\right)^2 - 1$$
となる。ここで，$\lambda/(y+a) = 1/\cos\theta$ と置くと，$y = \lambda\cos\theta - a$ と $y' = \pm\tan\theta$ とを得る。最初の式より $dy = \lambda\sin\theta d\theta$，つぎの式より $dy = \pm\tan\theta dx$ だから，$dx/d\theta = \mp\lambda\cos\theta$ を得る。したがって，b を任意定数とすると，$x = \pm\lambda\sin\theta + b$ となる。以上で得られた y と x の式より，$(x-b)^2 + (y+a)^2 = \lambda^2$ という円の方程式が得られる。定数 a, b, λ は，円が通る x 軸上の 2 点と，弧長 l によって決まる。

【6】
$$\bar{A}(t) = \begin{bmatrix} A(t) & B(t) \\ B^{\mathrm{T}}(t) & C(t) \end{bmatrix}, \quad x(t) = \begin{bmatrix} y(t) \\ z(t) \end{bmatrix}$$

と置き，$\|x(t)\|$ は $t = t_M \in [t_0, t_f]$ で最大値 $M \geq 0$ を取るとする。$x(t)$ の連続性により，ある $\delta > 0$ が存在して，任意の $t \in [t_M - \delta, t_M + \delta] \cap [t_0, t_f] =: [t_1, t_2]$ に対して $\|x(t)\| \geq M/2$ が成り立つ。ここで，$t_M \in [t_0, t_f]$ なので，$t_2 - t_1 \geq \delta$ である。$\bar{A}(t)$ の最小固有値を $\lambda_{min}(\bar{A}(t))$ とし，$\Lambda = \min_{t_1 \leq t \leq t_2} \lambda_{min}(\bar{A}(t))$ と置くと，すべての $t \in [t_0, t_f]$ に対して $\bar{A}(t)$ は正定だから，$\Lambda > 0$ である。したがって

$$\int_{t_0}^{t_f} x^{\mathrm{T}}\bar{A}(t)x(t)dt \geq \int_{t_0}^{t_f} \lambda_{min}(\bar{A}(t))\|x(t)\|^2 dt$$
$$\geq \int_{t_1}^{t_2} \Lambda\left(\frac{M}{2}\right)^2 dt \geq \frac{1}{4}\delta\Lambda M^2$$

が成り立つ．また，$\max_{t_o \leq t \leq t_f} \|y(t)\|$ と $\max_{t_o \leq t \leq t_f} \|z(t)\|$ は，どちらも $\|x(t)\| = \|[y^{\mathrm{T}}(t), z^{\mathrm{T}}(t)]^{\mathrm{T}}\|$ の最大値である M より大きくはないので

$$M \geq \frac{1}{2}\left(\max_{t_o \leq t \leq t_f} \|y(t)\| + \max_{t_o \leq t \leq t_f} \|z(t)\|\right)$$

が成り立つ．以上をまとめると

$$\int_{t_0}^{t_f} x^{\mathrm{T}} \bar{A}(t) x(t) dt \geq \frac{1}{16} \delta \Lambda \left(\max_{t_o \leq t \leq t_f} \|y(t)\| + \max_{t_o \leq t \leq t_f} \|z(t)\|\right)^2$$

を得る．したがって，$\alpha = \delta \Lambda / 16$ と置けばよい．

【7】 $\xi(t) = \dot{y}(t) - A(t)y(t)$ と置くと，$\dot{y}(t) = A(t)y(t) + \xi(t)$ であり，これは，入力 $\xi(t)$ を持つ線形時変システムと見なすことができる．その遷移行列を $\Phi(t,\tau)$ とすると，任意の $t \in [t_0, t_f]$ に対して

$$y(t) = \int_{t_0}^{t} \Phi(t,\tau) \xi(\tau) d\tau$$

$$\dot{y}(t) = A(t) \int_{t_0}^{t} \Phi(t,\tau) \xi(\tau) d\tau + \xi(t)$$

が成り立つ．遷移行列 $\Phi(t,\tau)$ は任意の t, τ に対して正則なので，$\alpha_0 := \max_{t_o \leq t \leq t_f} \|\Phi(t,\tau)\| > 0$ である．ここで，$\|\Phi(t,\tau)\|$ は行列 $\Phi(t,\tau)$ の誘導ノルムである†．$M = \max_{t_o \leq t \leq t_f} \|\xi(t)\|$ と置くと

$$\|y(t)\| \leq \int_{t_0}^{t} \|\Phi(t,\tau)\| \|\xi(\tau)\| d\tau \leq M \int_{t_0}^{t} \alpha_0 d\tau \leq \alpha_0 (t_f - t_0) M$$

が成り立つ．同様な議論を $\|\dot{y}(t)\|$ に適用し，$\alpha_1 = \max_{t_o \leq t \leq t_f} \|A(t)\|$ と置くと，$\|\dot{y}(t)\| \leq \{\alpha_0 \alpha_1 (t_f - t_0) + 1\} M$ が成り立つ．以上をまとめると，$\|y\|_{C^1} \leq \{\alpha_0 (1 + \alpha_1)(t_f - t_0) + 1\} M$ が成り立つから，$\beta = 1/\{\alpha_0 (1 + \alpha_1)(t_f - t_0) + 1\}$ と置けばよい．

【8】 $\xi(t) = \dot{y} - A(t)y(t)$ と置いて，【6】で $z(t)$ がない場合を当てはめると，ある $\alpha > 0$ が存在して

$$\int_{t_0}^{t_f} (\dot{y}(t) - A(t)y(t))^{\mathrm{T}} C(t) (\dot{y}(t) - A(t)y(t)) dt \geq \alpha \left(\max_{t_o \leq t \leq t_f} \|\xi(t)\|\right)^2$$

---

† 行列 A の誘導ノルム $\|A\|$ は，$\|A\| = \max_{\|x\|=1} \|Ax\|$ で定義される．ベクトルのノルムが $\|x\| = \sqrt{x^{\mathrm{T}} x}$ の場合，$\|A\|$ は A の最大特異値になる[3]．

が成り立つ。さらに，【7】により，ある $\beta > 0$ が存在して $\max_{t_0 \leq t \leq t_f} \|\xi(t)\| \geq \beta \|y\|_{C^1}$ が成り立つ。以上をまとめて $\gamma = \alpha\beta^2$ と置けば，示したい不等式が得られる。

【9】 J が x^* で局所最小なので，ある $\varepsilon > 0$ が存在し，$\|\Delta x\|_{C^1} < \varepsilon$ である任意の $\Delta x \in X$ に対して $J[x^* + \Delta x] \geq J[x^*]$ が成り立つ。任意の $y \in X$ を固定したとき，十分小さい任意の $\alpha \geq 0$ に対して，$\|\alpha y\| < \varepsilon$ であり，したがって $J[x^* + \alpha y] \geq J[x^*]$ である。これは，α の関数としての $\Phi(\alpha) := J[x^* + \alpha y]$ が $\alpha = 0$ で局所最小であることを意味する。

5 章

【1】 遷移行列を使って $x(t), \lambda(t)$ によって $x(t_f), \lambda(t_f)$ を表し，式 (5.12) の境界条件を適用すると，$\Phi_{21}(t_f,t)x(t) + \Phi_{22}(t_f,t)\lambda(t) = S_f(\Phi_{11}(t_f,t)x(t) + \Phi_{12}(t_f,t)\lambda(t))$ を得る。これを $\lambda(t)$ について解くと，示したい関係式が得られる。

【2】 ハミルトン関数は

$$H = \frac{1}{2}x^\mathrm{T} Q x + x^\mathrm{T} N u + \frac{1}{2}u^\mathrm{T} R u + \lambda^\mathrm{T}(Ax + Bu)$$

であり，オイラー・ラグランジュ方程式はつぎのようになる。

$$\dot{x} = Ax + Bu, \quad x(t_0) = x_0$$
$$\dot{\lambda} = -Qx - Nu - A^\mathrm{T}\lambda, \quad \lambda(t_f) = S_f x(t_f)$$
$$u^\mathrm{T} R + x^\mathrm{T} N + \lambda^\mathrm{T} B = 0$$

まず，オイラー・ラグランジュ方程式の第 3 式から u を求めると

$$u = -R^{-1}(N^\mathrm{T} x + B^\mathrm{T}\lambda)$$

これをオイラー・ラグランジュ方程式の第 1 式と第 2 式に代入して整理すると，つぎの線形 2 点境界値問題が得られる。

$$\begin{bmatrix} \dot{x} \\ \dot{\lambda} \end{bmatrix} = \begin{bmatrix} A - BR^{-1}N^\mathrm{T} & -BR^{-1}B^\mathrm{T} \\ -(Q - NR^{-1}N^\mathrm{T}) & -(A - BR^{-1}N^\mathrm{T})^\mathrm{T} \end{bmatrix} \begin{bmatrix} x \\ \lambda \end{bmatrix}$$
$$x(t_0) = x_0, \quad \lambda(t_f) = S_f x(t_f)$$

交差項のない LQ 制御問題と比較すると，A が $A - BR^{-1}N^\mathrm{T}$ に，Q が $Q - NR^{-1}N^\mathrm{T}$ に，それぞれ置き換わっている。したがって，$\lambda(t) = S(t)x(t)$ ($S(t_f) = S_f$) と置いて，$S(t)$ はリッカチ微分方程式

$$\dot{S} + (A - BR^{-1}N^{\mathrm{T}})^{\mathrm{T}}S + S(A - BR^{-1}N^{\mathrm{T}}) - SBR^{-1}B^{\mathrm{T}}S$$
$$+ Q - NR^{-1}N^{\mathrm{T}} = 0, \quad S(t_f) = S_f$$

を満たすとすれば，線形2点境界値問題の解 $(x(t), S(t)x(t))$ が得られる．そして，制御入力は

$$u = -R^{-1}(N^{\mathrm{T}} + B^{\mathrm{T}}S)x$$

と与えられる．

【3】 3章の【3】のように終端拘束条件に対するラグランジュ乗数を導入してもよいが，ここでは，$\delta x(t_f) = 0$ という条件を直接使って停留条件を導いてみよう．この場合，状態方程式と随伴変数で拡張された評価関数の第1変分において，$\delta x(t_f)$ の係数である $\lambda(t_f)$ は自由になるから，オイラー・ラグランジュ方程式は

$$\dot{x} = Ax + Bu, \quad x(t_0) = x_0, \quad x(t_f) = 0$$
$$\dot{\lambda} = -Qx - A^{\mathrm{T}}\lambda$$
$$u^{\mathrm{T}}R + \lambda^{\mathrm{T}}B = 0$$

となる．第3式より $u = -R^{-1}B^{\mathrm{T}}\lambda$ であり，これを第1式に代入して第2式とともに整理すると，再び式 (5.11) を得る．境界条件 $x(t_0) = x_0$，$x(t_f) = 0$ を満たす式 (5.11) の解を見つけるため，$\lambda(t) = S(t)x(t) + U(t)\nu$ と置いてみる．ただし，表記を簡単にするため $\nu = \lambda(t_f)$ と置いている．また，x の終端値 $x(t_f)$ も $x(t)$ と ν に依存するから $x(t_f) = V(t)x(t) + W(t)\nu$ と置いてみる．終端拘束条件より，これが0に等しい．そして

$$S(t_f) = 0, \quad U(t_f) = I, \quad V(t_f) = I, \quad W(t_f) = 0 \tag{1}$$

と置けば，オイラー・ラグランジュ方程式の境界条件が満たされることもわかる．

さて，オイラー・ラグランジュ方程式のうち λ の方程式に以上の関係を代入して整理すると

$$(\dot{S} + A^{\mathrm{T}}S + SA - SBR^{-1}B^{\mathrm{T}}S + Q)x$$
$$+ (\dot{U} + A^{\mathrm{T}}U - SBR^{-1}B^{\mathrm{T}}U)\nu = 0$$

を得る．したがって

$$\dot{S} + A^{\mathrm{T}}S + SA - SBR^{-1}B^{\mathrm{T}}S + Q = 0$$

$$\dot{U} = -(A - BR^{-1}B^{T}S)^{T}U$$

を満たす $S(t)$ と $U(t)$ によって，オイラー・ラグランジュ方程式のうち $x(t_f) = 0$ 以外を満足する解が得られる．S の微分方程式はリッカチ微分方程式にほかならない．ただし，ν が未知なので停留解はまだ決定できていないことに注意する．一方，$V(t)x(t) + W(t)\nu$ が恒等的に 0 であることから，その時間微分 $\dot{V}x + V\dot{x} + \dot{W}\nu$ も 0 である．これに上述の関係を用いて整理すると

$$(\dot{V} + VA - VBR^{-1}B^{T}S)x + (\dot{W} - VBR^{-1}B^{T}U)\nu = 0$$

となる．したがって

$$\dot{V} = -V(A - BR^{-1}B^{T}S)$$
$$\dot{W} = VBR^{-1}B^{T}U$$

であれば，$V(t)x(t) + W(t)\nu$ は一定値になる．特に，$t = t_0$ において，$V(t_0)x_0 + W(t_0)\nu = 0$ より ν を $\nu = -W^{-1}(t_0)V(t_0)x_0$ と求めることができる．また，U と V の境界条件と方程式をそれぞれ比べると，$V(t) = U^{T}(t)$ であることもわかる．以上をまとめると

$$u = -R^{-1}B^{T}\left(S(t)x(t) - U(t)W^{-1}(t_0)U^{T}(t_0)x_0\right)$$

を得る．

【4】【3】で導いたオイラー・ラグランジュ方程式に式 (5.42) も停留条件に加わる．$x(t_f) = 0$ や【3】で導いた u を用いて整理すると，$H|_{t=t_f} = -\nu^{T}BR^{-1}B^{T}\nu/2 = 0$ を得る．ここで，$\nu = -W^{-1}(t_0)U^{T}(t_0)x_0$ であり，$W(t_0)$ と $U(t_0)$ は t_f に依存するので，$H|_{t=t_f} = 0$ は t_f に対する条件を与える．もしも R が正定ならば，R^{-1} も正定であり，$H|_{t=t_f} = 0$ は $B^{T}W^{-1}(t_0)U^{T}(t_0)x_0 = 0$ と等価である．

【5】オイラー・ラグランジュ方程式より，最適軌道に沿ったハミルトン関数の時間微分は

$$\begin{aligned}\frac{d}{dt}H(x, u, \lambda) &= \frac{\partial H}{\partial x}\dot{x} + \frac{\partial H}{\partial u}\dot{u} + \frac{\partial H}{\partial \lambda}\dot{\lambda} \\ &= \frac{\partial H}{\partial x}\left(\frac{\partial H}{\partial \lambda}\right)^{T} - \frac{\partial H}{\partial \lambda}\left(\frac{\partial H}{\partial x}\right)^{T} = 0\end{aligned}$$

となる．

【6】 $\bar{f}(x,t,\theta) = f(x,k(x,\theta),t)$, $\bar{L}(x,t,\theta) = L(x,k(x,\theta),t)$, $\bar{H}(x,\lambda,t,\theta) = \bar{L} + \lambda^{\mathrm{T}}\bar{f}$ と置くと，拘束条件 $\bar{f} - \dot{x} = 0$ を考慮した汎関数 $\bar{J}$ とその第 1 変分は

$$\bar{J} = \varphi + \int_{t_0}^{t_f} (\bar{H} - \lambda^{\mathrm{T}}\dot{x})dt$$

$$\delta\bar{J} = \left(\frac{\partial\varphi}{\partial x} - \lambda^{\mathrm{T}}\right)\delta x(t_f) + \int_{t_0}^{t_f}\left\{\left(\frac{\partial\bar{H}}{\partial x} + \dot{\lambda}^{\mathrm{T}}\right)\delta x + \frac{\partial\bar{H}}{\partial\theta}d\theta\right\}dt$$

となる．よって，停留条件は

$$\dot{x} = \bar{f}, \quad x(t_0) = x_0$$
$$\dot{\lambda} = -\left(\frac{\partial\bar{H}}{\partial x}\right)^{\mathrm{T}}, \quad \lambda(t_f) = \left(\frac{\partial\varphi}{\partial x}\right)^{\mathrm{T}}(x(t_f),t_f)$$
$$\int_{t_0}^{t_f}\frac{\partial\bar{H}}{\partial\theta}dt = 0$$

となる．なお，新しいハミルトン関数 $\bar{H}$ の偏導関数を元のハミルトン関数 $H = L + \lambda^{\mathrm{T}}f$ で表すと

$$\frac{\partial\bar{H}}{\partial x} = \frac{\partial H}{\partial x} + \frac{\partial H}{\partial u}\frac{\partial k}{\partial x}, \quad \frac{\partial\bar{H}}{\partial\theta} = \frac{\partial H}{\partial u}\frac{\partial k}{\partial\theta}$$

となる．

【7】 $\xi(t) = \delta u(t) + K(t)\delta x(t)$, $K = \bar{H}_{22}^{-1}\bar{H}_{12}$ と置くと，$\delta u(t) = -K(t)\delta x(t) + \xi(t)$ であり，これを式 (5.13) に代入すると，線形時変システム $\delta\dot{x} = (A - BS)\delta x + (\partial f/\partial u)\xi$ を得る．この遷移行列を $\Phi(t,\tau)$ とすると

$$\delta x(t) = \int_{t_0}^{t}\Phi(t,\tau)\frac{\partial f}{\partial u}(x(\tau),u(\tau),\tau)\xi(\tau)d\tau$$

$$\delta u(t) = \xi(t) - K(t)\int_{t_0}^{t}\Phi(t,\tau)\frac{\partial f}{\partial u}(x(\tau),u(\tau),\tau)\xi(\tau)d\tau$$

と表せる．$\Phi(t,\tau)$ は任意の (t,τ) に対して正則だから

$$\alpha_0 := \max_{t_0 \leq t, \tau \leq t_f}\|\Phi(t,\tau)\| > 0$$

である．

$$M = \max_{t_0 \leq t \leq t_f}\|\xi(t)\|, \quad \alpha_1 = \max_{t_0 \leq t \leq t_f}\|K(t)\|$$
$$\alpha_2 = \max_{t_0 \leq \tau \leq t_f}\left\|\frac{\partial f}{\partial u}(x(\tau),u(\tau),\tau)\right\|$$

と置くと

$$\|\delta u(t)\| \leq \|\xi(t)\| + \|K(t)\| \int_{t_0}^{t} \|\Phi(t,\tau)\| \left\|\frac{\partial f}{\partial u}(x(\tau),u(\tau),\tau)\right\| \|\xi(\tau)\| d\tau$$
$$\leq M + \alpha_0 \alpha_1 \alpha_2 (t_f - t_0) M$$

が成り立つ．したがって，$\beta = 1/\{1 + \alpha_0 \alpha_1 \alpha_2 (t_f - t_0)\}$ と置けば，$0 < \beta \leq 1$ であり，$\max_{t_0 \leq t \leq t_f} \|\delta u(t) + K(t)\delta x(t)\| \geq \beta \|\delta u\|_{C^0}$ が成り立つ．あとは，4章の【6】を，z がなく $y = \delta u + K\delta x$，$A = \bar{H}_{22}$ の場合に適用し，上の不等式と組み合わせればよい．

【8】拘束条件 $N(x(t_1), t_1) = 0$ と $\bar{C}(x(t), u(t), t) = 0$ に対するラグランジュ乗数をそれぞれ π，$\rho(t)$ と置くと，拘束条件を考慮した汎関数 $\bar{J}$ は

$$\bar{J} = \varphi(x(t_f), t_f) + \pi^T N(x(t_1), t_1)$$
$$+ \int_{t_0}^{t_f} \left\{ L + \lambda^T (f - \dot{x}) \right\} dt + \int_{t_1}^{t_f} \rho \bar{C} dt$$

となる．ハミルトン関数を $H_0 = L + \lambda^T f$ と $H_1 = L + \lambda^T + \rho \bar{C}$ との二つ定義し，評価区間を t_1 の前後で分割すると

$$\bar{J} = \varphi(x(t_f), t_f) + \pi^T N(x(t_1), t_1)$$
$$+ \int_{t_0}^{t_1} (H_0 - \lambda^T \dot{x}) dt + \int_{t_1}^{t_f} (H_1 - \lambda^T \dot{x}) dt$$

となる．$dx(t_1) = \delta x(t_1) + \dot{x}(t_1) dt_1$ に注意して第1変分を計算すると

$$d\bar{J} = \left(\frac{\partial \varphi}{\partial x} - \lambda^T\right) \delta x(t_f) + \left(\pi^T \frac{\partial N}{\partial x} - \lambda^T(t_{1-}) + \lambda^T(t_{1+})\right) dx(t_1)$$
$$+ \left(\pi^T \frac{\partial N}{\partial t} + H_0(t_{1-}) - H_1(t_{1+})\right) dt_1$$
$$+ \int_{t_0}^{t_1} \left\{ \left(\frac{\partial H_0}{\partial x} - \dot{\lambda}^T\right) \delta x + \frac{\partial H_0}{\partial u} \delta u \right\} dt$$
$$+ \int_{t_1}^{t_f} \left\{ \left(\frac{\partial H_1}{\partial x} - \dot{\lambda}^T\right) \delta x + \frac{\partial H_1}{\partial u} \delta u \right\} dt$$

となる．ここで，引数が t_{1-} と t_{1+} である関数はそれぞれ t_1 の直前と直後の値（左極限と右極限）を表し

$$H_0(t_{1-}) = H_0(x(t_1), u(t_{1-}), \lambda(t_{1-}), t_1)$$
$$H_1(t_{1+}) = H_1(x(t_1), u(t_{1+}), \lambda(t_{1+}), \rho(t_1), t_1)$$

である．以上より，停留条件は

$$\dot{x} = f(x, u, t) \quad (t_0 \leq t \leq t_f)$$

$$x(t_0) = x_0, \quad N(x(t_1), t_1) = 0$$

$$\dot{\lambda} = -\left(\frac{\partial H_0}{\partial x}\right)^{\mathrm{T}} (x, u, \lambda, t) \quad (t_0 \leq t < t_1)$$

$$\lambda(t_{1-}) = \lambda(t_{1+}) + \left(\frac{\partial N}{\partial x}\right)^{\mathrm{T}} \pi$$

$$H_0(t_{1-}) = H_1(t_{1+}) - \pi^{\mathrm{T}} \frac{\partial N}{\partial t}(x(t_1), t_1)$$

$$\frac{\partial H_0}{\partial u}(x, u, \lambda, t) = 0 \quad (t_0 \leq t < t_1)$$

$$\dot{\lambda} = -\left(\frac{\partial H_1}{\partial x}\right)^{\mathrm{T}} (x, u, \lambda, \rho, t) \quad (t_1 < t \leq t_f)$$

$$\lambda(t_f) = \left(\frac{\partial \varphi}{\partial x}\right)^{\mathrm{T}} (x(t_f), t_f)$$

$$\frac{\partial H_1}{\partial u}(x, u, \lambda, \rho, t) = 0 \quad (t_1 < t \leq t_f)$$

$$\bar{C}(x, u, t) = 0 \quad (t_1 < t \leq t_f)$$

となる。随伴変数 $\lambda(t)$ は t_1 において不連続だが, 状態 $x(t)$ はつねに連続であることに注意されたい。

6 章

【1】 (a) ハミルトン関数は $H = 1 + \lambda_1 x_2 + \lambda_2 u$ であるから, 最小原理により, $\lambda_2 < 0$ のとき $u = 1$, $\lambda_2 > 0$ のとき $u = -1$ となる。また, $\dot{\lambda}_1 = 0$, $\dot{\lambda}_2 = -\lambda_1$ より, $\lambda_1(t) = \lambda_1(t_f)$, $\lambda_2(t) = \lambda_2(t_f) + \lambda_1(t_f)(t_f - t)$ となる。$\lambda_2(t)$ は t の 1 次式だから, $\lambda_2(t)$ と $u(t)$ の符号変化はたかだか 1 回であることがわかる。

　　原点 $x = 0$ から逆時間で軌道を求めると, $u = 1$ のときは $x_2(t) = t - t_f$, $x_1(t) = (t - t_f)^2 / 2$ となり, $u = -1$ のときは $x_2(t) = t_f - t$, $x_1(t) = -(t_f - t)^2 / 2$ となる。前者の軌道は $x_1 = x_2^2 / 2$ $(x_2 \leq 0)$ という曲線であり, 後者の軌道は $x_1 = -x_2^2 / 2$ $(x_2 \geq 0)$ という曲線になる。それぞれを曲線 1, 曲線 2 と呼ぶことにする。二つの曲線を合わせて $x_1 = -x_2 |x_2| / 2$ と表すことができる。また, 曲線 1 または曲線 2 の点 $(x_1(0), x_2(0))$ から原点に到達するまでの時間は, それぞれ $-x_2(0)$, $x_2(0)$ である。

　　入力の切替えはたかだか 1 回だから, 曲線 1, 2 以外の初期状態か

ら出発する場合，$u = -1$ で出発して曲線 1 に到達したとき $u = 1$ に切り替えるか，$u = 1$ で出発して曲線 2 に到達したとき $u = -1$ に切り替えるか，いずれかである．すなわち，$x_1 = -x_2|x_2|/2$ が切替え曲線になる．運動の向きを考えると，切替え曲線に到達するまでの軌道は以下の 2 通りに分類できる．

  i) $x_1(0) < -x_2(0)|x_2(0)|/2$ の場合： 曲線 2 に到達するまで $u = 1$ とし，曲線 2 に到達したら $u = -1$ とする．まず，$u = 1$ のときの軌道は $x_2(t) = x_2(0) + t$, $x_1(t) = x_1(0) + x_2(0)t + t^2/2$ であり，切替え曲線に到達するまでの時間は $t_s = -x_2(0) + \sqrt{x_2^2(0)/2 - x_1(0)}$，そこから $u = -1$ に切り替えて曲線 2 に沿って原点に到達するときの終端時刻は $t_f = -x_2(0) + \sqrt{2x_2^2(0) - 4x_1(0)}$ と求められる．

  ii) $x_1(0) > -x_2(0)|x_2(0)|/2$ の場合：曲線 1 に到達するまで $u = -1$ とし，曲線 1 に到達したら $u = 1$ とする．まず，$u = -1$ のときの軌道は $x_2(t) = x_2(0) - t$, $x_1(t) = x_1(0) + x_2(0)t - t^2/2$ であり，切替え曲線に到達するまでの時間は $t_s = x_2(0) + \sqrt{x_2^2(0)/2 + x_1(0)}$，そこから $u = 1$ に切り替えて曲線 1 に沿って原点に到達するときの終端時刻は $t_f = x_2(0) + \sqrt{2x_2^2(0) + 4x_1(0)}$ と求められる．

以上により，任意の初期状態 $(x_1(0), x_2(0))$ に対して，最小原理の条件を満たす入力と軌道が求められた．

(b) ハミルトン関数は $H = |u| + \lambda_1 x_2 + \lambda_2 u$ であるから，最小原理により，$\lambda_2 < -1$ のとき $u = 1$, $-1 < \lambda_2 < 1$ のとき $u = 0$, $\lambda_2 > 1$ のとき $u = -1$ となる．また，$\dot{\lambda}_1 = 0$, $\dot{\lambda}_2 = -\lambda_1$ より，$\lambda_1(t) = \lambda_1(t_f)$, $\lambda_2(t) = \lambda_2(t_f) + \lambda_1(t_f)(t_f - t)$ となる．$\lambda_2(t)$ は t の 1 次式だから，$u(t)$ の切替えはたかだか 2 回であることがわかる．また，切替えは，$u = -1$ と $u = 0$ との間，もしくは $u = 0$ と $u = 1$ との間でしか生じない（例えば，$u = -1$ から $u = 1$ へ切り替わることはない）．

原点に到達する軌道は【1】(a) と同じく曲線 1 と曲線 2 である．したがって，やはり，切替え曲線 $x_1 = -x_2|x_2|/2$ を境界として解を分類できる．以下では，初期状態が最初から曲線 1 の上にあるか，$x_1(0) > -x_2(0)|x_2(0)|/2$ を満たす初期状態から出発して曲線 1 経由で原点に到達する場合のみを考える．曲線 2 を通る場合は同様な

ので省略する。なお，初期状態 x から原点に到達するのに最低限必要な時間は【1】(a) で求めた制御入力の評価関数値であり，それを $t_{min}(x)$ とすると，いまの問題の終端時刻 t_f に対して $t_{min}(x) \leqq t_f$ でなければ，終端拘束条件を満たす解が存在しないことに注意する。

まず，曲線1の上の点から出発する場合，原点に到達するまでの時間は，【1】(a) で求めた通り $-x_2(0)$ であるから，$-x_2(0) \leqq t_f$ であれば，$u = 1$ によって時刻 $t_O(x(0)) = -x_2(0)$ には原点に到達し，それ以降 $u = 0$ として原点に留まればよい。このときの評価関数値は $J = -x_2(0)$ である。

つぎに，$x_1(0) > -x_2(0)|x_2(0)|/2$ で，曲線1を通って原点に到達する場合を考える。これは，さらに，$u = 0$ で曲線1に到達し $u = 1$ へ切り替わる場合と，$u = -1$ で出発してまず $u = 0$ へ切り替わり，その後，曲線1に到達して $u = 1$ へ切り替わる場合とに分類できる。

i) $u(0) = 0$ の場合：曲線1に到達するまで $x_2(t) = x_2(0)$，$x_1(t) = x_1(0) + x_2(0)t$ である。曲線1に到達するには $x_2(0) < 0$ でなければならない。曲線1に到達するまでの時間は $(x_2^2(0)/2 - x_1(0))/x_2(0)$ であり，その後曲線1に沿って原点に到達するまで $-x_2(0)$ だけかかるから，原点に到達する時刻は $t_O(x(0)) = -x_2(0) + (x_2^2(0)/2 - x_1(0))/x_2(0)$ である。それ以降 $u = 0$ で原点に留まる。ただし，$x(t_f) = 0$ となるには，$t_O(x(0)) > t_{min}(x(0))$ でなければならない。このことから，$x_1(0) < -x_2(0)(x_2(0) + 2t_f)/2$ という条件を得る。また，曲線1に到達するまで $u = 0$ なので，評価関数値は $J = -x_2(0)$ である。

ii) $u(0) = -1$ の場合：x_2 がある値 $x_{2s} < 0$ になるまで $u = -1$ であり，その後 $u = 0$ で $x_2 = x_{2s}$ のまま曲線1まで到達し，最後は $u = 1$ で曲線1に沿って原点に到達する。$u = -1$ のとき $x_2(t) = x_2(0) - t$，$x_1(t) = x_1(0) + x_2(0)t - t^2/2$ であり，x_2 が x_{2s} に到達するのは $t_s = x_2(0) - x_{2s}$ のときである。また，$x_1(t_s) = x_1(0) + (x_2^2(0) - x_{2s}^2)/2$ である。その後，$u = 0$ で曲線1に到達するまでの時間は $(x_{2s}^2/2 - x_1(t_s))/x_{2s}$ であり，さらに曲線1に沿って原点に至るまでの時間は $-x_{2s}$ である。したがって，原点に到達する時刻は $t_O(x(0)) = x_2(0) - x_{2s} - (x_1(0) + x_2^2(0)/2)/x_{2s}$ となり，

評価関数値は，$J = x_2(0) - 2x_{2s}$ となる。x_{2s} が 0 に近く $u = 0$ である時間が長いほど評価関数値は小さくなるから，$t_f = t_O(x(0))$ となる。この関係式から x_{2s} を求めると

$$x_{2s} = \frac{1}{2}\left\{\sqrt{(t_f - x_2(0))^2 - (2x_2^2(0) + 4x_1(0))}\right.$$
$$\left. - (t_f - x_2(0))\right\}$$

となり，これを用いて

$$J = t_f - \sqrt{(t_f - x_2(0))^2 - (2x_2^2(0) + 4x_1(0))}$$

を得る。

また，$t_O(x(0)) \geqq t_{min}(x(0))$ でなければならないことから，$x_2(0) \leqq -t_f + \sqrt{2t_f^2 - 4x_1(0)}$ という条件を得る。さらに，i) の場合も除外するので，$x_1(0) \geqq -x_2(0)(x_2(0) + 2t_f)/2$ となる。

(c) ハミルトン関数は $H = (x_1^2 + x_2^2)/2 + \lambda_1 x_2 + \lambda_2 u$ であるから，最小原理により，$\dot{\lambda}_1 = -x_1$, $\dot{\lambda}_2 = -x_2 - \lambda_1$ であり，また，特異弧以外では，$\lambda_2 < 0$ のとき $u = 1$, $\lambda_2 > 0$ のとき $u = -1$ となる。一方，特異弧では，$\partial H/\partial u = \lambda_2$ が恒等的に 0 となるから，$\dot{\lambda}_2 = -x_2 - \lambda_1 = 0$, $\ddot{\lambda}_2 = -u + x_1 = 0$ も恒等的に成り立つ。したがって，$u = x_1$ が特異最適制御の候補である。このとき，状態方程式より $\ddot{x}_1 = x_1$ だから，$x_1(t) = c_1 e^t + c_2 e^{-t}$, $x_2(t) = c_1 e^t - c_2 e^{-t}$ （c_1, c_2 は定数）を得る。

さらに，ハミルトン関数がオイラー・ラグランジュ方程式の解に沿って一定であることと，終端時刻 t_f が自由であることから，$H = 0$ も恒等的に成り立つ。特に，特異弧上では，$\lambda_1 = -x_2$, $\lambda_2 = 0$ であることを使うと，$H = (x_1^2 - x_2^2)/2 = 0$ を得る。したがって，$x_1 = x_2$ または $x_1 = -x_2$ である。それぞれ，$x_1(t) = c_1 e^t$ および $x_1(t) = c_2 e^{-t}$ に対応する。ただし，終端拘束条件 $x(t_f) = 0$ を満たすのは，$x_1(t) = c_2 e^{-t}$ すなわち $x_1 = -x_2$ で $t_f = \infty$ の場合である。

つぎに，特異弧が実際に最適軌道となっていることを示す。特異弧上の 2 点 x_a, x_b を結ぶ任意の軌道 $x(t)$ を考え，$x(t_a) = x_a$, $x(t_b) = x_b$ $(0 \leqq t_a < t_b)$ とすると，$2x_1 x_2 = dx_1^2/dt$ という関係より

$$\int_{t_a}^{t_b} \frac{1}{2}\|x(t)\|^2 dt = \int_{t_a}^{t_b} \frac{1}{2}\left\{(x_1(t)+x_2(t))^2 - \frac{d}{dt}x_1^2(t)\right\}dt$$
$$\geq \frac{1}{2}\left(x_1^2(t_a) - x_1^2(t_b)\right)$$

であり，等号は $x_1 = -x_2$ のときに限る．つまり，特異弧以外の軌道を経由すると必ず評価関数値が大きくなってしまう．

【2】(a) 値関数は原点に到達したときの時刻だから，$x_1 < -x_2|x_2|/2$ のとき $V(x_1,x_2) = -x_2 + \sqrt{2x_2^2 - 4x_1}$，$x_1 > -x_2|x_2|/2$ のとき $V(x_1,x_2) = x_2 + \sqrt{2x_2^2 + 4x_1}$ となる．時刻 t には依存しない．入力 u と $\partial V/\partial x_2$ の符号に注意して，それぞれがハミルトン・ヤコビ・ベルマン方程式を満たすことを確かめられる．ただし，切替え曲線上の点で値関数は微分できない．

(b) 初期時刻が t の場合は，【1】(b) において，終端時刻を $t_f - t$ にしたのと等価である．【1】(b) の解答と同様，初期状態が最初から曲線 1 の上にあるか，$x_1(0) > -x_2(0)|x_2(0)|/2$ を満たす初期状態から出発して曲線 1 経由で原点に到達する場合のみを考えると，値関数は，$x_1 > -x_2|x_2|/2$ かつ $x_1 < -x_2\{x_2 + 2(t_f-t)\}/2$ のとき $V(x,t) = -x_2$．また，$x_2 \leq -(t_f-t) + \sqrt{2(t_f-t)^2 - 4x_1}$ かつ $x_1 \geq -x_2\{x_2 + 2(t_f-t)\}/2$ のとき $V(x,t) = t_f - t - \sqrt{(t_f-t-x_2)^2 - (2x_2^2 + 4x_1)}$ となる．それぞれの場合の制御入力を考慮すると，それぞれがハミルトン・ヤコビ・ベルマン方程式を満たすことを確かめられる．

7章

【1】まず，遷移行列による方法を考える．$\Phi(t)$ を 7.3 節と同じ遷移行列とする．終端条件 $x(t_f) = x_f$ における誤差を $E = x(t_f) - x_f$ と定義すると，その微小変化は $dE = \delta x(t_f) = \Phi_{12}(t_f)\delta\lambda_0$ となる．ニュートン法の条件 $dE = -E$ より，$\delta\lambda_0 = -\Phi_{12}^{-1}(t_f)E$ とすればよい．

つぎに，backward sweep による方法を考える．この場合は，$dE = \delta x(t_f) = -E$ を終端条件として線形 2 点境界値問題を解けばよい．5 章【3】の解答を参考に，$\delta\lambda(t) = S(t)\delta x(t) + U(t)\nu$，$\delta x(t_f) = V(t)\delta x(t) + W(t)\nu$，$S(t_f) = 0$，$U(t_f) = I$，$V(t_f) = I$，$W(t_f) = 0$ とおくと，行列 $S(t)$，$U(t)$，$V(t)$，$W(t)$ が 5 章【3】と同じ微分方程式を満たし，かつ，$\nu = -W^{-1}(0)E$，$\delta\lambda_0 = -U(0)W^{-1}(0)E$ であればよいことがわかる．

【2】 式 (7.25) を状態方程式とし

$$\tilde{J} = \frac{1}{2}\delta x^{\mathrm{T}}(t_f)\frac{\partial^2 \varphi}{\partial x^2}(x(t_f))\delta x(t_f)$$
$$+ \int_{t_0}^{t_f} \left(\frac{\partial H}{\partial u}\delta u + \frac{1}{2}\left[\begin{array}{c}\delta x \\ \delta u\end{array}\right]^{\mathrm{T}} \left[\begin{array}{cc}\frac{\partial^2 H}{\partial x^2} & \frac{\partial^2 H}{\partial x \partial u} \\ \frac{\partial^2 H}{\partial u \partial x} & \frac{\partial^2 H}{\partial u^2}\end{array}\right] \left[\begin{array}{c}\delta x \\ \delta u\end{array}\right]\right) dt$$

を評価関数とする最適制御問題を考え，状態方程式 (7.25) に対応する随伴変数を $\delta\lambda$ としてオイラー・ラグランジュ方程式を求めると，式 (7.24)〜(7.28) が得られる。ここで，$x(t)$, $u(t)$, $\lambda(t)$ を与えられた時間関数と見なすことと $\partial^2 H/\partial x \partial \lambda = (\partial f/\partial x)^{\mathrm{T}}$ に注意する。

【3】 微分方程式 (7.30) の遷移行列を

$$\Phi(t,\tau) = \left[\begin{array}{cc}\Phi_{11}(t,\tau) & \Phi_{12}(t,\tau) \\ \Phi_{21}(t,\tau) & \Phi_{22}(t,\tau)\end{array}\right]$$

と置くと，式 (7.30) の解は

$$\delta x(t) = \Phi_{12}(t_f,t_0)\delta\lambda(t_0) + b_1(t)$$
$$\delta\lambda(t) = \Phi_{22}(t_f,t_0)\delta\lambda(t_0) + b_2(t)$$
$$b_1(t) = \int_{t_0}^{t} (\Phi_{11}(t,\tau)v(\tau) + \Phi_{12}(t,\tau)w(\tau))\,d\tau$$
$$b_2(t) = \int_{t_0}^{t} (\Phi_{21}(t,\tau)v(\tau) + \Phi_{22}(t,\tau)w(\tau))\,d\tau$$

と表される。ただし，初期条件 (7.27) を使っている。終端条件 (7.28) が成り立つように $\delta\lambda(t_0)$ を求めると

$$\delta\lambda(t_0) = \left(\Phi_{22}(t_f,t_0) - \frac{\partial^2\varphi}{\partial x^2}(x(t_f))\Phi_{12}(t_f,t_0)\right)^{-1}$$
$$\times \left(\frac{\partial^2\varphi}{\partial x^2}(x(t_f))b_1(t_f) - b_2(t_f)\right)$$

を得る。これを上で求めた解に代入すれば，$\delta x(t)$, $\delta\lambda(t)$ が求められる。

つぎに，backward sweep による方法を考える。シューティング法のときと同様に $\delta\lambda(t) = S(t)\delta x(t) + b(t)$ と置いて微分方程式 (7.30) に代入してみる。ただし，終端条件 (7.28) が成り立つように $S(t_f) = \partial^2\varphi(x(t_f))/\partial x^2$, $b(t_f) = 0$ とする。すると，$S(t)$ が (7.20) のリッカチ微分方程式を満たし，かつ $\dot{b} + (A^{\mathrm{T}} - SB)b + Sv + w = 0$ が成り立てばよいことがわかる。

【4】終端条件により $V_{iN} = \varphi(x_i)$ $(i = 0, \cdots, M)$ である．あとは，以下を $j = N$ から $j = 1$ まで繰り返せばよい．まず，$i = 0, \cdots, M-1$ に対して，$H(x_i, u, (V_{i+1,j} - V_{ij})/\Delta x, t_j)$ を最小にする u を u_{ij} と置き，$V_{i,j-1} = V_{ij} + H(x_i, u_{ij}, (V_{i+1,j} - V_{ij})/\Delta x, t_j)\Delta t$ と置く．そして，$H(x_M, u, (V_{M,j} - V_{M-1,j})/\Delta x, t_j)$ を最小にする u を u_{Mj} と置き，$V_{M,j-1} = V_{Mj} + H(x_M, u_{Mj}, (V_{M,j} - V_{M-1,j})/\Delta x, t_j)\Delta t$ と置く．

8章

【1】モデル予測制御では，各時刻 t で $x(t)$ を初期状態として T だけ未来までの LQ 制御問題を解き，最適制御の初期値を実際の制御入力として用いる．したがって，例 5.1 の LQ 制御問題において $t_0 = 0$, $t_f = T$ として，リッカチ微分方程式の解 S を求めると，LQ 制御の制御入力が $u(t) = -R^{-1}B^{\mathrm{T}}S(t)x(t)$ であるのに対し，モデル予測制御の制御入力は $u(t) = -R^{-1}B^{\mathrm{T}}S(0)x(t)$ となる．すなわち，LQ 制御ではゲイン行列が時刻によって変わるのに対し，モデル予測制御では LQ 制御の初期時刻におけるゲイン行列のみを用いる．

【2】式 (8.11), (8.13), (8.15) により，終端条件 (8.10) は満たされる．つぎに，式 (8.11) を式 (8.8) に代入し，$\partial x^*/\partial t$ を含む項とそれ以外の項とをそれぞれまとめると，式 (8.12), (8.14) が成り立てば式 (8.8) の下半分は成り立つことがわかる．また，式 (8.8) の上半分に式 (8.11) を代入して $\partial x^*/\partial t$ のみの微分方程式が得られるので，初期条件 (8.9) と合わせて $\partial x^*/\partial t$ が決まる．$\partial \lambda^*/\partial t$ は式 (8.11) から決まる．

【3】まず，式 (8.18) は

$$\dot{\lambda}(t) = S^*(0,t)(A - BR^{-1}B^{\mathrm{T}}S^*(0,t))x(t) + b^*(0,t)$$

となる．ただし，$S^*(\tau, t)$, $b^*(\tau, t)$ は，つぎの微分方程式によって決まる．

$$\frac{\partial S^*}{\partial \tau} = -A^{\mathrm{T}}S^* - S^*A + S^*BR^{-1}B^{\mathrm{T}}S^* - Q$$
$$S^*(T, t) = S_f$$
$$\frac{\partial b^*}{\partial \tau} = -(A^{\mathrm{T}} - S^*BR^{-1}B^{\mathrm{T}})b^*$$
$$b^*(T, t) = \left(A^{\mathrm{T}}S_f + S_f A - S_f BR^{-1}B^{\mathrm{T}}S_f + Q\right)x^*(T, t)\frac{dT}{dt}$$

評価区間の長さ T が一定であれば，$b^*(\tau, t) = 0$ $(0 \leq \tau \leq T)$ である．

つぎに，式 (8.31) は

$$\dot{\lambda}(t) = -Qx(t) - A^{\mathrm{T}}\lambda(t) + c^*(0,t)$$

となる。ここで，$c^*(\tau,t)$ は，つぎの微分方程式によって決まる。

$$\frac{\partial c^*}{\partial \tau} = -(A^{\mathrm{T}} - S^*BR^{-1}B^{\mathrm{T}})c^*$$
$$c^*(T,t) = \left(A^{\mathrm{T}}S_f + S_f A - S_f BR^{-1}B^{\mathrm{T}}S_f + Q\right) x^*(T,t) \left(1 + \frac{dT}{dt}\right)$$

ただし，$S^*(\tau,t)$ は前の場合とまったく同じである。この場合は，評価区間の長さ T が一定でも一般に $c^*(\tau,t) \neq 0$ である。

【4】修正によって評価関数に加わった項はダミー入力 v のみを含むから，オイラー・ラグランジュ方程式のうち状態と随伴変数に対する条件は変わらない。修正後の制御入力に対する条件はつぎのようになる。

$$\frac{\partial H}{\partial u} = u + \lambda_2 + 2\rho u = 0$$
$$\frac{\partial H}{\partial v} = -0.01 + 2\rho v = 0$$
$$\frac{\partial H}{\partial \rho} = u^2 + v^2 - 0.5^2 = 0$$

第2式により，ρ と v はどちらもつねに非零である。したがって，ρ と v の符号は一定である。一方，修正前は第2式が $2\rho v = 0$ となるので，つねにどちらかが 0 になる。また，符号が一定になることは保証できない。

【5】まず，**定理 8.1** の場合は，仮定(2)を以下の (2)' のように修正すれば，任意の評価区間長さ $T \geq T_{min}$ に対してそのまま成り立つ。

(2)' 任意の評価区間長さ $T \geq T_{min}$ と時刻 τ ($0 \leq \tau \leq T$) に対して，拘束条件 $u \in \Omega$ のもとで任意の状態 $x \in \mathbb{R}^n$ から出発する最適制御問題の解が存在し，その値関数 $V(x,\tau,T)$ が微分可能である。

ここで，T_{min} は，拘束条件のもとで状態を原点へ移動させるのに最小限必要な時間を表す。

つぎに，**定理 8.2** の場合は，仮定(3)を以下の (3)' のように修正すれば，任意の評価区間長さ $T > 0$ に対してそのまま成り立つ。

(3)' 評価関数の終端ペナルティ $\varphi(x)$ が半径方向非有界で滑らかな大域的正定関数であり，被積分項 $L(x,u)$ に対して

$$\frac{\partial \varphi}{\partial x}(x) f(x,k(x)) \leq -L(x,k(x))$$

を満たし，かつ，任意の $x \in \mathbb{R}^n$ に対して $k(x) \in \Omega$ であるような，滑らかな状態フィードバック制御則 $u = k(x)$ が存在する。

索引

【あ】

RHC	6
RH 制御	6
値関数	70, 122, 182
アルミホ基準	57

【い】

1 次独立制約想定	25
陰関数定理	31

【う】

ウルフ条件	58

【え】

SQP 法	53
MHE	8
MPC	6
LQ 制御問題	65, 105, 127

【お】

オイラーの方程式	64, 88, 104
オイラー・ラグランジュ方程式	64, 88, 104
黄金分割法	57
横断性条件	88

【か】

開球	17
外点ペナルティ法	48
外点法	48
拡張ラグランジュ関数	52
拡張ラグランジュ関数法	52
囲い込み	55

【き】

価値関数	70, 122
ガトー微分	98
カルーシュ・キューン・タッカー条件	27
逆行列補題	59
共状態	63, 103
共状態方程式	64, 104
共役	40
共役点	111
局所最適解	17
曲率条件	58
許容解	16
許容曲線	83
許容入力集合	73
許容変分	83
許容領域	17
切替え曲面	133

【く】

クリロフ部分空間法	43, 177

【け】

KKT 条件	27
懸垂曲線	92

【こ】

高位の無限小	13
降下法	37
降下方向	37
交差項	81, 119
拘束条件	1
勾配ベクトル	14
勾配法	37, 138

【さ】

コスト関数	1
cost-to-go	70, 122
固定端点問題	83
孤立局所最適解	17
最急降下法	38, 139
最急降下方向	38
サイクロイド	90
最小原理	129, 131
最小燃料問題	134
最速降下線問題	88
最短時間問題	134
最適解	1, 17
最適化問題	1
最適コスト関数	70, 122
最適制御	4
最適制御問題	4, 61, 103
最適レギュレータ問題	65

【し】

GMRES 法	177
次元の呪い	74, 153
実時間最適化	9
集積点	49
終端コスト	62, 102
自由端点問題	83
終端ペナルティ	62, 102
シューティング法	142
shrinking horizon	171
準正定	12
準ニュートン法	45
準負定	12
乗数法	52, 151
初期推定解	36

索引 219

【す】

随伴システム	64, 104
随伴変数	63, 103
随伴方程式	64, 104
数理計画問題	2
ステージコスト	62, 102
スラック変数	35

【せ】

制御リアプノフ関数	186
正準方程式	64, 104
正定	12, 183
制約条件	1
セカント方程式	46
積分拘束条件	91
遷移行列	119, 143
線形計画問題	2

【そ】

双対	59
相補性条件	27, 181
相補的	59

【た】

大域的最適解	17
大域的に正定	186
第1変分	84
対称	12
第2変分	84
ダビドン・フレッチャー・パウエル法	46
ダミー変数	35
探索方向	37

【ち】

| 逐次2次計画法 | 53 |
| 直線探索 | 37 |

【つ】

| 強いクレブシュ条件 | 110 |
| 強いルジャンドル・クレブシュ条件 | 110 |

【て】

| 強いルジャンドル条件 | 97 |

【て】

DFP法	46
停留解	20
停留条件	20
停留点	20

【と】

等式拘束条件	16
等時線	134
動的計画法	71, 125, 152
特異弧	133
特異最適制御	133
凸計画問題	19

【な】

内点	50
内点ペナルティ法	50
内点法	50
内部境界条件	120

【に】

2次計画問題	2
2次形式	12
2次の勾配法	45, 150
2次の十分条件	30
ニュートン法	44
ニュートン方向	44
入力アフィンシステム	126

【の】

| ノルム | 12 |

【は】

backward sweep	112, 146, 163
ハミルトン関数	63, 103
ハミルトン行列	147
ハミルトンの原理	92
ハミルトン・ヤコビ・ベルマン方程式	124, 152, 182

【は】

ハミルトン・ヤコビ方程式	124, 127
バリア関数	50
バリア法	50, 150
汎関数	3, 82
半径方向非有界	186
バンバン制御	132
反復法	36

【ひ】

BFGS法	46
非線形計画問題	2, 16
評価関数	1
評価区間	4, 62, 102

【ふ】

負定	12, 183
不等式拘束条件	16
フレシェ導関数	98
フレシェ微分	98
フレッチャー・リーブス法	42, 141
ブロイデンの1パラメータ族	59
ブロイデン・フレッチャー・ゴールドファーブ・シャンノ法	46

【へ】

閉包	50
ヘッセ行列	14
ペナルティ関数	48
ペナルティ乗数法	52
ペナルティ法	48, 150
ベルマン方程式	71
変関数	82
変換法	47
変分	3, 83
変分原理	4
変分法	82
変分問題	3

【ほ】

ポラック・リビエ・
　ポリャック法　　42, 141
ボルザ問題　　　　103

【む】

moving horizon 推定　　8

【め】

メイヤー問題　　　103

【も】

目的関数　　　　　　1
モデル予測制御　6, 156

【や】

ヤコビアン　　　　　15
ヤコビ行列　　　　　15
ヤコビ条件　　　97, 111

【ゆ】

有効制約　　　　　　26

【よ】

弱いクレブシュ条件　110
弱いルジャンドル条件　97

【ら】

ラグランジュ関数　　24
ラグランジュ乗数　　24
ラグランジュの運動
　方程式　　　　　　92
ラグランジュ問題　　103

【り】

リアプノフ関数　　　183
receding horizon 制御
　　　　　　　　6, 156
リッカチ微分方程式　96, 106
リッカチ方程式　　　67
隣接停留曲線　　　　111

【わ】

ワイエルシュトラスの
　定理　　　　　　　19

―― 著者略歴 ――

1990年	東京都立科学技術大学工学部航空宇宙システム工学科卒業
1992年	東京都立科学技術大学大学院工学研究科修士課程修了
	（力学系システム工学専攻）
1995年	東京都立科学技術大学大学院工学研究科博士課程修了
	（工学システム専攻）
	博士（工学）
1995年	筑波大学講師
1999年	大阪大学講師
2003年	大阪大学助教授
2007年	大阪大学教授
2013年	京都大学教授
	現在に至る

非線形最適制御入門
Introduction to Nonlinear Optimal Control　　　Ⓒ Toshiyuki Ohtsuka 2011

2011 年 2 月 25 日　初版第 1 刷発行
2022 年 3 月 15 日　初版第 6 刷発行

検印省略	著　者	大塚　敏之
	発行者	株式会社　コロナ社
		代表者　牛来真也
	印刷所	三美印刷株式会社
	製本所	有限会社　愛千製本所

112−0011　東京都文京区千石 4−46−10
発 行 所　株式会社　コロナ社
CORONA PUBLISHING CO., LTD.
Tokyo Japan

振替 00140-8-14844・電話(03)3941-3131(代)
ホームページ　https://www.coronasha.co.jp

ISBN 978-4-339-03318-2　C3353　Printed in Japan　　　　（中原）

<JCOPY> <出版者著作権管理機構 委託出版物>
本書の無断複製は著作権法上での例外を除き禁じられています．複製される場合は，そのつど事前に，
出版者著作権管理機構（電話 03-5244-5088，FAX 03-5244-5089，e-mail: info@jcopy.or.jp）の許諾を
得てください．

本書のコピー，スキャン，デジタル化等の無断複製・転載は著作権法上での例外を除き禁じられています．
購入者以外の第三者による本書の電子データ化及び電子書籍化は，いかなる場合も認めていません．
落丁・乱丁はお取替えいたします．

システム制御工学シリーズ

(各巻A5判，欠番は品切です)

■編集委員長　池田雅夫
■編集委員　足立修一・梶原宏之・杉江俊治・藤田政之

配本順			頁	本体
2.（1回）	信号とダイナミカルシステム	足立修一著	216	2800円
3.（3回）	フィードバック制御入門	杉江俊治・藤田政之共著	236	3000円
4.（6回）	線形システム制御入門	梶原宏之著	200	2500円
6.（17回）	システム制御工学演習	杉江俊治・梶原宏之共著	272	3400円
8.（23回）	システム制御のための数学（2）—関数解析編—	太田快人著	288	3900円
9.（12回）	多変数システム制御	池田雅夫・藤崎泰正共著	188	2400円
10.（22回）	適応制御	宮里義彦著	248	3400円
11.（21回）	実践ロバスト制御	平田光男著	228	3100円
12.（8回）	システム制御のための安定論	井村順一著	250	3200円
13.（5回）	スペースクラフトの制御	木田隆著	192	2400円
14.（9回）	プロセス制御システム	大嶋正裕著	206	2600円
15.（10回）	状態推定の理論	内田健一・山中康雄共著	176	2200円
16.（11回）	むだ時間・分布定数系の制御	阿部直人・児島晃共著	204	2600円
17.（13回）	システム動力学と振動制御	野波健蔵著	208	2800円
18.（14回）	非線形最適制御入門	大塚敏之著	232	3000円
19.（15回）	線形システム解析	汐月哲夫著	240	3000円
20.（16回）	ハイブリッドシステムの制御	井村順一・東俊一・増淵泉共著	238	3000円
21.（18回）	システム制御のための最適化理論	延山英沢昇共著	272	3400円
22.（19回）	マルチエージェントシステムの制御	東俊一・永原正章編著	232	3000円
23.（20回）	行列不等式アプローチによる制御系設計	小原敦美著	264	3500円

定価は本体価格＋税です。
定価は変更されることがありますのでご了承下さい。

◆図書目録進呈◆